Roland Matthes
Algebra, Kryptologie und Kodierungstheorie

Roland Matthes

Algebra, Kryptologie und Kodierungstheorie

Mathematische Methoden der Datensicherheit

mit 31 Bildern, zahlreichen Beispielen und 73 Aufgaben

Fachbuchverlag Leipzig
im Carl Hanser Verlag

Prof. Dr. Roland Matthes
Studienleiter der Berufsakademie für Informatik in Bad Wildungen
apl. Professor an der Universität Kassel
http://www.ba-badwildungen.de/publikationen/matthes

Bibliografische Information Der Deutschen Bibliothek

Die Deutsche Bibliothek verzeichnet diese Publikation in der Deutschen
Nationalbibliografie; detaillierte bibliografische Daten sind im Internet
über http://dnb.ddb.de abrufbar.

ISBN 3-446-22431-9

Fachbuchverlag Leipzig im Carl Hanser Verlag
© 2003 Carl Hanser Verlag München Wien

Internet: http://www.fachbuch-leipzig.hanser.de
Lektorat: Christine Fritzsch
Herstellung: Renate Roßbach
Satz: Roland Matthes, Hofgeismar
Druck und Bindung: Druckhaus „Thomas Müntzer" GmbH, Bad Langensalza

Printed in Germany

Vorwort

Für unsere moderne Gesellschaft ist der Computer, die elektronische Datenkommunikation, sind Internet und Handy unverzichtbar geworden. Ohne den Einsatz fortgeschrittener Methoden der Kryptologie und Kodierungstheorie wäre all dies undenkbar. Beide Theorien sind mathematischer Natur und benutzen zum Teil tief liegende Ergebnisse und Methoden der Algebra, Zahlentheorie und algebraischen Geometrie.

Der erste Teil des Buches befasst sich daher mit den algebraischen Strukturen der Gruppe, des Körpers, der Ringe und der Integritätsbereiche, die für Kryptologie und Kodierungstheorie von Bedeutung sind. Im Teil über Kryptologie geht es dann um symmetrische sowie asymmetrische Chiffren, lineare und differenzielle Kryptanalyse, einschließlich eines ausführlichen Teils über Primzahlen und Primzahltests. In der Kodierungstheorie liegt der Schwerpunkt auf den fehlerkorrigierenden Codes. Unter **www.ba-badwildungen/publikationen/Matthes** findet sich eine Web-Site zum Buch, auf der auch Lösungen der Aufgaben zu finden sind.

Leider ließ es der vorgegebene Rahmen des Buches nicht zu, auch die Methoden der algebraischen Geometrie und ihre Anwendung für asymmetrische Kryptographie oder z.B. geometrische Goppa-Codes zu behandeln. Das Buch ist daher als eine Einführung zu sehen, die den Leser durch eine fundierte Einführung in die mathematischen Grundlagen aber in die Lage versetzen soll, weiterführende Literatur zum Thema zu studieren.

Das Buch ist entstanden aus Vorlesungen, die ich an der Berufsakademie in Bad Wildungen und der Universität Kassel gehalten habe. Es wendet sich hauptsächlich an Studenten der Informatik an Universitäten, Fachhochschulen und Berufsakademien. Das Buch ist nicht geeignet für Computerfreaks und Hacker. Es setzt beim Leser den Wunsch voraus, hinter allem Vordergründigen das Eigentliche entdecken zu wollen, und das bedeutet die Bereitschaft, sich ernsthaft und intensiv mit Mathematik zu beschäftigen.

Vorausgesetzt werden Grundlagenkenntnisse über Vektorräume im Umfang einer Anfängervorlesung zur linearen Algebra I.

Ich bedanke mich bei allen, die mich bei der Entstehung dieses Buches unterstützt haben. Bei meiner Frau und meinen Kindern für die Geduld, bei Kollegen und Freunden für hilfreiche Diskussionen und Anregungen, den Studenten Thomas Lange und Björn Fehling, die große Teile des Manuskriptes durchgesehen haben, sowie meiner Lektorin Frau Christine Fritzsch für viele Gespräche und ihre hilfreiche Unterstützung.

Ganz besonders gilt mein Dank Herrn Dipl.-Math. Alexander Grabowski und seiner Frau Catrin Grabowski für die Hilfe beim Umgang mit LaTeX 2_ε und der spontanen und tatkräftigen Mitarbeit bei den Abschlusskorrekturen, ohne die das Buch nicht rechtzeitig hätte erscheinen können.

Hofgeismar, im Juni 2003   Roland Matthes

Inhaltsverzeichnis

1

Das Denken in algebraischen Strukturen

Unsere Alltagserfahrung mit Mathematik bezieht sich zumeist auf das Rechnen mit konkreten Größen. Die vier Grundrechenarten für $\mathbb{N}$ kennen wir schon aus der Grundschule. Später haben wir gelernt, sie auf umfassendere Zahlbereiche wie $\mathbb{Z}$, $\mathbb{Q}$ und $\mathbb{R}$ zu erweitern.

Auch für etwas kompliziertere Objekte wie Polynome und Funktionen können wir diese Verknüpfungen (unter geeigneten Einschränkungen) definieren, und wir stellen fest, dass die zu beachtenden Regeln wieder ganz ähnlich, wenn nicht gar identisch sind.

Suchen wir z. B. bei gegebenen a, b ein x, so dass die Gleichung

$$a + x = b$$

erfüllt wird, so können wir, unabhängig davon, ob es sich bei a und b um ganze, rationale, reelle, komplexe Zahlen, Polynome oder gar (räumliche) Vektoren handelt, jedes Mal folgendermaßen vorgehen:

1. Wir addieren auf beiden Seiten der Gleichung das Element $-a$:

$$-a + (a + x) = -a + b.$$

2. Wir klammern auf der linken Seite anders:

$$
\begin{aligned}
& (-a + a) + x = -a + b \\
\Longleftrightarrow \quad & 0 + x = -a + b \\
\Longleftrightarrow \quad & x = -a + b.
\end{aligned}
$$

Wir haben nun die Lösung der Gleichung. Worum es sich bei a und b konkret handelte, war uninteressant. Benutzt haben wir die folgenden Regeln:

1. $(a + b) + c = a + (b + c)$,   **Assoziativgesetz**;

2. es existiert ein **neutrales Element** 0, so dass für alle a gilt

$$0 + a = a \quad [\text{und} \quad a + 0 = a];$$

3. zu jedem a existiert ein **inverses Element** $-a$, so dass

$$-a + a = 0 \quad [\text{und} \quad a + (-a) = 0].$$

Die Regeln in eckigen Klammern wären bei der Auflösung von

$$x + a = b$$

benötigt worden. Neben diesen Gesetzmäßigkeiten haben wir zusätzlich das eviden-
te Leibnizsche Ersetzungsaxiom aus der Logik benutzt: Wenn wir mit 'Gleichem'
das 'Gleiche' tun, so erhalten wir auch das 'Gleiche'.

In $\mathbb{Q}^{\times} = \mathbb{Q}\backslash\{0\}$ $\mathbb{R}^{\times} = \mathbb{R}\backslash\{0\}$ und $\mathbb{C}^{\times} = \mathbb{C}\backslash\{0\}$ gelten die obigen Regeln entsprechend auch für die Multiplikation (mit 1 statt 0 und $a^{-1} = 1/a$ statt $-a$). Wir
können in diesen Bereichen daher die Gleichung $a \cdot x = b$ nach x auflösen:

$$x = a^{-1} \cdot b.$$

Neben $+$ und $\cdot$ kennen wir weitere Verknüpfungen wie das Hintereinanderausführen
von Abbildungen oder das Produkt von Matrizen. Ausgehend von diesen Beispielen
kommen wir zu einer ersten **algebraischen Struktur**, nämlich der der Gruppe,
die wir im nächsten Kapitel in den Mittelpunkt unserer Untersuchungen stellen
werden. Gruppen sind dann Mengen mit einer Verknüpfung $\top$ derart, dass die
obigen drei Regeln gelten, die sicherstellen, dass die Gleichung $a\top x = b$ nach x
auflösbar ist. Wir interessieren uns dann nicht mehr in erster Linie für konkrete Bereiche wie reelle Zahlen, Matrizen oder Polynome, sondern im Mittelpunkt
unserer Betrachtungen steht ihre Struktur. Wir untersuchen, wie reichhaltig diese
algebraische Struktur ist und was alle Gruppen außer den sie charakterisierenden
obigen drei Grundregeln, den **Axiomen**, noch gemeinsam haben. Wir fragen uns,
was zwangsläufig noch gelten muss, wenn man alleine die Axiome als gegeben an-
nimmt. Die Gesamtheit all der Sätze, die so durch logisches Schließen aus den
Axiomen folgt, beschreibt eine mathematische Theorie, die **Gruppentheorie**.

Die Frage nach der Auflösbarkeit einer Gleichung der Form

$$a \cdot x + b = c,$$

in der gleichzeitig die zwei Verknüpfungen $+$ und $\cdot$ auftreten, führen zu einer anderen algebraischen Struktur, nämlich der des **Körpers**. Auch hier erhalten wir eine
Liste von Axiomen. Die Gesamtheit all der Sätze, die allein durch logisches Schließen aus diesen Axiomen folgt, umreißt dann eine weitere mathematische Theorie,
die **Körpertheorie**.

Wählt man andere Axiome, aus welchen Gründen auch immer, oder beschränkt man sich auf weniger als die ursprünglich geforderten, so führt dies zwangsläufig zu neuen mathematischen Theorien, wie der Theorie der **Vektorräume**, der **Halbgruppen**, der **Ringe**, der **Integritätsbereiche**, und viele mehr.

Die Einführung algebraischer Strukturen in der Mathematik geschieht unter mehreren Aspekten:

- Algebraische Strukturen bilden eine ordnende Kraft,

- sie dienen dem besseren inhaltlichen Verstehen mathematischer Begriffe von ihrem Wesen her,

- sie besitzen einen ökonomischen Effekt: Hat man nämlich einmal bewiesen, dass ein bestimmter Sachverhalt allein aus den Axiomen folgt, so gilt er automatisch in jeder konkret gegebenen Instanz dieser Struktur und muss nicht stets aufs Neue bewiesen werden.

Konkrete Beispiele einer Struktur können sehr unterschiedlich sein. Zum Beispiel gibt es Gruppen mit nur endlich vielen Elementen (Restklassen modulo n) und andere mit unendlich vielen Elementen ($\mathbb{Z}$, $\mathbb{Q}$).

In anderen Fällen sind diese Unterschiede rein oberflächlicher Natur. Dann nämlich, wenn sich herausstellt, dass nach einer geeigneten Umbenennung der Elemente die betrachteten Beispiele unter dem Gesichtspunkt der betrachteten Struktur identisch sind. Wir nennen sie dann **isomorph**, (iso = gleich, morphos = Struktur).

Zum Vergleichen der Objekte einer Struktur dienen **Abbildungen**, die die Struktur 'respektieren'. Konkret bedeutet dies: Eine Abbildung ϕ, mit der wir zwei Objekte $(O_1, \top_1)$ und $(O_2, \top_2)$ einer Struktur vergleichen wollen, sollte die Eigenschaft haben, dass

$$\phi(a \top_1 b) = \phi(a) \top_2 \phi(b).$$

Bei zwei oder mehr Verknüpfungen in einer Struktur kommen entsprechend Gleichungen hinzu. Diese Art von **strukturerhaltenden** Abbildungen nennt der Mathematiker **Morphismen** oder **Homomorphismen**. Mit einer Struktur betrachtet man damit auch immer die Klasse der hierzu gehörenden Morphismen: Gruppen-, Körper-, Ringhomomorphismen usw. Mit dem Verhalten algebraischer Strukturen untereinander befasst sich die sogenannte **Kategorientheorie**, ein eigener Zweig in der Mathematik, der nicht zuletzt die neuere Entwicklung auf dem Gebiet der algebraischen Geometrie entscheidend mit beeinflusst hat. Ein paar Vokabeln: Ein Homomorphismus heißt **Epi**morphismus, wenn er surjektiv ist, **Mono**morphismus, wenn er injektiv ist, **Iso**morphismus, wenn er beides ist. Stimmen bei einem Homomorphismus Bildbereich und Urbildbereich überein, handelt es sich also um eine Abbildung einer Menge auf sich, so spricht man von einem **Endo**morphismus; ein Endomorphismus, der auch Isomorphismus ist, heißt **Auto**morphismus. (Jetzt reichts erst mal mit "phismen"). Je größer unser Vorrat an

Beispielen von einer Struktur ist, umso besser wird auch unser Verständnis dieser Struktur sein.

In den folgenden Kapiteln gilt unser Hauptinteresse den algebraischen Strukturen der **Gruppe**, des **Rings**, des **Integritätsbereiches** und des **Körpers**. Zu jeder einzelnen dieser in gewisser Weise aufeinander aufbauenden Strukturen gibt es ausufernde Theorien, die Folianten füllen. Wir wollen hier nur die einfachsten Aspekte dieser Theorien kennen lernen, und zwar jeweils gerade so viel, wie wir zum Verständnis der in der modernen Datenkommunikation verwandten Methoden der Kryptologie und Kodierungstheorie benötigen.

2

Gruppen

2.1 Die Gruppenaxiome

Eine **Verknüpfung** $\top$ auf einer Menge G ist eine Abbildung

$$\top : G \times G \to G.$$

Je zwei Elementen g_1 und g_2 wird damit auf eindeutige Weise ein Element $g_3 = \top(g_1, g_2)$ zugeordnet. Wir schreiben auch

$$g_3 = g_1 \top g_2.$$

Definition 2.1. *Sei G eine nichtleere Menge und $\top$ eine Verknüpfung auf G. $(G, \top)$ heißt eine **Gruppe**, wenn*

  i) für alle $a, b, c \in G$ $a\top(b\top c) = (a\top b)\top c$, **(Assoziativgesetz)**

 *ii) es ein **neutrales Element** $\Diamond$ gibt, so dass für alle $a \in G$*

$$a\top\Diamond = a \qquad und \quad \Diamond\top a = a,$$

*iii) es zu jedem Element $a \in G$ ein **inverses Element** $\bar{a}$ gibt, so dass*

$$a\top\bar{a} = \Diamond \qquad und \quad \bar{a}\top a = \Diamond.$$

*Gilt zusätzlich für alle $a, b \in G$ das **Kommutativgesetz***

$$a\top b = b\top a,$$

*so heißt die Gruppe **kommutative** oder auch **abelsche** Gruppe.*

In einer Gruppe sind neutrales Element und inverse Elemente immer eindeutig bestimmt:

Lemma 2.1. *Sei* $(G, \top)$ *eine Gruppe.*

    i) *Falls für ein* $a \in G$ *und ein* $\tilde{\Diamond} \in G$ *die Gleichung* $a \top \tilde{\Diamond} = a$ *erfüllt ist, so folgt*

$$\tilde{\Diamond} = \Diamond.$$

    ii) *Falls zu einem* $a \in G$ *ein* $\tilde{a} \in G$ *existiert, so dass* $a \top \tilde{a} = \Diamond$, *so folgt*

$$\tilde{a} = \bar{a}.$$

Beweis. Verknüpfen wir beide Seiten von $a \top \tilde{\Diamond} = a$ mit $\bar{a}$, so erhalten wir

$$
\begin{aligned}
\bar{a} \top (a \top \tilde{\Diamond}) &= \bar{a} \top a \\
\Longleftrightarrow (\bar{a} \top a) \top \tilde{\Diamond}) &= \Diamond \\
\Longleftrightarrow \Diamond \top \tilde{\Diamond} &= \Diamond \\
\Longleftrightarrow \tilde{\Diamond} &= \Diamond.
\end{aligned}
$$

Analog folgt die Eindeutigkeit des inversen Elementes. $\qquad\qquad\qquad\square$

Aus Gruppen lassen sich auf verschiedene Weisen weitere Gruppen konstruieren. Eine Möglichkeit hierzu bietet das direkte Produkt. Sind $G_1, G_2, \ldots, G_n$ Gruppen, so liefert die komponentenweise Verknüpfung eine Gruppenstruktur auf $G_1 \times G_2 \times \ldots \times G_n$, das **direkte Produkt** der Gruppen $G_1, \ldots, G_n$.

2.2 Einige spezielle Gruppen

Die Zahlbereiche $\mathbb{Z}, \mathbb{Q}, \mathbb{R}, \mathbb{C}$ sind bez. der Addition abelsche Gruppen. $\mathbb{N}$ ist keine Gruppe. $\mathbb{Q}^\times = \mathbb{Q} \backslash \{0\}, \mathbb{R}^\times = \mathbb{R} \backslash \{0\}, \mathbb{C}^\times = \mathbb{C} \backslash \{0\}$ sind abelsche Gruppen bez. der Multiplikation. Die Überprüfung der Gruppenaxiome sei den Lesern überlassen. $\mathbb{R}^n$ mit der komponentenweisen Addition ist ein direktes Produkt abelscher Gruppen.

2.2.1 Die allgemeine lineare Gruppe $\mathrm{GL}(n, \mathbb{R})$

$\mathrm{GL}(n, \mathbb{R})$ ist die Menge der **invertierbaren reellen** $n \times n$**-Matrizen**. Sie bildet eine Gruppe mit der Matrixmultiplikation als Verknüpfung.

Die Matrixmultiplikation ist, wie wir aus der linearen Algebra wissen, assoziativ. Das neutrale Element wird gegeben durch die Einheitsmatrix

$$
E_n = \begin{pmatrix} 1 & & & \\ & 1 & & \\ & & \ddots & \\ & & & 1 \end{pmatrix}.
$$

Da wir uns auf die invertierbaren Matrizen beschränken, ist a priori die Existenz der inversen Elemente gesichert. Allerdings ist diese Gruppe nicht kommutativ.

Beispiel:

$$\begin{pmatrix} 1 & 0 \\ 0 & 2 \end{pmatrix} \begin{pmatrix} a & b \\ c & d \end{pmatrix} = \begin{pmatrix} a & b \\ 2c & 2d \end{pmatrix}$$

$$\begin{pmatrix} a & b \\ c & d \end{pmatrix} \begin{pmatrix} 1 & 0 \\ 0 & 2 \end{pmatrix} = \begin{pmatrix} a & 2b \\ c & 2d \end{pmatrix}.$$

2.2.2 Gruppen mit zwei, drei und vier Elementen

Wir bezeichnen mit Z_2 die Gruppe mit zwei Elementen 0 und 1 und der Verknüpfungstabelle 2.1. Die Addition $\oplus$ entspricht der aus der Informatik bekannten

Tabelle 2.1: Die Gruppe mit zwei Elementen

$\oplus$	0	1
0	0	1
1	1	0

xor-Verknüpfung. In der Aussagenlogik ist dies der entweder-oder-Junktor.

Die vierelementige Gruppe $Z_2 \times Z_2$ heißt die **kleinsche Vierergruppe**.

Die Drehungen der Ebene um den Urprung zu den Winkeln $k\pi/2$, $k \in \{0, 1, 2, 3\}$ bilden mit der abbildungstheoretischen Verkettung als Verknüpfung ebenfalls eine Gruppe aus 4 Elementen, die aber von der kleinschen Vierergruppe auch nach eventueller Umbenennung der Elemente verschieden ist. In der kleinschen Vierergruppe ist nämlich jedes Element zu sich selbst invers.

In Tabelle 2.2 wird eine Gruppe mit drei Elementen dargestellt. Man überlege

Tabelle 2.2: Gruppe mit 3 Elementen

$\top$	a	b	c
a	a	b	c
b	b	c	a
c	c	a	b

sich als Übung, wie viele weitere Gruppen mit drei Elementen möglich sind. Die Benennung der Elemente soll dabei natürlich keine Rolle spielen.

2.2.3   Permutationsgruppen

Eine **Permutation** ist eine bijektive Abbildung einer n-elementigen Menge M auf
sich. Auf die spezielle Form der Elemente dieser Menge kommt es hierbei nicht an.
Wir denken uns im Folgenden der Einfachheit halber die Menge $M = \{1, 2, \ldots, n\}$.
Eine Permutation $\pi : M \to M$ schreiben wir auch in der Form

$$\pi = (a_1 \quad a_2 \quad \ldots \quad a_n),$$

wobei $a_i \in \{1, \ldots, n\}$ und die Klammerschreibweise als Abkürzung für

$$\pi : \begin{array}{ccc} 1 & \to & a_1 \\ 2 & \to & a_2 \\ \vdots & \vdots & \vdots \\ n & \to & a_n \end{array}$$

steht.

In der Kombinatorik stellt man sich oft Plätze vor, die von 1 bis n durchnummeriert
sind, sowie n Elemente, die sich auf den n Plätzen befinden. Die Permutation π
bewirkt, dass die Elemente ihre Plätze tauschen.

Mit S_n bezeichnen wir die Menge aller Permutationen einer n-elementigen Menge.
Die Verkettung zweier Permutationen ist trivialerweise wieder eine Permutation
und die Verkettung von Funktionen ist bekannterweise assoziativ. Auch die identische Abbildung

$$id = (1 \quad 2 \quad \ldots \quad n)$$

ist eine Permutation und zu $\pi = (a_1 \quad a_2 \quad \ldots \quad a_n)$ ist $\bar{\pi} = (a_n \quad a_{n-1} \quad \ldots \quad a_1)$
die inverse Permutation. S_n ist damit mit der Verkettung als Verknüpfung eine
Gruppe. Das Kommutativgesetz gilt nicht, wie wir für $n = 3$ am Beispiel von
$\pi_1 = (2 \quad 1 \quad 3)$ und $\pi_2 = (3 \quad 2 \quad 1)$ zeigen:

$$\pi_1 \circ \pi_2 = (3 \quad 1 \quad 2) \neq \pi_2 \circ \pi_1 = (2 \quad 3 \quad 1).$$

Transpositionen sind Permutationen, bei denen jeweils nur zwei Elemente ihre
Plätze tauschen. Wir schreiben $T = (i, j)$ für die Transposition, die die Elemente
auf den Plätzen i und j vertauscht.

Es ist klar, dass jede Permutation durch ein Produkt (= Hintereinanderausführung) von Transpositionen erzeugt werden kann. Man tauscht zuerst das Element,
dem die Permutation den ersten Platz zuweist, mit dem, das diesen Platz innehat,
anschließend das für den zweiten Platz usw.

Es gibt mehrere Möglichkeiten, eine Permutation aus Transpositionen zu erzeugen.
Wichtig ist aber der folgende

Satz 2.1. *Jede Permutation lässt sich entweder als Produkt einer geraden oder
einer ungeraden Anzahl von Transpositionen schreiben.*

Anders ausgedrückt: Wenn man es auf irgendeine Weise geschafft hat, eine Permutation als Produkt von einer geraden Anzahl von Transpositionen zu schreiben, so gibt es keine Möglichkeit, sie als Produkt einer ungeraden Anzahl von Transpositionen zu schreiben, und umgekehrt.

Beweis. Jede Transposition ist das Produkt von Nachbarschaftstranspositionen, das sind Transpositionen, bei denen jeweils zwei benachbarte Elemente vertauscht werden. Um die Transposition (i, j) durch ein Produkt von Nachbartranspositionen zu realisieren, vertauschen wir zunächst i so lange mit seinen Nachbarn, bis es an Position j angelangt ist: $N_1 = (i, i + 1)$, $N_2 = (i + 1, i + 2)$, ..., $N_{j-i} = (j - 1, j)$. Anschließend steht i an der beabsichtigten Stelle, während j sich jetzt auf Platz $j-1$ befindet. Das Produkt dieser Nachbartranspositionen ergibt daher die Permutation

$$(1 \ldots i - 1 \quad i + 1 \quad i + 2 \ldots j - 1 \quad j \quad i \quad j + 1 \ldots n).$$

Um auch j auf die richtige Position zu bringen, führen wir noch $j - i - 1$ Nachbartranspositionen $N_{j-i+1} = (j - 2, j - 1)$, $N_{j-i+2} = (j - 3, j - 2)$..., $N_{2(j-i)-1} = (i, i + 1)$ durch. Insgesamt sind dies $2(j - i) - 1$ Nachbartranspositionen. Diese Anzahl ist für beliebige i und j immer ungerade.

Wir betrachten nun das Polynom in den n Variablen $x_1, ..., x_n$

$$g(x_1, ..., x_n) := \prod_{1 \leq i < j \leq n} (x_i - x_j).$$

Für eine Permutation $\sigma : \{1, ..., n\} \to \{1, ..., n\}$ definieren wir

$$^\sigma g(x_1, .., x_n) := \prod_{1 \leq i < j \leq n} (x_{\sigma(i)} - x_{\sigma(j)}).$$

Dann ist

$$^\sigma g(x_1, .., x_n) = \operatorname{sgn}(\sigma) g(x_1, .., x_n)$$

mit $\operatorname{sgn}(\sigma) = \pm 1$. Dies gilt, da entweder $(x_{\sigma(i)} - x_{\sigma(j)})$ oder $(x_{\sigma(j)} - x_{\sigma(i)})$ auch als Faktor in $\prod_{1 \leq i < j \leq n} (x_i - x_j)$ vorkommen muss.

Von Bedeutung für das Weitere ist, dass die Funktion sgn nicht von $x_1, .., x_n$ abhängt. Setzt man $y_k = x_{\sigma(k)}$, dann ist

$$^\sigma g(x_1, .., x_n) = g(y_1, ..., y_n)$$

und

$$\begin{aligned} \operatorname{sgn}(\tau\sigma) g(x_1, .., x_n) = {}^{\tau\sigma} g(x_1, .., x_n) &= {}^\tau g(y_1, .., y_n) \\ &= \operatorname{sgn}(\tau) g(y_1, .., y_n) \\ &= \operatorname{sgn}(\tau) \operatorname{sgn}(\sigma) g(x_1, .., x_n) \end{aligned}$$

Für je zwei Permutationen τ, σ gilt damit

$$\operatorname{sgn}(\tau\sigma) = \operatorname{sgn}(\tau) \operatorname{sgn}(\sigma).$$

Abbildung 2.1: Ein Verschieberätsel

Für eine Nachbartransposition $(i, i + 1)$ rechnet man direkt nach, dass

$$\mathrm{sgn}((i, i + 1)) = -1.$$

Da, wie oben gezeigt, jede Transposition als Produkt einer ungeraden Anzahl von Nachbartranspositionen geschrieben werden kann, so folgt $\mathrm{sgn}((i, j)) = -1$ für jede Transposition (i, j).

Damit ist $\mathrm{sgn}(\sigma)$ dadurch bestimmt, ob sich σ als Produkt einer geraden oder einer ungeraden Anzahl von Transpositionen schreiben lässt. Da sgn für jede Permutation eindeutig bestimmt ist, gilt dies auch für die Parität (gerade, ungerade) der entsprechenden Anzahl von Transpositionen.   □

Definition 2.2. *Die Funktion* $\mathrm{sgn}(\sigma)$ *aus dem obigen Beweis heißt auch das* **Vorzeichen** *der Permutation. Ist* $\mathrm{sgn}(\sigma) = 1$*, so heißt die Permutation* **gerade***, im anderen Fall heißt sie* **ungerade***.*

Beispiel (Eine Denksportaufgabe): Ein bekanntes Unterhaltungsspiel ist das 15-Puzzle, auch benannt nach seinem Erfinder, das **Sam-Loyds-Puzzle**. Es besteht aus einem Quadrat, das mit 16 kleineren gleichgroßen Quadraten überdeckt ist. Entfernt man eines dieser Quadrate, so lassen sich die übrigen gegeneinander verschieben. Gesucht sind alle möglichen Anordnungen von Quadraten, die sich auf diese Weise ergeben.

In unserem Beispiel (siehe Abb. 2.1) betrachten wir eine Abwandlung dieses Puzzles. Die Aufgabe besteht darin, durch geschicktes Verschieben die Quadrate A und B zu vertauschen. Außerdem stellen wir die Frage, ob dies gelingen kann, ohne gleichzeitig noch andere Quadrate zu vertauschen.

Das Verschieben der kleinen Quadrate erfolgt, indem immer eins auf das freie Feld geschoben wird und ein weiteres auf den dadurch freigewordenen Platz nachrückt.

Zur Lösung dieses Problems nutzen wir Gruppentheorie. Zunächst mache man sich klar, dass die beiden Umstellungen p_1, p_2 aus der Abb. 2.2 diejenigen sind, die allen anderen Umstellungen zugrunde liegen. Bei p_1 werden die unteren drei Quadrate zyklisch entgegen dem Uhrzeigersinn getauscht, bei p_2 werden alle Quadrate in dieser Weise getauscht.

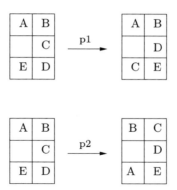

Abbildung 2.2: Mögliche Verschiebungen

Wir fassen p_1 und p_2 als Permutationen auf

$$p_1 = (A\,B\,D\,E\,C), \quad p_2 = (B\,C\,D\,E\,A).$$

Man kann nun leicht nachrechnen, dass die Permutation $p_1^2 \circ p_2 \circ p_1 \circ p_2 \circ p_1^2 \circ p_2^{-1}$ A und B vertauscht. Freilich ist es nicht sonderlich schwer, dies durch Probieren und ohne die Sprache der Gruppentheorie herauszufinden. Die zweite Frage aber, inwieweit diese Vertauschung möglich ist, ohne zwei weitere Quadrate zu vertauschen, lässt sich elegant mit der Gruppentheorie lösen: Hierzu beachten wir, dass p_1 und p_2 zwei gerade Permutationen sind. Dann ist auch das obige Produkt aus diesen Permutationen eine gerade Permutation. Die Permutation $(B\,A\,D\,E\,C)$ ist aber ungerade. Damit ist gezeigt, dass die Vertauschung zweier Quadrate nur möglich ist, wenn zwei weitere ebenfalls vertauscht werden.

2.2.4 Symmetriegruppen, Diedergruppen

Die **Symmetriegruppe** einer ebenen geometrischen Figur ist die Menge aller Drehungen und Spiegelungen, bei denen die geometrische Figur in sich übergeht. Die Symmetriegruppe ist tatsächlich eine Gruppe:

- Die Assoziativität ergibt sich, da die Verkettung von Abbildungen allgemein dem Assoziativgesetz genügt.

- Das neutrale Element ist die identische Abbildung.

- Eine Drehung verknüpft mit der entsprechenden Drehung in der entgegengesetzten Richtung ergibt die Identität,eine Spiegelung ist invers zu sich selbst.

Wir betrachten das **reguläre n-Eck** mit den Ecken $A_1, \ldots, A_n$. Man kann eine

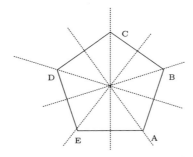

Abbildung 2.3: Reguläres 5-Eck

Kongruenzabbildung eines regulären n-Ecks auch als Permutation der Eckpunkte beschreiben. Das reguläre n-Eck besitzt als Kongruenzabbildungen zum einen die n Drehungen um die Winkel $2k\pi/n$, $k = 1...n$. Diese entsprechen den zyklischen Permutationen

$$(n \quad 1 \quad 2...n-1), \quad (n-1 \quad n \quad 1 \quad 2...n-2),..., (1 \quad 2 \quad 3...n).$$

Hinzu kommen die Spiegelungen an den Symmetrieachsen. Diese bewirken gerade einen Orientierungswechsel des n-Ecks und entsprechen den Permutationen

$$(1 \quad n \quad n-1...2), \quad (2 \quad 1 \quad n \quad n-1...3),..., (n \quad n-1 \quad n-2...1).$$

Anhand dieser Darstellung sieht man nun leicht, dass das Produkt einer Spiegelung mit einer Drehung eine Spiegelung ergibt, zwei Spiegelungen eine Drehung und zwei Drehungen wieder eine Drehung ergeben. Außerdem erkennt man, dass die beiden Elemente

$$(n \quad 1 \quad 2 \quad ... \quad n-1), \quad (1 \quad n \quad n-1 \quad ... \quad 2)$$

ausreichen, um alle weiteren Kongruenzabbildungen zu erzeugen. Die soeben beschriebene Symmetriegruppe des regulären n-Ecks heißt auch **Diedergruppe** D_n.

2.2.5 Die Wortgruppe $\mathcal{F}_n$

Sei $A = \{a_1, ..., a_n\}$ ein Alphabet mit n Buchstaben. Ein Wort der Länge l über A ist eine Folge von l Zeichen

$$b_1 b_2 ... b_l$$

aus dem Alphabet. Hierbei dürfen Buchstaben selbstverständlich auch mehrfach vorkommen. A^* bezeichne die Menge aller Worte über diesem Alphabet.

Wir definieren eine Verknüpfung auf A^*: Seien w_1, w_2 zwei Worte der Länge l_1 bzw. l_2. Dann ist $w_1 w_2$ dasjenige Wort der Länge $l_1 + l_2$, das durch Hintereinanderschreiben der Worte w_1 und w_2 entsteht. Diese Operation heißt **Konkatenation**.

Das **leere Wort** ϵ soll vereinbarungsgemäß dasjenige Wort sein, das gar keinen Buchstaben enthält, wir ordnen ihm die Länge 0 zu.

Wir erweitern jetzt unser Alphabet zu einem Alphabet $\mathcal{A}$, indem wir zu jedem Buchstaben a formal genau einen 'inversen' Buchstaben a^{-1} hinzufügen. Die Verknüpfungsvorschrift erweitern wir dahingehend, dass Buchstabe und inverser Buchstabe sich herauskürzen, wenn sie aufeinander treffen, $aa^{-1} = \epsilon$. Entsprechend ist für $w_1 = u_1 a$, $w_2 = a^{-1} u_2$ das konkatenierte Wort $w_1 w_2 = u_1 u_2$. Mit dieser Verknüpfung wird $\mathcal{A}^*$ zu einer nicht abelschen Gruppe mit neutralem Element ϵ. Diese Gruppe heißt die **freie (Wort)-Gruppe** $\mathcal{F}_n$ über n Buchstaben.

2.3 Untergruppen

2.3.1 Definition, Untergruppenkriterium

Eine Gruppe kann Teilmengen enthalten, die ihrerseits wieder Gruppen bez. der ursprünglichen Gruppenoperation sind.

Definition 2.3. *Sei $(G, \top)$ eine Gruppe und $H \subset G$. Falls $(H, \top)$ eine Gruppe ist, so heißt $(H, \top)$ eine* **Untergruppe** *von $(G, \top)$.*

Beispiel 1: Jede Gruppe G besitzt die beiden trivialen Untergruppen G und $\{e_G\}$.

Beispiel 2:

$$2\mathbb{Z} = \{2z \mid z \in \mathbb{Z}\} = \{\ldots, -6, -4, -2, 0, 2, 4, 6, \ldots\}.$$

ist eine Untergruppe von $\mathbb{Z}$.

Die zweielementige Gruppe $Z_2 = \{0, 1\}$ mit der xor-Verknüpfung ist keine Untergruppe von $\mathbb{Z}$, da es sich bei $\oplus$ wegen $1 \oplus 1 = 0$ nicht um die Addition auf $\mathbb{Z}$ handelt.

Damit eine Teilmenge H von G eine Untergruppe ist, muss Folgendes gelten:

  i) Die Verknüpfung darf aus H nicht hinausführen (Abgeschlossenheit),

 ii) das neutrale Element muss bereits in H enthalten sein,

iii) mit jedem Element h muss auch das inverse $\bar{h}$ zu H gehören.

Das Assoziativgesetz und eventuell auch das Kommutativgesetz gelten bereits in G, also erst recht in H. Damit sind diese drei Kriterien auch hinreichend. Sie lassen sich sogar in einem einzigen Kriterium zusammenfassen:

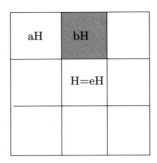 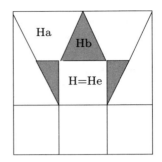

Abbildung 2.4: Links- und Rechtsnebenklassen von H in G

Lemma 2.2 (Untergruppenkriterium). *Eine nichtleere Teilmenge $H \subset G$ einer Gruppe $(G, \top)$ ist Untergruppe von G, wenn für alle $h_1, h_2 \in H$ gilt*

$$h_1 \top \overline{h_2} \in H.$$

Beweis. Nach Voraussetzung ist H nicht leer. Sei also $h \in H$. Nach dem Kriterium ist dann $h \top \overline{h} = \Diamond \in H$. Da das neutrale Element zu H gehört, gilt wieder mit dem Kriterium $\Diamond \top \overline{h} = \overline{h} \in H$. Mit jedem Element gehört also auch das inverse dazu. Zum Schluss folgt hieraus noch für je zwei Elemente $h_1, h_2 \in H$, dass $h_1 \top \overline{\overline{h_2}} = h_1 \top h_2 \in H$. H ist bez. $\top$ also abgeschlossen und H ist eine Untergruppe. $\square$

2.3.2 Nebenklassen

Der Einfachheit halber schreiben wir die Gruppe im Folgenden multiplikativ: $a \top b = ab$, $\bar{a} = a^{-1}$, e ist das neutrale Element. Zu einer Untergruppe H betrachten wir die 'verschobenen' Mengen $aH = \{ah \in G | h \in H\}$ und $Ha = \{ha \in G | h \in H\}$. Die Mengen aH heißen **Linksnebenklassen**, die Mengen Hb **Rechtsnebenklassen**. Wir bezeichnen mit

$$G/H = \{aH | a \in G\}$$

die Menge aller Linksnebenklassen und mit

$$H \backslash G = \{Ha | a \in G\}$$

die Menge aller Rechtsnebenklassen. G/H und $H \backslash G$ heißen **Quotientenräume**.

Das folgende Lemma besagt, dass die Linksnebenklassen (und analog auch die Rechtsnebenklassen) die Gruppe in gleichgroße disjunkte Teile zerlegen.

Lemma 2.3. *Sei H Untergruppe einer Gruppe G. Dann gilt für je zwei Nebenklassen aH und bH*

i) *entweder* $aH = bH$ *oder* $aH \cap bH = \emptyset$, *m.a.W. zwei Nebenklassen haben entweder alle oder gar kein Element gemeinsam.*

ii) aH *und* bH *sind gleichmächtig, was für endliche Menge bekanntlicherweise bedeutet, dass sie die gleiche Anzahl von Elementen besitzen.*

Die entsprechenden Aussagen gelten auch für Rechtsnebenklassen.

Beweis. Wir beweisen das Lemma nur für Linksnebenklassen.

i): Angenommen $aH \cap bH \neq \emptyset$. Dann existiert $c \in aH \cap bH$, und daher gilt $c = ah_1 = bh_2$ für geeignete $h_1, h_2 \in H$. Daraus folgt weiter

$$a = bh_2 h_1^{-1} \in bH \implies aH \subset bH.$$

Analog folgt $bH \subset aH$ und insgesamt $aH = bH$. Damit ist zu i) alles gezeigt.

ii): Es ist zu zeigen, dass es eine bijektive Abbildung zwischen aH und bH gibt. Eine solche ist gegeben durch

$$\sigma : \quad aH \to bH$$
$$ah \to bh.$$

σ ist offensichtlich surjektiv. Die Injektivität folgt aus

$$bh_1 = bh_2 \implies b^{-1}bh_1 = b^{-1}bh_2 \implies h_1 = h_2 \implies ah_1 = ah_2. \qquad \square$$

Die Anzahl der Nebenklassen heißt **Index** $[G : H]$ von H in G.

Im Allgemeinen stimmen Rechts- und Linksnebenklassen nicht überein, vergl. Abb. 2.4.

Beispiel 1: Wir schreiben die Permutationsgruppe S_3 in aufzählender Form:

$$S_3 = \{id = (1\,2\,3), (1\,3\,2), (3\,2\,1), (2\,1\,3), (2\,3\,1), (3\,1\,2)\}.$$

Wir setzen

$$\pi_1 = (1\,3\,2), \quad \pi_2 = (3\,2\,1), \quad \pi_3 = (2\,1\,3),$$
$$\pi_4 = (2\,3\,1), \quad \pi_5 = (3\,1\,2)$$

und erkennen:

$$\pi_1^2 = id, \qquad \pi_2^2 = id \qquad \pi_3^2 = id,$$
$$\pi_4^3 = id, \qquad \pi_5^3 = id.$$

Es sei $H_i := \{id, \pi_i\}$ für $i = 1, 2, 3$ und $H_i = \{id, \pi_i, \pi_i^2\}$ für $i = 4, 5$. H_i sind Untergruppen von S_3.

Als Linksnebenklassen von H_1 erhalten wir

$$H_1, \quad \pi_2 H_1 = \{\pi_2, \pi_4\}, \quad \pi_3 H_1 = \{\pi_3, \pi_5\}$$

$$\pi_4 H_1 = \{\pi_4, \pi_2\} = \pi_2 H_1 \quad \pi_5 H_1 = \{\pi_5, \pi_3\} = \pi_3 H_1$$

und als Rechtsnebenklassen

$$H_1, \quad H_1\pi_2 = \{\pi_2, \pi_5\}, \quad H_1\pi_3 = \{\pi_3, \pi_4\}$$

$$H_1\pi_4 = \{\pi_4, \pi_3\} = H_1\pi_3, \quad H_1\pi_5 = \{\pi_5, \pi_2\} = H_1\pi_2.$$

Beispiel 2: Wir bezeichnen mit $\mathrm{SL}(2,\mathbb{R})$ die Menge

$$\mathrm{SL}(2,\mathbb{R}) = \{ \begin{pmatrix} a & b \\ c & d \end{pmatrix} \mid \det \begin{pmatrix} a & b \\ c & d \end{pmatrix} = 1, \ a,b,c,d \in \mathbb{R} \}.$$

Für $A, B \in \mathrm{SL}(2,\mathbb{R})$ ist wegen $\det AB^{-1} = \det A \det B^{-1} = 1 \cdot 1 = 1$ auch $AB^{-1} \in \mathrm{SL}(2,\mathbb{R})$. Aufgrund des Untergruppenkriteriums ist $\mathrm{SL}(2,\mathbb{R})$ damit eine Untergruppe von $\mathrm{GL}/N,\mathbb{R})$. Die Menge

$$U = \{ \begin{pmatrix} 1 & x \\ 0 & 1 \end{pmatrix} \in \mathrm{SL}(2,\mathbb{R}) \mid x \in \mathbb{R} \}$$

ist ihrerseits eine Untergruppe von $\mathrm{SL}(2,\mathbb{R})$. Für das Produkt zweier Elemente aus U ergibt sich nämlich

$$\begin{pmatrix} 1 & x \\ 0 & 1 \end{pmatrix} \begin{pmatrix} 1 & y \\ 0 & 1 \end{pmatrix} = \begin{pmatrix} 1 & x+y \\ 0 & 1 \end{pmatrix}, \tag{2.1}$$

so dass

$$\begin{pmatrix} 1 & x \\ 0 & 1 \end{pmatrix}^{-1} = \begin{pmatrix} 1 & -x \\ 0 & 1 \end{pmatrix} \in U$$

und daher

$$\begin{pmatrix} 1 & x \\ 0 & 1 \end{pmatrix} \begin{pmatrix} 1 & y \\ 0 & 1 \end{pmatrix}^{-1} = \begin{pmatrix} 1 & x-y \\ 0 & 1 \end{pmatrix} \in U.$$

Sei $a = \begin{pmatrix} \alpha & \beta \\ \gamma & \delta \end{pmatrix} \in \mathrm{SL}(2,\mathbb{R})$. Die Linksnebenklassen

$$aU = \{ \begin{pmatrix} \alpha & \alpha x + \beta \\ \gamma & \gamma x + \delta \end{pmatrix} \in \mathrm{SL}(2,\mathbb{R}) \mid x \in \mathbb{R} \}$$

und die Rechtsnebenklassen

$$Ua = \{ \begin{pmatrix} \alpha + x\gamma & \beta + x\delta \\ \gamma & \delta \end{pmatrix} \in \mathrm{SL}(2,\mathbb{R}) \mid x \in \mathbb{R} \}$$

stimmen in diesem Fall offensichtlich i. Allg. nicht mehr überein.

2.3.3 Normalteiler

Untergruppen, für die die Rechts- mit den entsprechenden Linksnebenklassen über-einstimmen, nehmen eine Sonderstellung ein.

Definition 2.4. *Eine Untergruppe* N *einer Gruppe* G *heißt* **Normalteiler** *oder auch* **normal** *in* G, *wenn jede Linksnebenklasse auch Rechtsnebenklasse ist, wenn also*

$$aN = Na$$

für alle $a \in G$.

Das Besondere an den Normalteilern ist die Tatsache, dass in diesem Fall die Menge der Nebenklassen $G/N = \{aN \mid a \in G\}$ mit der gewöhnlichen Mengenmultiplikation eine Gruppe bildet. (Die Multiplikation zweier Mengen ist hierbei definiert als die Menge der Produkte ihrer Elemente $M \cdot N = \{mn \mid m \in M, n \in N\}$.)

Um dies einzusehen, beachten wir zunächst, dass wegen der Normalteilereigenschaft

$$aN \cdot bN = aN \cdot Nb = aNb = abN$$

gilt. Wir haben hierbei benutzt, dass $N \cdot N = N$ (vergl. Übungsaufgabe 2.6.11). Damit gelten die Gruppenaxiome:

1. $aN \cdot (bN \cdot cN) = aN \cdot (bcN) = a(bc)N = (ab)cN = (aN \cdot bN) \cdot cN$,
2. $N \cdot aN = aN$ für alle $aN \in G/N$,
3. $aN \cdot a^{-1}N = eN = N$ für alle $aN \in G/N$.

Wir erhalten:

Satz 2.2. *Sei* G *eine Gruppe und* N *ein Normalteiler in* G. *Dann ist* G/N *mit der Multiplikation* $aN \cdot bN = abN$ *eine Gruppe.*

Diese Gruppe heißt auch **Faktorgruppe** von G nach N.

2.3.4 Beispiele für Faktorgruppen

Die Gruppe $\mathbb{Z}/m\mathbb{Z}$

$G = (\mathbb{Z}, +)$, $H = m\mathbb{Z}$, $m \in \mathbb{N}$.

Die Nebenklassen sind hier gerade die Elemente

$$\mathbb{Z}/m\mathbb{Z} = \{\mathbb{Z}, 1 + m\mathbb{Z}, \ldots, (m-1) + m\mathbb{Z}\}.$$

Wir veranschaulichen uns die Situation am Zahlenstrahl, vergl. Abb. 2.5. $m\mathbb{Z}$ ist ein Normalteiler, $(\mathbb{Z}/m\mathbb{Z}, +)$ also wieder eine Gruppe. Für $m = 2$ ist dies wieder

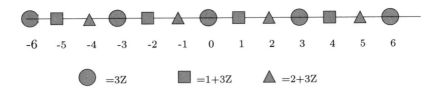

Abbildung 2.5: Die Nebenklassen $\mathbb{Z}/3\mathbb{Z}$

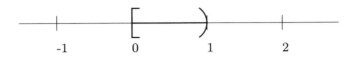

Abbildung 2.6: Die Nebenklassen $\mathbb{R}/\mathbb{Z}$

die bereits bekannte Gruppe mit zwei Elementen Z_2. Bezeichnen wir die Gruppen-elemente $g + m\mathbb{Z}$ mit $\hat{g}$, so erhalten wir im Beispiel $m = 5$ unter anderem:

$$\hat{1} + \hat{4} = \hat{0}, \quad \hat{2} + \hat{4} = \hat{1}, \quad \hat{3} + \hat{4} = \hat{2}, \dots$$

Das Inverse zu $g + m\mathbb{Z}$ ist das Element $m - g + m\mathbb{Z}$. Die Gruppen $\mathbb{Z}/m\mathbb{Z}$ werden wir im Rahmen der Zahlentheorie und der modularen Arithmetik noch eingehender studieren. Die soeben praktizierte Addition auf $\mathbb{Z}/m\mathbb{Z}$ ist die Addition modulo m.

In den folgenden Beispielen besitzt die eben beschriebene Bildung von Quotien-tenräumen bzw. Faktorgruppen eine geometrische Bedeutung.

Der topologische Kreis $\mathbb{R}/\mathbb{Z}$

$G = (\mathbb{R}, +)$, $H = \mathbb{Z}$. In diesem Fall entsprechen die Nebenklassen in eineindeutiger Weise den reellen Zahlen im Intervall $[0, 1[$, vergl. Abb. 2.6,

$$\mathbb{R}/\mathbb{Z} = \{a + \mathbb{Z} \mid a \in [0, 1[\,\}.$$

$(\mathbb{R}/\mathbb{Z}, +)$ ist eine Gruppe, da $\mathbb{Z}$ Normalteiler ist, und die Additon entspricht gerade der Addition von reellen Zahlen modulo 1.

Wir können diese Menge mit den Punkten des Einheitskreises identifizieren. Die Identifikation erfolgt über die bijektive Abbildung

$$f : \quad (\mathbb{R}\backslash\mathbb{Z}, +) \quad \rightarrow \mathbb{R}^2$$
$$a + \mathbb{Z} \quad \rightarrow (\cos(2\pi a), \sin(2\pi a)).$$

Anschaulich entsteht der Kreis vermöge dieser Abbildung durch das Verkleben der beiden Randpunkte des Intervalls, vergl. Abb. 2.7. Die Addition zweier Elemen-

Abbildung 2.7: Zusammenkleben des Einheitsintervalls

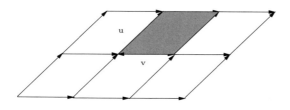

Abbildung 2.8: Gitter

te in $\mathbb{R}/\mathbb{Z}$ entspricht der Addition der Winkel der zugehörigen Punkte auf dem Einheitskreis.

Gitter im $\mathbb{R}^2$

Seien $\mathbf{v}_1$, $\mathbf{v}_2$ zwei Vektoren im $\mathbb{R}^2$. Dann ist $H(\mathbf{v}_1, \mathbf{v}_2) = \{\lambda \mathbf{v}_1 + \mu \mathbf{v}_2 | \lambda, \mu \in \mathbb{Z}\}$ eine Untergruppe des $\mathbb{R}^2$, die sich als **Gitter** veranschaulichen lässt, vergl. Abb. 2.8. Die Nebenklassen stehen dann in eineindeutiger Korrespondenz zu den inneren Punkten einschließlich jeweils einer der paarweise parallelen Seiten des in Abb. 2.8 markierten Parallelogramms. Dieses Parallelogramm heißt eine **Fundamentalmasche** des Gitters. Verbiegen wir die Fundamentalmasche und 'kleben' die gegenüberliegenden Seiten zusammen, so erhalten wir einen 'Fahrradschlauch', mathematisch gesprochen einen **Torus**, vergl. Abb. 2.9. $H(\mathbf{v}_1, \mathbf{v}_2)$ ist ein Normalteiler und damit ist der Torus in dieser Interpretation eine Gruppe.

Die projektive Gruppe $\mathrm{PSL}(2, \mathbb{R})$

E_2 bezeichne die Einheitsmatrix in $\mathrm{SL}(2, \mathbb{R})$. Dann ist offensichtlich $T = \{E_2, -E_2\}$ eine Untergruppe von $\mathrm{SL}(2, \mathbb{R})$. Jede Nebenklasse besteht aus zwei Elementen

$$aT = Ta = \{ \begin{pmatrix} \alpha & \beta \\ \gamma & \delta \end{pmatrix}, \begin{pmatrix} -\alpha & -\beta \\ -\gamma & -\delta \end{pmatrix} \},$$

T ist also Normalteiler und $\mathrm{SL}(2, \mathbb{R})/T$ eine Gruppe. Diese Gruppe bezeichnet man als die **projektive spezielle lineare Gruppe** $\mathrm{PSL}(2, \mathbb{R})$.

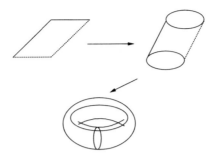

Abbildung 2.9: Zusammenkleben einer Gittermasche zu einem Torus

2.4 Die Gruppenordnung

2.4.1 Satz von Lagrange

Für eine endliche Gruppe G bezeichnet man die Anzahl $|G|$ der Gruppenelemente als **Ordnung** der Gruppe. Der folgende Satz von Lagrange ist von grundlegender Bedeutung für die Theorie endlicher Gruppen.

Satz 2.3 (Lagrange). *Die Ordnung jeder Untergruppe H einer endlichen Gruppe G ist ein Teiler der Ordnung von G.*

Beweis. Sei H eine Untergruppe der Ordnung m. Die Nebenklassen $h_i H$ sind disjunkt, besitzen alle die gleiche Anzahl m von Elementen und überdecken G. Damit gilt $mk = |G|$ und das ist die Behauptung des Satzes. $\square$

Wir definieren für $n \in \mathbb{N}$ die **Potenzen** von a vermöge

$$a^1 := a, \quad a^{n+1} := a^n a.$$

Das **Erzeugnis** von a ist für endliche Gruppen definiert als

$$\langle a \rangle := \{a, a^2, a^3, ...\}.$$

Wir zeigen:

Lemma 2.4. *Sei G eine endliche Gruppe. Zu jedem $a \in G$ ist $\langle a \rangle$ eine Untergruppe von G.*

Beweis. Da es in der Liste $a, a^2, a^3, ...$ nur endlich viele unterschiedliche Elemente geben kann, so muss es zwei natürliche Zahlen $r \neq s$ geben, für die $a^r = a^s$. O.B.d.A. sei $r > s$. Dann gilt $a^{r-s} a^s = a^s$, woraus folgt $a^{r-s} = e$ und

$$\langle a \rangle = \{a, a^2, a^3, ..., a^{r-s}\}.$$

Falls in dieser Menge alle Elemente verschieden sind, so ist $r - s$ das kleinste $n \in \mathbb{N}$ mit $a^n = e$. Falls nicht alle Elemente verschieden sind, also etwa $a^u = a^v$, $u > v$, so erhält man den Exponenten $u - v < r - s$ mit $a^{u-v} = e$ und $\langle a \rangle = \{a, a^2, a^3, ..., a^{u-v}\}$. Wir setzen dieses Verfahren fort und nach endlich vielen Schritten erhalten wir

$$\langle a \rangle = \{a, a^2, a^3, ..., a^{n_a}\},$$

wobei nun alle Elemente dieser Menge paarweise verschieden sind.

Das Produkt zweier Elemente aus $\langle a \rangle$ gehört natürlich wieder zu $\langle a \rangle$. Außerdem gilt $a^{n_a} = e$, das neutrale Element ist also auch in $\langle a \rangle$ enthalten. Das inverse Element zu a^k ist $a^{n_a - k}$. Damit ist alles gezeigt. $\qquad\square$

Die Ordnung von $\langle a \rangle$ heißt **Ordnung** von a. Damit gilt als folgende wichtige Folgerung aus dem Satz von Lagrange der Satz von Euler:

Satz 2.4 (Euler). *Sei G eine endliche Gruppe. Dann gilt für alle $a \in G$*

$$a^{|G|} = e.$$

Beweis. Wegen des Satzes von Lagrange teilt die Ordnung n_a von a die Gruppenordnung:

$$n_a k = |G|.$$

Hieraus folgt

$$a^{|G|} = a^{n_a k} = e^k = e. \qquad\square$$

2.4.2 Zyklische Gruppen

Wir erweitern den Begriff des Erzeugnisses auf unendliche Gruppen. Dazu definieren wir wie üblich Potenzen zu nichtpositiven ganzzahligen Exponenten:

$$a^0 = e, \quad a^n =: a^{n-1}a.$$

Als Folge dieser Definition ergibt sich $e = a^0 = a^{-1}a$ und damit ist auch in der neuen Bedeutung a^{-1} das inverse Element. Für eine unendliche Gruppe G definieren wir das **Erzeugnis** von $a \in G$ vermöge

$$\langle a \rangle := \{a^n | n \in \mathbb{Z}\}.$$

$\langle a \rangle$ heißt auch die von a erzeugte Gruppe. Eine Gruppe, die von einem Element erzeugt wird, heißt **zyklische** Gruppe.

Beispiel 1: Wir betrachten die Permutationsgruppe S_3. S_3 hat die Ordnung 6 und kann Untergruppen der Ordnung $1, 2, 3$ oder 6 besitzen.

Wir benutzen die Bezeichnungen aus Beispiel 1 des Abschnitts über Nebenklassen. Die Elemente π_1, π_2, π_3 haben jeweils die Ordnung 2, die Elemente π_4, π_5 haben jeweils die Ordnung 3. Ein Element der Ordnung 6 gibt es nicht. S_3 ist daher nicht zyklisch.

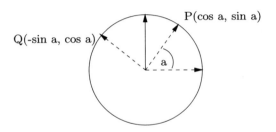

Abbildung 2.10: Drehung um den Winkel a

Beispiel 2: Eine unendliche zyklische Untergruppe von $SL(2,\mathbb{R})$ ist

$$U_{\mathbb{Z}} = \{ \begin{pmatrix} 1 & z \\ 0 & 1 \end{pmatrix} \in SL(2,\mathbb{R}) \mid x \in \mathbb{Z}\}$$

mit erzeugendem Element $\begin{pmatrix} 1 & 1 \\ 0 & 1 \end{pmatrix}$.

Beispiel 3:

$$SO(2,\mathbb{R}) = \{ \begin{pmatrix} \cos\phi & -\sin\phi \\ \sin\phi & \cos\phi \end{pmatrix} \in SL(2,\mathbb{R}) \mid \phi \in \mathbb{R}\}$$

ist eine Untergruppe von $SL(2,\mathbb{R})$ (Übung). Diese Untergruppe entspricht der Gruppe der **Drehungen der Ebene**. Setzen wir $D_\phi = \begin{pmatrix} \cos\phi & -\sin\phi \\ \sin\phi & \cos\phi \end{pmatrix}$, so ist nämlich

$$D_\phi \begin{pmatrix} 1 \\ 0 \end{pmatrix} = \begin{pmatrix} \cos\phi \\ \sin\phi \end{pmatrix}, \quad D_\phi \begin{pmatrix} 0 \\ 1 \end{pmatrix} = \begin{pmatrix} -\sin\phi \\ \cos\phi \end{pmatrix}.$$

Die Einheitsvektoren werden also um den Winkel ϕ gedreht, vergl. Abb. 2.10. Eine Drehung ist jedoch eine lineare Abbildung und so werden mit den Basisvektoren auch alle anderen Vektoren durch die Abbildung D_ϕ um den Winkel ϕ gedreht. Diese Gruppe kann nicht zyklisch sein, da sie überabzählbar viele Elemente enhält. Endliche zyklische Untergruppen der Ordnung n werden durch die Drehungen um $\phi = 2\pi/n$ erzeugt.

2.5   Homomorphismen von Gruppen

Mit einer Struktur interessieren wir uns für die zugehörigen strukturerhaltenden Abbildungen, die Homomorphismen.

2.5.1 Definition und elementare Eigenschaften

Definition 2.5. *Seien* $(G_1, \top_1)$, $(G_2, \top_2)$ *zwei Gruppen. Eine Abbildung* $\phi : G_1 \to G_2$ *heißt* **Gruppenhomomorphismus**, *wenn für alle* $a, b \in G_1$

$$\phi(a \top_1 b) = \phi(a) \top_2 \phi(b).$$

Ist der Homomorphismus bijektiv, so nennt man ihn einen **Isomorphismus**, *die zwei Gruppen* G_1 *und* G_2 *heißen dann* **isomorph**, *Schreibweise:*

$$G_1 \simeq G_2.$$

Beispiel: $\mathbb{Z}$ ist isomorph zu

$$U_\mathbb{Z} = \{ \begin{pmatrix} 1 & z \\ 0 & 1 \end{pmatrix} \in \mathrm{SL}(2, \mathbb{R}) \mid z \in \mathbb{Z} \}.$$

Der zu Grunde liegende Isomorphismus ist $\phi(z) = \begin{pmatrix} 1 & z \\ 0 & 1 \end{pmatrix}$. Die Homomorphie-eigenschaft

$$\begin{pmatrix} 1 & u+v \\ 0 & 1 \end{pmatrix} = \begin{pmatrix} 1 & u \\ 0 & 1 \end{pmatrix} \begin{pmatrix} 1 & v \\ 0 & 1 \end{pmatrix},$$

kann ohne Schwierigkeiten nachgerechnet werden.

Ein Gruppenhomomorphismus hat die unter dem Gesichtspunkt der Strukturerhaltung zu erwartende Eigenschaft, dass die neutralen und die inversen Elemente aufeinander abgebildet werden. Im Folgenden schreiben wir der Einfachheit halber die Gruppen wieder multiplikativ. Es gilt dann

Lemma 2.5. *Seien* G_1, G_2 *zwei Gruppen,* e_1, e_2 *die neutralen Elemente. Wenn* $\phi : G_1 \to G_2$ *ein Gruppenhomomorphismus ist, so gilt:*

i) $\phi(e_1) = e_2$

ii) $\phi(a^{-1}) = (\phi(a))^{-1}$.

Beweis. i): Sei $a \in G_1$. Dann folgt $\phi(a) = \phi(a e_1) = \phi(a)\phi(e_1)$. Hieraus folgt sofort $e_2 = \phi(e_1)$.

ii): Übungsaufgabe 2.6.15 a). $\qquad\qquad\qquad\qquad\qquad\qquad\qquad\qquad\qquad\qquad\square$

2.5.2 Kern eines Homomorphismus

Wir haben soeben gesehen, dass ein Homomorphismus das neutrale Element wieder auf das neutrale Element abbildet. Wenn der Homomorphismus injektiv ist, gilt dies auch für kein anderes Element. Wir definieren:

Definition 2.6. *Wenn* $\phi : G_1 \to G_2$ *ein Gruppenhomomorphismus ist, so heißt*

$$\ker(\phi) = \{g \in G_1 | \phi(g) = e_2\}$$

der **Kern** *von* ϕ.

Der Kern ist also das Urbild des neutralen Elementes unter ϕ. Wir werden sehen, dass wir die Urbilder auch der anderen Elemente über den Kern bestimmen können. Zunächst zeigen wir aber, dass der Kern selbst wieder eine Untergruppe ist, und zwar sogar eine normale:

Satz 2.5. *Sei* $\phi : G_1 \to G_2$ *ein Gruppenhomomorphismus. Dann ist* $\ker(\phi)$ *ein Normalteiler in* G_1.

Beweis. Seien $a, b \in \ker(\phi)$, also $\phi(a) = e_2$, $\phi(b) = e_2$. Dann gilt $\phi(ab^{-1}) = \phi(a)(\phi(b))^{-1} = e_2$ und $ab^{-1} \in \ker(\phi)$. Nach dem Untergruppenkriterium ist der Kern also eine Untergruppe.

Damit der Kern auch normal ist, muss $a\ker(\phi) = \ker(\phi)a$. Wir wählen hierzu ein beliebiges $g \in a\ker(\phi)$, also $g = ak$ mit $k \in \ker(\phi)$ und wollen zeigen, dass g auch in $\ker(\phi)a$ liegt. Zu diesem Zweck schreiben wir g in der Form

$$g = aka^{-1}a = \tilde{k}a$$

mit $\tilde{k} = aka^{-1}$. Es ist aber $\tilde{k} \in \ker(\phi)$, denn

$$
\begin{aligned}
\phi(\tilde{k}) &= \phi(aka^{-1}) = \phi(a)\phi(k)\phi(a^{-1}) \\
&\phi(a)e_2\phi(a^{-1}) = \phi(a)\phi(a^{-1}) = \phi(a)(\phi(a))^{-1} = e_2.
\end{aligned}
$$

Damit folgt $a\ker(\phi) \subset \ker(\phi)a$. Die umgekehrte Inklusion lässt sich ganz analog zeigen, also gilt $a\ker(\phi) = \ker(\phi)a$. □

Nun zu der Frage, wie die Urbilder der anderen Elemente aussehen. Sei dazu $h \in \phi(G_1)$ und g_1, g_2 zwei Urbilder von h, d.h. $\phi(g_1) = \phi(g_2) = h$. Wir erhalten

$$
\begin{aligned}
&\phi(g_1) = \phi(g_2) \\
\Longleftrightarrow \quad &(\phi(g_2))^{-1}\phi(g_1) = e_2 \\
\Longleftrightarrow \quad &\phi(g_2^{-1}g_1) = e_2 \\
\Longleftrightarrow \quad &g_2^{-1}g_1 \in \ker(\phi) \\
\Longleftrightarrow \quad &g_1 \in g_2\ker(\phi).
\end{aligned}
$$

Das Urbild von h unter ϕ ist damit die Restklasse $g_1\ker(\phi)$, vergl. Abb. 2.11.

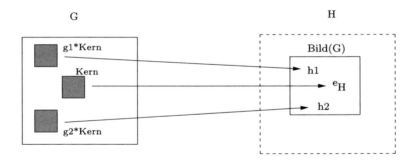

Abbildung 2.11: Kern eines Homomorphismus

2.5.3 Der Homomorphiesatz

Es gibt also eine eineindeutige Korrespondenz zwischen $G_1/\ker(\phi)$ und $\mathrm{Bild}(G_1)$. Da beides Gruppen sind, liegt die Frage nahe, ob diese Korrespondenz nicht sogar einen Gruppenisomorphismus darstellt. In der Tat gilt der wichtige

Satz 2.6 (Homomorphiesatz). *Sei $\phi : G_1 \to G_2$ ein Gruppenhomomorphismus. Dann ist*

$$\tilde{\phi} : \quad G_1/\ker(\phi) \to \mathrm{Bild}(G_2)$$
$$g\ker(\phi) \to \phi(g)$$

ein Gruppenisomorphismus.

Beweis. Die Abbildung $\tilde{\phi}$ ist wohldefiniert, denn

$$h\ker(\phi) = g\ker(\phi) \implies \tilde{\phi}(h) = \tilde{\phi}(g).$$

Nach Konstruktion folgt außerdem die Injektivität:

$$\tilde{\phi}(g\ker(\phi)) = \tilde{\phi}(h\ker(\phi))$$
$$\implies \quad \phi(g) = \phi(h)$$
$$\implies \quad g \in h\ker(\phi)$$
$$\implies \quad g\ker(\phi) = h\ker(\phi).$$

Die Surjektivität ist trivial, bleibt noch zu zeigen, dass $\tilde{\phi}$ ein Homomorphismus ist. Hierzu:

$$\tilde{\phi}(g\ker(\phi)h\ker(\phi)) \;=\; \tilde{\phi}(gh\ker(\phi))$$
$$= \; \phi(gh)$$
$$= \; \phi(g)\phi(h)$$
$$= \; \tilde{\phi}(g\ker(\phi))\tilde{\phi}(h\ker(\phi)). \quad \square$$

Eine einfache aber wichtige Folgerung aus den obigen Überlegungen ist das

Korollar 2.1. $\phi : G_1 \to G_2$ *ist genau dann injektiv, wenn* $\ker(\phi) = \{e_1\}$.

Beweis. Klar! □

Beispiel: Wir betrachten die Wortgruppe $\mathcal{F}_2$ über dem Alphabet $\{a, b\}$, sowie $F_2 = \{(n, m) | n, m \in \mathbb{Z}\}$ mit der komponentenweisen Verknüpfung

$$(n_1, m_1) + (n_2, m_2) = (n_1 + n_2, m_1 + m_2).$$

F_2 ist also das direkte Produkt $\mathbb{Z}^2$.

Wir beachten, dass F_2 abelsch und $\mathcal{F}_2$ nicht abelsch ist. Ein Homomorphismus $\tau : \mathcal{F}_2 \to F_2$ ist gegeben durch

$$\tau : w \to (n_w, m_w),$$

wo n_w, bzw. m_w die Summe der Exponenten des Buchstabens a bzw. b im Wort w bedeute. Beispielsweise ist $\tau(a^{-1}b^{-1}ab) = (0, 0)$. Aus dem Isomorphiesatz ergibt sich sofort

$$\mathcal{F}_2/\ker(\tau) \simeq F_2.$$

Man kann es auch so ausdrücken: Durch Herausfaktorisieren des Kerns von τ ist die Wortgruppe abelsch gemacht worden.

Wir zeigen nun, dass $\ker(\tau)$ sich charakterisieren lässt als diejenige Untergruppe von $\mathcal{F}_2$, die von Wörtern der Form $xyx^{-1}y^{-1}$ erzeugt wird, wobei x, y selbst Wörter aus $\mathcal{F}_2$ sind.

Angenommen

$$w = a^{n_1}b^{m_1}a^{n_2}b^{m_2}.....a^{n_k}b^{m_k}$$

ist ein Wort aus $\ker(\tau)$. Es ist dann $\tau(w) = (0, 0)$, also

$$\sum_{i=1}^{k} n_k = 0, \quad \sum_{i=1}^{k} m_k = 0.$$

O.B.d.A. sei $n_1 \neq 0$. Falls w die Länge 4 hat, so folgt $n_1 = -n_2$, $m_1 = -m_2$ und w besitzt die gewünschte Form. Wörter geringerer Länge, die vom Nullwort verschieden sind, kann es im Kern der Abbildung τ aber nicht geben. (Warum?)

Wir nehmen also an, die Länge unseres Wortes w sei größer als 4. Multipliziert man w von links mit $u_1 = b^{m_1}a^{n_1}b^{-m_1}a^{-n_1}$, so erhält man das Wort

$$w_1 = b^{m_1}a^{n_1+n_2}b^{m_2}.....a^{n_k}b^{m_k},$$

dessen Länge um mindestens 1 geringer ist als die des Ausgangsworts und offensichtlich auch wieder im Kern von τ liegt. Dieses Wort multiplizieren wir von links mit $u_2 = a^{n_1+n_2}b^{m_1}a^{-n_1-n_2}b^{-m_1}$ und erhalten das Wort

$$w_2 = a^{n_1+n_2}b^{m_1+m_2}a^{n_3}b^{m_3}....a^{n_k}b^{m_k},$$

das wiederum kürzer ist als das vorherige, aber ebenfalls im Kern ist. Auf diese Weise fortfahrend erhalten wir eine Folge von Wörtern des Kerns, die nach endlich vielen Schritten bei einem Wort $w_k = a^n b^m a^{-n} b^{-m}$ der Länge 4 ankommen muss. Wir haben also $u_k u_{k-1} ... u_1 w = w_k$, d.h.

$$w = u_1^{-1} u_2^{-1} ... u_k^{-1} w_k$$

lässt sich als Produkt von Wörtern der Form $xyx^{-1}y^{-1}$ schreiben. Jeder Homomorphismus ψ von $\mathcal{F}_2$ in eine abelsche Gruppe muss wegen

$$\psi(xyx^{-1}y^{-1}) = \psi(x)\psi(x^{-1})\psi(y)\psi(y^{-1}) = e$$

die Elemente von $\ker(\tau)$ ebenfalls in seinem Kern enthalten. Unter diesem Aspekt ist $\ker(\tau)$ demnach der kleinste Normalteiler, der durch Faktorisierung $\mathcal{F}_2$ abelsch macht.

2.5.4 Kommutatorgruppe

Das obige Beispiel nehmen wir zum Anlass für die folgende Definition:

Definition 2.7. *Sei G eine Gruppe. Elemente der Gestalt $xyx^{-1}y^{-1}$ mit $x, y \in G$ heißen* **Kommutatoren** *in G. Die von allen Kommutatoren erzeugte Untergruppe von G heißt* **Kommutatorgruppe** *oder* **Kommutatoruntergruppe** *oder einfach der* **Kommutator** *von G.*

Es gilt dann der in den Beispielen bereits angedeutete Sachverhalt:

Satz 2.7. *Sei G eine Gruppe. Der Kommutator K von G hat die Eigenschaft, dass G/K abelsch ist. Es gilt sogar, dass er der kleinste Normalteiler mit dieser Eigenschaft ist, d.h., angenommen es ist auch G/L ebenfalls abelsch, so ist K Untergruppe von L.*

Beweis. Zum Beweis beachte man, dass L der Kern des kanonischen Homomorphismus $\psi : G \to G/L$, $g \to gL$ ist. Die Behauptung folgt dann aus

$$\psi(xyx^{-1}y^{-1}) = \psi(x)\psi(x^{-1})\psi(y)\psi(y^{-1}) = e. \qquad \square$$

2.6 Aufgaben

2.6.1 Zeigen Sie, dass in einer Gruppe zwei verschiedene Elemente nicht dasselbe Inverse besitzen können.

2.6.2 Auf einer Menge G sei eine assoziative Verknüpfung $\top$ definiert und es gelte:
1. Es gibt ein **linksneutrales Element** $\Diamond$, so dass für alle $a \in G$

$$a \top \Diamond = a$$

2. Zu jedem Element $a \in G$ gibt es ein **linksinverses Element** $\bar{a}$, so dass

$$\bar{a} \top a = \Diamond.$$

Zeigen Sie, dass dann $(G, \top)$ bereits eine Gruppe ist.

2.6.3 Zeigen Sie, dass die Menge aller $(n \times n)$-Matrizen M mit $\mathrm{Spur}(M) = 0$ eine Gruppe bez. der Matrizenaddition ist. Hierbei ist $\mathrm{Spur}(a_{ij}) = \sum_{i=1}^{n} a_{ii}$.

2.6.4 Entwerfen Sie die Verknüpfungstafel für eine Gruppe mit 5 Elementen.

2.6.5 Zeigen Sie, dass es bis auf Umbenennung der Elemente nur eine Gruppe mit 5 Elementen geben kann.

2.6.6 Entwerfen Sie die Verknüpfungstafel für die Diedergruppe D_6.

2.6.7 Welches sind die Symmetriegruppen

a) eines Rechtecks, das kein Quadrat ist,

b) eines Kreises,

c) einer Ellipse, die kein Kreis ist

d) des Wortes 'OHO'.

2.6.8 Zeigen Sie, dass die kleinste Untergruppe, die die ungeraden Zahlen enthält, $\mathbb{Z}$ selbst sein muss.

2.6.9 Definieren Sie auf $\mathbb{N}$ eine Verknüpfung, die $\mathbb{N}$ zu einer Gruppe macht. Hinweis: Benutzen Sie die Tatsache, dass $\mathbb{N}$ und $\mathbb{Z}$ gleichmächtig sind.

2.6.10 Zeigen Sie, dass $\mathrm{SO}(2, \mathbb{R}) = \left\{ \begin{pmatrix} \cos\phi & -\sin\phi \\ \sin\phi & \cos\phi \end{pmatrix} \in \mathrm{SL}(2, \mathbb{R}) \mid \phi \in \mathbb{R} \right\}$ eine Untergruppe von $\mathrm{SL}(2, \mathbb{R})$ bildet. (Hinweis: Additionstheoreme) Ist diese Untergruppe normal?

2.6.11 a) Zeigen Sie, dass für jede Gruppe $(G, \cdot)$ gilt: $G \cdot G = G$.
b) Zeigen Sie: Angenommen H ist Untergruppe von G. Dann gilt

$$aH = bH \iff b^{-1}a \in H.$$

2.6.12 Bestimmen Sie alle Normalteiler von S_3.

2.6.13 Bestimmen Sie alle Untergruppen der Ordnung 4 von S_5.

2.6.14 Zeigen Sie, dass eine Teilmenge einer endlichen Gruppe bereits eine Untergruppe ist, wenn sie bez. der Gruppenoperation abgeschlossen ist.

2.6.15 Sei $\phi : G_1 \to G_2$ ein Gruppenhomomorphismus. Zeigen Sie:
a) $\phi(g^{-1}) = (\phi(g))^{-1}$;
b) $\phi(G_1)$ ist Untergruppe von G_2.

2.6.16 Zeigen Sie, dass sich jede Deckabbildung des Fünfecks aus den Abbildungen a (Drehung um $2\pi/5$ entgegen dem Uhrzeigersinn) und b (Spiegelung an einer beliebigen aber fest gewählten Seitenhalbierenden) erzeugen lässt.

2.6.17 Zeigen Sie, dass die Untergruppe einer zyklischen Gruppe auch zyklisch ist.

2.6.18 Zeigen Sie: Die Gruppe der Drehungen der Ebene um den Nullpunkt zu den Winkeln $2\pi k/n$ ist isomorph zu $\mathbb{Z}/n\mathbb{Z}$.

2.6.19 Zeigen Sie, dass die Diedergruppen D_n sich charakterisieren lassen als die aus zwei Buchstaben a, b erzeugten Gruppen, die den einschränkenden Relationen

1. $a^n = b^2 = e$

2. $ba = a^{n-1}b$

genügen.

3

Körper, Ringe, Integritätsbereiche

3.1 Körper

Zu der algebraischen Struktur des Körpers gehört eine zweite Verknüpfung. Wir werden der Einfachheit halber diese beiden Verknüpfungen in Anlehnung an die bereits bekannten Beispiele $\mathbb{Q}$, $\mathbb{R}$, $\mathbb{C}$ mit + und · bezeichnen. Statt $a \cdot b$ schreiben wir dann auch ab.

3.1.1 Die Körperaxiome

Wir geben zuerst die Definition und diskutieren im Anschluss die Bedeutung der Axiome.

Definition 3.1. *Sei K eine Menge (mit mindestens zwei Elementen) und $+$, $\cdot$ Verknüpfungen auf K. $(K, +, \cdot)$ heißt* **Körper**, *wenn für alle $a, b, c \in K$ gilt:*

   i) $a + (b + c) = (a + b) + c$,   (**Assoziativgesetz** *bez.* $+$)

   ii) $a + b = b + a$,   (**Kommutativgesetz** *bez.* $+$)

   iii) *es existiert ein* **neutrales Element** $0 \in K$ *bez.* $+$, *so dass für alle $a \in K$*

$$a + 0 = a,$$

   iv) *zu jedem Element $a \in K$ existiert bez.* $+$ *ein* **inverses Element** $-a \in K$, *so dass*

$$-a + a = 0,$$

v) $a(b + c) = ab + ac$,   (**Distributivgesetz**)

vi) $a(bc) = (ab)c$,   (**Assoziativgesetz** *bez.* $\cdot$)

vii) $ab = ba$,   (**Kommutativgesetz** *bez.* $\cdot$)

viii) *es existiert ein* **neutrales Element** $1 \in K$ *bez.* $\cdot$, *so dass für alle* $a \in K$

$$a \cdot 1 = a,$$

ix) *zu jedem Element* $a \in K^{\times} = K \backslash \{0\}$ *existiert bez.* $\cdot$ *ein* **inverses Element** a^{-1}, *so dass*

$$a^{-1}a = 1.$$

Im Wesentlichen besagen die Axiome, dass $(K, +)$ und $(K^{\times}, \cdot)$ abelsche Gruppen sind. Hinzu kommt das Distributivgesetz, das eine Verträglichkeitsbedingung zwischen den beiden Verknüpfungen formuliert.

Es ist nicht schwer zu zeigen, dass aus der Gültigkeit dieser Grundgesetze auf die Auflösbarkeit der Gleichung $ax = b$ für $a \neq 0$ geschlossen werden kann.

Warum darf die Null kein inverses Element bez. der Multiplikation besitzen oder anders ausgedrückt: Warum darf man durch Null nicht teilen? Diese Frage wollen wir nun beantworten. Zunächst zeigen wir:

Lemma 3.1. *Sei* $(K, +, \cdot)$ *ein Körper. Dann gilt:*

$$a \cdot 0 = 0.$$

für alle $a \in K$.

Beweis. Aus $1 + 0 = 0$ folgt

$$a = a \cdot 1 = a(1 + 0) = a \cdot 1 + a \cdot 0 = a + a \cdot 0,$$

also

$$a = a + a \cdot 0.$$

Aus Lemma 2.1 der Gruppentheorie folgt die Eindeutigkeit der Null, und damit $a \cdot 0 = 0$. $\square$

Nach dem eben Gezeigten gilt für beliebige $a, b \in K$

$$a \cdot 0 = b \cdot 0.$$

Besäße die Null ein inverses Element, so würde hieraus durch Multiplikation dieser Gleichung mit diesem inversen Element die Gleichheit $a = b$ für beliebige Körperelemente folgen, was offensichtlich nicht sein kann, wenn der Körper mehr als ein Element enthält. Das ist also der Grund, warum man durch Null nicht teilen darf! In einem Körper gilt ferner:

Lemma 3.2.   *i*) $-1 \cdot a = -a,$

   ii) $(-a)b = a(-b) = -(ab),$

   iii) $(-a)(-b) = ab.$

Beweis. i) Es gilt:

$$0 = a \cdot 0 = a(1 + (-1)) = a \cdot 1 + a(-1) = a + (-1)a.$$

Wegen der Eindeutigkeit des Inversen bez. der Addition (Lemma 2.1) muss $-a = (-1)a$.

ii), iii): Übung. $\square$

3.1.2   Körperisomorphismen, Unterkörper

Wir wissen bereits, dass mit einer Struktur auch deren strukturerhaltende Abbildungen, die Morphismen, von großer Bedeutung sind. Ein Homomorphismus ψ zwischen zwei Körpern K und L ist eine Abbildung, die sowohl einen Homomorphismus zwischen den additiven als auch den multiplikativen Gruppen der Körper darstellt. Wir legen fest:

Definition 3.2. *Seien K, L zwei Körper. Eine Abbildung $\psi : K \to G_L$ heißt* **Körperhomomorphismus,** *wenn für alle $a, b \in K$*

   i) $\psi(a + b) = \psi(a) + \psi(b)$ *und*

   ii) $\psi(ab) = \psi(a)\psi(b).$

Ist der Homomorphismus bijektiv, so nennt man ihn einen **Isomorphismus,** *und die beiden Körper heißen* **isomorph,** *Schreibweise:*

$$K \simeq L.$$

Im Gegenatz zu Gruppenhomomorphismen sind Körperhomomorphismen immer injektiv. Es gilt:

Satz 3.1. *Jeder Körperhomomorphismus $\psi : K \mapsto L$ ist bereits ein Monomorphismus, d.h. er ist injektiv.*

Beweis. Wegen der Homomorphieeigenschaft bez. der Multiplikation muss aufgrund von Lemma 2.5

$$\psi(1_K) = 1_L$$

und daher für $a \in K \backslash \{0_K\}$

$$0_L \neq \psi(1_K) = \psi(aa^{-1}) = \psi(a^{-1})\psi(a).$$

Also folgt $\psi(a) \neq 0_L$. Daher gilt für den Kern von ψ als Homomorphismus der additiven Gruppen $\ker(\psi) = \{0_K\}$ und somit ist ψ injektiv. $\square$

3.1.3 Beispiele für Körper

Eine Erweiterung von $\mathbb{Q}$

Als Beispiele für Körper haben wir bereits die bekannten Bereiche $\mathbb{Q}$, $\mathbb{R}$ und $\mathbb{C}$ erwähnt. Zwischen $\mathbb{Q}$ und $\mathbb{R}$ gibt es aber noch unendlich viele weitere Zwischenkörper. Genauso nämlich, wie aus $\mathbb{R}$ durch **Adjunktion** von $i = \sqrt{-1}$ der Körper der komplexen Zahlen entsteht, so entsteht ein Erweiterungskörper von $\mathbb{Q}$, wenn man z. B. $\sqrt{5}$ adjungiert:

$$\mathbb{Q}(\sqrt{5}) := \{a + b\sqrt{5} : a, b \in \mathbb{Q}\}$$

versehen mit der üblichen Addition und Multiplikation aus $\mathbb{R}$ ist ein Körper. Um dies zu zeigen, müssen wir zunächst nachweisen, dass Addition und Multiplikation auch Verknüpfungen auf $\mathbb{Q}(\sqrt{5})$ sind.
Seien also $a + b\sqrt{5}$, $c + d\sqrt{5} \in \mathbb{Q}(\sqrt{5})$. Dann gilt

$$a + b\sqrt{5} + c + d\sqrt{5} = (a + c) + (b + d)\sqrt{5} \in \mathbb{Q}(\sqrt{5})$$

sowie

$$(a + b\sqrt{5})(c + d\sqrt{5}) = (ac + 5bd) + (ad + bc)\sqrt{5} \in \mathbb{Q}(\sqrt{5}).$$

Assoziativgesetz, Kommutativgesetz, und Distributivgesetz gelten in $\mathbb{R}$ und daher erst recht in $\mathbb{Q}(\sqrt{5}) \subset \mathbb{R}$. Auch die neutralen Elemente von $\mathbb{R}$, die 0 und die 1, sind bereits in $\mathbb{Q}(\sqrt{5})$ enthalten und mit $a + b\sqrt{5}$ gehört auch das bez. der Addition inverse Element $-a + (-b)\sqrt{5}$ zu $\mathbb{Q}(\sqrt{5})$.

Das inverse Element bez. der Multiplikation hat die Gestalt

$$\frac{1}{a + b\sqrt{5}} = \frac{a - b\sqrt{5}}{a^2 - 5b^2} = \frac{a}{a^2 - 5b^2} + \frac{-b}{a^2 - 5b^2}\sqrt{5}$$

und liegt daher wieder in $\mathbb{Q}(\sqrt{5})$. Damit ist alles gezeigt.

Zwei endliche Körper

Wir definieren auf $\{0, 1\}$ eine Addition:

$$0 + 0 = 0, \quad 0 + 1 = 1 + 0 = 1, \quad 1 + 1 = 0,$$

und eine Multiplikation

$$0 \cdot 0 = 0, \quad 0 \cdot 1 = 0 \cdot 1 = 0, \quad 1 \cdot 1 = 1.$$

Bezüglich der Addition ist dies die bereits bekannte Gruppe mit zwei Elementen. Die Multiplikation macht sie zu einem Körper. Das Überprüfen der Körperaxiome ist leicht und wird hier nicht durchgeführt. Wir bezeichnen diesen Körper mit $\mathbb{F}_2$.

Der Buchstabe F kommt aus dem Englischen. Die englische Bezeichnung für die Struktur des Körpers ist 'field'.

Es ist der einzige mögliche Körper mit zwei Elementen.

Einen Körper mit drei Elementen erhalten wir folgendermaßen: Wir definieren auf $\{0, 1, 2\}$ eine Addition

$$0 + 0 := 0, \quad 0 + 1 := 1 + 0 := 1, \quad 0 + 2 := 2 + 0 := 2,$$

$$1 + 1 := 2, \quad 1 + 2 := 2 + 1 := 0, \quad 2 + 2 := 1$$

sowie eine Multiplikation

$$0 \cdot 0 := 0 \cdot 1 := 1 \cdot 0 := 0 \cdot 2 := 2 \cdot 0 := 0,$$

$$1 \cdot 1 := 1, \quad 1 \cdot 2 := 2 \cdot 1 := 2, \quad 2 \cdot 2 := 1.$$

Die Körperaxiome lassen sich wieder leicht nachprüfen. Die inversen Elemente sind:

$$-0 = 0, \quad -1 = 2, \quad -2 = 1,$$

$$1^{-1} = 1, \quad , 2^{-1} = 2.$$

Wir bezeichnen diesen Körper mit $\mathbb{F}_3$. Im Bereich der Kodierungstheorie und Kryptologie sind die Körper mit endlich vielen Elementen von besonderer Bedeutung. Wir werden dieser Struktur daher ein eigenes Kapitel widmen.

3.2 Ringe und Integritätsbereiche

3.2.1 Axiome und einfache Eigenschaften

Leider besitzen die ganzen Zahlen $\mathbb{Z}$ nicht die Eigenschaft, dass es zu jeder Zahl ein Inverses bez. der Multiplikation gibt. Nur 1 und -1 besitzen ein multiplikatives Inverses.

Vielleicht sollte man aber gar nicht 'leider', sondern eher 'zum Glück' sagen, denn gerade diese scheinbare Unvollkommenheit macht ein kryptographisches Verfahren wie RSA überhaupt erst möglich.

Die Eigenschaft, keine multiplikativen Inversen zu besitzen, ist das Einzige, das $\mathbb{Z}$ von einem Körper unterscheidet. Die ganzen Zahlen besitzen aber eine Eigenschaft, die in manchen Fällen ein guter Ersatz für das Fehlen von Inversen ist. Dies ist die **Nullteilerfreiheit**:

$$ab = 0 \implies a = 0 \lor b = 0.$$

Als Schulweisheit umformuliert: Ist ein Produkt Null, so muss ein Faktor Null sein. Hieraus folgt die Kürzungseigenschaft

$$(b \neq 0 \land ab = cb) \implies a = c.$$

Aus $ab = cb$ folgt nämlich $(a - c)b = 0$ und die Nullteilerfreiheit impliziert

$$a - c = 0 \lor b = 0.$$

Wir nehmen diese Überlegungen zum Anlass, eine weitere algebraische Struktur zu definieren, nämlich die des **Integritätsbereiches**.

Definition 3.3. *Sei D eine Menge (mit mindestens zwei Elementen) und $+$, $\cdot$ Verknüpfungen auf D. $(D, +, \cdot)$ heißt* **Integritätsbereich***, wenn die Körperaxiome Axiome i) bis viii) erfüllt sind und statt Körperaxiom ix) die Nullteilerfreiheit ix')*

$$a \cdot b = 0 \Longrightarrow a = 0 \lor b = 0.$$

gefordert wird.

Die Nullteilerfreiheit von Körpern zu zeigen ist eine leichte Übungsaufgabe. Körper sind also spezielle Integritätsbereiche. $\mathbb{Z}$ ist ein Integritätsbereich, der kein Körper ist. Für endliche Integritätsbereiche gilt jedoch:

Satz 3.2. *Jeder endliche Integritätsbereich D ist ein Körper.*

Beweis. Es seien $a_1, \ldots, a_n$ die endlich vielen verschiedenen Elemente von D. Zu zeigen ist, dass jedes Element $a_i \neq 0$ ein Inverses bez. der Multiplikation besitzt. Wir beginnen mit a_1 und nehmen o.B.d.A. an, dass $a_1 \neq 0$. Die n Produkte $a_1 a_i$, $i = 1, \ldots, n$ sind dann alle verschieden, denn aus der Kürzungseigenschaft folgt

$$a_1 a_i = a_1 a_k \Longrightarrow a_i = a_k.$$

Damit kommt jedes Element von D unter diesen genau einmal vor, insbesondere gibt es ein i_0 mit $a_1 a_{i_0} = 1$. a_{i_0} ist damit das Inverse zu a_1. Also besitzen alle Elemente außer der Null ein inverses Element. $\square$

Wir werden Strukturen kennen lernen und diese auch für kryptographische Verfahren brauchen, die nicht nullteilerfrei sind.

Definition 3.4. *Eine Struktur $< D, +, \cdot >$ mit den Körperaxiomen i) bis vi) heißt* **Ring**. *Eine Struktur $< D, +, \cdot >$ mit den Körperaxiomen i) bis vii) heißt* **kommutativer Ring**. *Eine Struktur $< D, +, \cdot >$ mit den Körperaxiomen i) bis viii) heißt* **kommutativer Ring mit 1**.

Ein Integritätsbereich ist somit ein nullteilerfreier kommutativer Ring mit 1.

3.2.2 Beispiele

Eine Erweiterung von $\mathbb{Z}$

Die Menge $R = \{a + b\sqrt{5} \mid a, b \in \mathbb{Z}\}$ versehen mit der normalen Addition und Multiplikation der reellen Zahlen ist ein Integritätsbereich.

Als erstes ist nachzuprüfen, ob $+$ und $\cdot$ überhaupt als Verknüpfungen auf R definiert sind. Dafür ist zu zeigen, dass für alle $x, y \in R$ auch $x + y \in R$ und $x \cdot y \in R$. Seien hierzu $x = a_x + b_x\sqrt{5}$ und $y = a_y + b_y\sqrt{5}$. Dann ist

$$
\begin{aligned}
x + y &= (a_x + b_x\sqrt{5}) + (a_y + b_y\sqrt{5}) \\
&= \underbrace{(a_x + a_y)}_{\in \mathbb{Z}} + \underbrace{(b_x + b_y)}_{\in \mathbb{Z}}\sqrt{5} \in R
\end{aligned}
$$

sowie

$$
\begin{aligned}
x \cdot y &= (a_x + b_x\sqrt{5}) \cdot (a_y + b_y\sqrt{5}) \\
&= a_x a_y + a_x b_y \sqrt{5} + a_y b_x \sqrt{5} + b_x \sqrt{5} b_y \sqrt{5} \\
&= \underbrace{(a_x a_y + 5 b_x b_y)}_{\in \mathbb{Z}} + \underbrace{(a_x b_y + a_y b_x)}_{\in \mathbb{Z}} \sqrt{5} \in R.
\end{aligned}
$$

Assoziativgesetz, Kommutativgesetz und Distributivgesetz gelten in $\mathbb{R}$ und daher erst recht in $R \subset \mathbb{R}$. Auch die neutralen Elemente von $\mathbb{R}$, die 0 und die 1, sind bereits in R enthalten und mit $a + b\sqrt{5}$ gehört auch das bez. der Addition inverse Element $-a + (-b)\sqrt{5}$ zu R. Die inversen Elemente der Multiplikation existieren zwar als reelle Zahlen, sind aber i. Allg. nicht Elemente von R.

Polynomring über einem Körper

Ein weiteres wichtiges Beispiel für einen Integritätsbereich bilden die Polynome über einem Körper K. Ein **Polynom** vom Grad $n \in \mathbb{N}_0$ über K ist definiert als der Ausdruck

$$
a_n x^n + a_{n-1} x^{n-1} + \ldots + a_1 x + a_0
$$

mit Koeffizienten $a_i \in K$ und einer Unbestimmten x. Addition und Multiplikation zweier Polynome entsprechen den bekannten Regeln.

Außerdem definieren wir zwei Polynome als gleich, wenn alle ihre Koeffizienten übereinstimmen. Man beachte, dass diese Gleichheit eine *Definition* für das Objekt Polynom ist. Die Gleichung $p(x) = q(x)$ bedeutet dann nicht, dass es ein x gibt, so dass die Gleichung erfüllt ist, oder dass die Polynome als Polynomfunktionen auf K übereinstimmen. Das Nullpolynom und das Polynom $p(x) = x^2 - x$ stimmen als Funktionen auf dem zweielementigen Körper $\mathbb{F}_2$ überein, da in diesem Körper $p(0) = p(1) = 0$. Als Polynome sind sie jedoch verschieden.

Mit $K[x]$ bezeichnen wir die Menge aller Polynome über dem Körper K. Dass $K[x]$ ein Ring mit 1 ist, folgt unmittelbar aus den entsprechenden Gesetzen für den Körper K. $K[x]$ ist aber kein Körper. Besäße nämlich z. B. das Polynom $p(x) = x$ ein multiplikatives Inverses $\sum_{i=1}^{n} a_i x^i \in K[x]$, so müsste

$$
(a_n x^n + \ldots a_0)x = a_n x^{n+1} + a_{n-1} x^n + \ldots + a_0 x = 1,
$$

was nicht geht. (Man beachte hierzu die eben erläuterte Bedeutung der Gleichheit von Polynomen.)

$K[x]$ ist aber ein Integritätsbereich. Sei nämlich $p(x) = a_n x^n + \ldots + a_0$ und $q(x) = b_m x^m + \ldots + b_0$. Dann ist

$$p(x)q(x) = a_n b_m x^{n+m} + (a_n b_{m-1} + a_{n-1} b_m)x^{n+m-1} + \ldots + a_0 b_0.$$

Allgemein ergibt sich als Koeffizient vor der k-ten Potenz der Ausdruck

$$c_k = \sum_{l \leq k} a_{k-l} b_l,$$

wobei natürlich nur Summanden wirklich auftreten, bei denen $k - l \leq n$ und $l \leq m$. Aus $p(x)q(x) = 0$ ergeben sich die Gleichungen

$$
\begin{aligned}
a_0 b_0 &= 0 \\
a_0 b_1 + a_1 b_0 &= 0 \\
a_0 b_2 + a_1 b_1 + a_2 b_0 &= 0 \\
&\vdots \\
a_n b_m &= 0.
\end{aligned}
$$

Löst man diese Gleichungen sukzessive auf, so erhält man nach kurzer Überlegung

$$a_0 = a_1 = \cdots = a_n = 0 \quad \vee \quad b_0 = b_1 = \ldots = b_m = 0.$$

Das bedeutet $p(x) = 0 \vee q(x) = 0$.

3.2.3 Kongruenzen und die Ringe $\mathbb{Z}_m$

Das Rechnen mit Kongruenzen wird auch hin und wieder als modulare Arithmetik bezeichnet und ist eine der wesentlichen Ingredenzien bei aktuellen Verschlüsselungsverfahren wie RSA.

Definition 3.5. *Seien $x, y \in \mathbb{Z}, m \in \mathbb{N}$. Dann heißt x* **kongruent** *y modulo m, Schreibweise*

$$x \equiv y \,(\mathrm{mod}\, m),$$

wenn $x - y = \lambda m$ mit einem geeigneten $\lambda \in \mathbb{Z}$.

Mit anderen Worten: Zwei ganze Zahlen sind kongruent modulo m, wenn sie sich um ein Vielfaches von m unterscheiden.

Beispiele: $3 \equiv 5 \,(\mathrm{mod}\, 2)$, $-1 \equiv 5 \,(\mathrm{mod}\, 6)$, $10 \equiv 0 \,(\mathrm{mod}\, 5)$, $6x \equiv 0 \,(\mathrm{mod}\, 3)$.

Die Zahlen a, $a \pm m$, $a \pm 2m$, ... sind alle untereinander kongruent. Es handelt sich hierbei um die Nebenklasse $a + m\mathbb{Z}$ zur Untergruppe $m\mathbb{Z}$ von $\mathbb{Z}$. Es gilt

$$x \in a + m\mathbb{Z} \iff x \equiv a \,(\mathrm{mod}\,m).$$

Die Nebenklassen werden in diesem Zusammenhang auch **Restklassen modulo** m genannt.

Da $m\mathbb{Z}$ ein Normalteiler in $\mathbb{Z}$ ist, so ist $\mathbb{Z}/m\mathbb{Z}$ eine Gruppe bez. der Addition. Die Addition zweier Restklassen $a + m\mathbb{Z}$ und $b + m\mathbb{Z}$ entspricht gerade der Addition modulo m:

$$x \equiv a \,(\mathrm{mod}\,m), \quad y \equiv b \,(\mathrm{mod}\,m) \implies x + y \equiv a + b \,(\mathrm{mod}\,m).$$

Aber auch die Multiplikation in $\mathbb{Z}$ überträgt sich auf die Restklassen:

$$x \equiv a \,(\mathrm{mod}\,m), \quad y \equiv b \,(\mathrm{mod}\,m) \implies xy \equiv ab \,(\mathrm{mod}\,m).$$

Dies folgt wegen $(a + \lambda m)(b + \mu m) = (ab + (\lambda b + \mu a)m + \lambda \mu m^2) = ab + \gamma m$. Wir definieren auf der Menge $\mathbb{Z}_m := \{0, 1, \ldots, m\}$ zwei Verknüpfungen $+, \cdot$:

$$x + y := z \iff z \equiv x + y \,(\mathrm{mod}\,m)$$

$$x \cdot y := z \iff z \equiv xy \,(\mathrm{mod}\,m).$$

Für $m = 2$ und $m = 3$ sind dies gerade die Körper $\mathbb{F}_2$ und $\mathbb{F}_3$. Wir betrachten nun $m = 6$. In $\mathbb{Z}_6$ gilt $3 \cdot 2 = 0$ und dies zeigt, dass $\mathbb{Z}_6$ kein Integritätsbereich ist. Alle weiteren Axiome eines kommutativen Rings mit 1 sind aber erfüllt. Für das Rechnen mit Kongruenzen gelten nämlich die folgenden Regeln:

Satz 3.3. *Sei $m \in \mathbb{N}$. Dann gilt für alle $x, y, z \in \mathbb{Z}$:*

i) $x + (y + z) \equiv (x + y) + z \,(\mathrm{mod}\,m)$

ii) $x + y \equiv y + x \,(\mathrm{mod}\,m)$

iii) $x + 0 \equiv x \,(\mathrm{mod}\,m)$

iv) $x + (-x) \equiv 0 \,(\mathrm{mod}\,m)$

v) $x \cdot (y + z) \equiv (x \cdot y) + (x \cdot z) \,(\mathrm{mod}\,m)$

vi) $x \cdot (y \cdot z) \equiv (x \cdot y) \cdot z \,(\mathrm{mod}\,m)$

vii) $x \cdot y \equiv y \cdot x \,(\mathrm{mod}\,m)$

viii) $x \cdot 1 \equiv x \,(\mathrm{mod}\,m)$

Beweis. Übung. $\square$

Wir gehen nun der Frage nach, für welche m der Ring $\mathbb{Z}_m$ nullteilerfrei ist. Hierzu muss aus $xy \equiv 0 \,(\mathrm{mod}\, m)$ folgen $x \equiv 0 \,(\mathrm{mod}\, m)$ oder $y \equiv 0 \,(\mathrm{mod}\, m)$. Wenn $m = rs$ mit $r, s > 1$, so ist diese Bedingung immer verletzt, denn dann ist $r \not\equiv 0(\mathrm{mod}\, m)$ und $s \not\equiv 0(\mathrm{mod}\, m)$ aber $rs \equiv 0(\mathrm{mod}\, m)$.

Ist $m = p$ aber eine Primzahl, so ist dies auch hinreichend für die Nullteilerfreiheit, denn aus $xy \equiv 0 \,(\mathrm{mod}\, p)$ folgt $p|xy$ und da p eine Primzahl ist, muss gelten $p|x$ oder $p|y$. Dies ist gleichbedeutend zu $x \equiv 0 \,(\mathrm{mod}\, p)$ oder $xy \equiv 0 \,(\mathrm{mod}\, p)$.

Wir haben soeben die aus der Schule bekannte Tatsache benutzt, dass eine Primzahl, die ein Produkt ganzer Zahlen teilt, einen Faktor teilen muss. Wir werden diese Eigenschaft in einem späteren Kapitel ausführlicher untersuchen und feststellen, dass sie keineswegs so selbstverständlich ist, wie sie erscheint.

Die Ringe $\mathbb{Z}_p$ sind damit wegen Satz 3.2 aber bereits Körper, da sie nur endlich viele Elemente enthalten. Wir haben gezeigt:

Satz 3.4. *Der Ring $\mathbb{Z}_m$ ist nullteilerfrei und damit ein Körper genau dann, wenn m eine Primzahl ist.*

Wir bezeichnen in diesem Fall $\mathbb{Z}_p$ auch mit $\mathbb{F}_p$. Modulare Arithmetik ist das Rechnen in den Ringen $\mathbb{Z}_m$. Wir werden sehen, dass diese Ringe wie die Faktorgruppen in der Gruppentheorie durch Restklassenbildung eines Rings modulo eines geeigneten Unterrings hervorgehen.

3.3   Ideale in einem Ring

Ideale sind für Ringe in gewissem Sinne das, was Normalteiler für Gruppen sind. Wir werden nämlich sehen, dass für ein Ideal I in R der Quotient R/I wieder ein Ring ist. Im Folgenden verstehen wir unter einem Ring immer einen kommutativen Ring mit 1, nicht notwendig ein Integritätsbereich.

Definition 3.6. *Sei R ein Ring. Eine additive Untergruppe $I \subset R$ heißt* **Ideal** *in R, wenn für alle $x \in R$*

$$xI \subset I.$$

3.3.1   Ideale in $\mathbb{Z}$

Betrachten wir den Ring der ganzen Zahlen. Die Menge $2\mathbb{Z}$ aller geraden Zahlen bilden ein Ideal in $\mathbb{Z}$:

1. Die geraden Zahlen bilden eine additive Untergruppe, denn Summe und Differenz zweier gerader Zahlen sind wieder gerade.

2. Multipliziert man eine gerade Zahl mit **irgendeiner** ganzen Zahl, so ergibt sich wieder eine gerade Zahl.

Entsprechend sieht man ein, dass

$$(m) := m\mathbb{Z}$$

ein Ideal in $\mathbb{Z}$ ist. Man kann zeigen, dass man auf diese Weise tatsächlich alle Ideale von $\mathbb{Z}$ erhält.

3.3.2 Ideale in $K[x]$

$K[x]$ ist der Ring aller Polynome über K. Jedes Polynom $r(x) \in K[x]$ erzeugt ein Ideal

$$(r(x)) := \{p(x)r(x) \in K[x] \mid p(x) \in K[x]\}$$

nämlich die Menge aller Polynome, die sich durch $r(x)$ teilen lassen:

1. $(r(x))$ bildet eine additive Untergruppe, da mit $p(x)r(x)$ und $q(x)r(x)$ auch

$$p(x)r(x) - q(x)r(x) = (p(x) - q(x))r(x)$$

wieder ein Vielfaches von $r(x)$ ist. (Untergruppenkriterium)

2. Multipliziert man $p(x)r(x)$ mit irgendeinem Polynom $q(x)$, so ist das Ergebnis wieder ein Vielfaches von $r(x)$, also aus dem Ideal $(r(x))$.

3.3.3 Quotientenringe

Ideale sind insbesondere Normalteiler, wenn man nur die additive Struktur des Rings betrachtet. Daher ist R/I eine additive Gruppe. Es gilt aber noch mehr:

Satz 3.5. *Sei R ein Ring und $I \subset R$ ein Ideal. Dann ist auch R/I ein Ring unter den Verknüpfungen $\oplus$ und $\odot$, die definiert sind vermöge*

$$(x + I) \oplus (y + I) \quad := \quad x + y + I$$
$$(x + I) \odot (y + I) \quad := \quad xy + I.$$

Bevor wir dies beweisen werden, machen wir uns klar, dass $\oplus$ der Addition zweier Mengen entspricht. $\odot$ hingegen entspricht nicht der elementweisen Multiplikation zweier Mengen. Als Beispiel betrachten wir $R = \mathbb{Z}$ und $I = 8\mathbb{Z}$. Dann ergibt die elementweise Multiplikation

$$(2 + 8\mathbb{Z}) \cdot (2 + 8\mathbb{Z}) = 4 + 16\mathbb{Z},$$

aber die Idealmultiplikation

$$(2 + 8\mathbb{Z}) \odot (2 + 8\mathbb{Z}) = 4 + 8\mathbb{Z}.$$

Es ist also eine gewisse Vorsicht im Umgang mit der Intuition angebracht. Die Klassen $x + I$ nennen wir **Restklassen modulo I**. Wenn $x + I = x' + I$, so schreiben wir auch hier wieder

$$x \equiv x' \,(\mathrm{mod}\, I).$$

Beweis von Satz 3.5. Wir vergegenwärtigen uns, dass die definierten Verknüpfungen unabhängig von den Vertretern der Restklasse sind. Angenommen nämlich $x + I = x' + I$ und $y + I = y' + I$. Dann folgt $x - x' \in I$ und $y - y' \in I$ und hiermit ergibt sich $(x + y) + I = (x' + i_1) + (y' + i_2) + I$ für geeignete $i_1, i_2 \in I$. Also folgt

$$(x + y) + I = (x' + y') + I$$

und die oben definierte Verknüpfung $\oplus$ ist sinnvoll.

Analog zeigt man, dass auch die Multiplikation $\odot$ unabhängig von den Vertretern und damit sinnvoll definiert ist. Die Ringaxiome übertragen sich von R auf R/I. Das neutrale Element der Addition ist I, das neutrale Element der Multiplikation ist $1 + I$.   □

Wenn der Quotientenring zusätzlich ein Integritätsbereich oder sogar ein Körper ist, so liegt dies offensichtlich an der Struktur des Ideals. Man trifft folgende

Definition 3.7. *Sei R ein Ring. Ein Ideal $I \subset R$ heißt* **Primideal**, *wenn R/I ein Integritätsbereich ist. Ein Ideal heißt* **maximal**, *wenn R/I ein Körper ist.*

Beispiel 1: Die Ringe $\mathbb{Z}_m$ entstehen offensichtlich als Quotientenring $\mathbb{Z}/m\mathbb{Z}$. Die Ideale $(m) = m\mathbb{Z}$ sind Primideale genau dann, wenn m eine Primzahl ist.

Beispiel 2: Wir betrachten den Polynomring $K[x]$ und in ihm das von $r(x) \in K[x]$ erzeugte Ideal $I_r = (r(x))$. Die Restklasse $p(x)$ modulo I_r ist die Menge

$$p(x) + I_r = \{p(x) + \lambda(x)r(x) \mid \lambda(x) \in K[x]\}.$$

Wenn zwei Polynome $p(x)$ und $q(x)$ in der gleichen Restklasse liegen, so müssen sie sich um ein Vielfaches von $r(x)$ unterscheiden. Wir schreiben auch

$$p(x) \equiv q(x) \,(\mathrm{mod}\, r(x)).$$

Anders ausgedrückt: Sie liegen in der gleichen Restklasse offensichtlich dann, wenn sie bei Polynomdivision durch $r(x)$ den gleichen Rest besitzen.

Wir betrachten als Beispiel die Polynome $p(x) = 2x^3 - 1$, $q(x) = x^4 + x - 1 \in \mathbb{R}[x]$ sowie das von $r(x) = x^2 + 1$ in $\mathbb{R}[x]$ erzeugte Ideal I_r. Wir reduzieren $p(x)$ und $q(x)$ modulo $r(x)$:

$$p(x) : (x^2 + 1) = 2x \quad \text{Rest} : -2x - 1.$$

Damit gilt

$$p(x) \equiv -2x - 1 \,(\mathrm{mod}\, x^2 + 1).$$

Entsprechend ist $q(x) = (x^2 - 1)(x^2 + 1) + x$ also

$$q(x) \equiv x \,(\mathrm{mod}\, x^2 + 1).$$

Die Reste stimmen nicht überein, also liegen sie nicht in der gleichen Restklasse.

Es gibt natürlich genauso viele Restklassen wie mögliche Reste bei Division durch $r(x)$. Besitzt $r(x)$ den Grad n, so sind die Restklassen von der Form

$$a_{n-1}x^{n-1} + \ldots + a_1 x + a_0 + (x^+1), \quad a_i \in K.$$

Falls K ein endlicher Körper ist, so ist demnach der Restklassenring $K[x]/(r(x))$ auch endlich, und zwar besitzt dieser $|K|^n$ Elemente.

3.4 Aufgaben

3.4.1 Begründen Sie, dass das Nullideal $\mathbf{0} = \{0\}$ in jedem Integritätsbereich ein Primideal ist.

3.4.2 Geben Sie ein Beispiel für ein Primideal, das nicht maximal ist.

3.4.3 Zeigen Sie, dass $(x^2 + 1)$ ein Primideal in $\mathbb{F}_3[x]$ aber nicht in $\mathbb{F}_2[x]$ ist.

3.4.4 Zeigen Sie, dass $\mathbb{Z}_m[x]$ ein Ring aber, wenn m keine Primzahl, kein Integritätsbereich mehr ist.

3.4.5 Zeigen Sie: Die einzigen Einheiten in $K[x]$, K Körper, sind die konstanten Polynome außer dem Nullpolynom.

3.4.6 Beweisen Sie Satz 3.3.

3.4.7 Bestimmen Sie alle Lösungen von $x^2 - x \equiv 0 \,(\mathrm{mod}\, 12345)$.

4

Elementare Zahlentheorie

Die Zahlentheorie ist eine der ältesten, wenn nicht sogar die älteste mathematische Disziplin. Sehr früh in der Kulturgeschichte des Menschen, wahrscheinlich zeitgleich mit der Entstehung der Sprache, beginnen die Menschen zu zählen, und es entwickelt sich der Begriff der Zahl. War das Rechnen mit natürlichen, ganzen und rationalen Zahlen für die frühen Kulturen einerseits notwendig für das Betreiben von Handel, so verband sich mit Zahlen andererseits auch eine mystische Bedeutung. Das Studium innerer Gesetzmäßigkeiten der natürlichen Zahlen findet man sowohl bei den Griechen als auch in der frühen chinesischen Kultur. Bis in die heutige Zeit ist die Zahlentheorie eine der Säulen der Mathematik und das obwohl (oder gerade weil?) sie bis vor kurzem nur als wenig anwendungsbezogen galt. Dies hat sich geändert mit der Entdeckung, dass sich zahlentheoretische Methoden hervorragend für die Zwecke der Verschlüsselung und Kodierung einsetzen lassen.

Wichtige Untersuchungsgegenstände der elementaren Zahlentheorie sind die ganzen Zahlen sowie der Ring der Polynome über endlichen Körpern und dem Körper $\mathbb{Q}$ der rationalen Zahlen. In all diesen Bereichen spielt der Begriff der Teilbarkeit eine wichtige Rolle. Der Begriff der Teilbarkeit ist Wesensbestandteil der Struktur des Integritätsbereichs.

4.1 Teilbarkeit in Integritätsbereichen

Das Fehlen multiplikativer Inverser in Integritätsbereichen führt zu dem Begriff der Teilbarkeit. Aus der Schule ist dieser Begriff für $\mathbb{Z}$ bekannt. Die Teiler einer Zahl n sind gerade diejenigen ganzen Zahlen r, die n ohne Rest teilen: r teilt n, wenn es eine Zahl s gibt, so dass $n = rs$. Wir übetragen diese Definition allgemein auf Integritätsbereiche.

4.1.1   Teilbarkeitseigenschaften

Definition 4.1. *Sei D ein Integritätsbereich. Wir sagen $a|b$ ('a teilt b'), wenn es ein Element $x \in D$ gibt, so dass $b = a \cdot x$.*

Satz 4.1. *In einem Integritätsbereich D gilt für alle $a, b, c, x, y \in D$*

$i)$ $0|b \Longleftrightarrow b = 0$,

$ii)$ $a|0$,

$iii)$ $1|b, \quad b|b$,

$iv)$ $a|b \wedge b|c \Longrightarrow a|c$,

$v)$ $a|b \wedge a|c \Longrightarrow a|(xb + yc)$.

Beweis. zu i): Angenommen $0|b$. Dann gibt es ein $x \in D$ mit $b = 0x$, also $b = 0$. Angenommen $b = 0$. Dann folgt $b = 0x$ also $0|b$.

zu ii): Dies folgt, da mit $x = 0 \in D$ die Gleichung $0 = ax$ für alle $a \in D$ gilt.

zu iii): Dies gilt wegen $b = 1 \cdot b$.

zu iv): Wenn $a|b \wedge b|c$, so existieren $r, s \in D$ mit $ar = b \wedge bs = c$, woraus durch Einsetzen $a(rs) = c$ folgt. Das bedeutet aber $a|c$.

zu v): Wenn $a|b \wedge a|c$, so existieren $r, s \in D$ mit $ar = b \wedge as = c$. Dies liefert für beliebige $x, y \in D$: $(ar)x + (as)y = bx + cy$, also $a(rx + sy) = bx + cy$ und damit $a|(bx + cy)$. $\square$

4.1.2   Einheiten

Diejenigen Elemente eines Integritätsbereichs, die ein multiplikatives Inverses besitzen, spielen für die Teilbarkeitslehre eine besondere Rolle.

Definition 4.2. *Sei D ein Integritätsbereich. Gilt $xy = 1$ für $x, y \in D$, so heißen x und y Einheiten. Die Menge aller Einheiten in D bezeichnen wir mit $D^{\times}$.*

Für jede Einheit ϵ gilt $\epsilon|1$ und daher auch $\epsilon|a$ für alle $a \in D$. Einheiten sind daher Teiler jedes Elements. Somit macht eine Teilbarkeitstheorie für Körper, in dem ja jedes Element eine Einheit ist, wenig Sinn.

Beispiele: 1 und -1 sind die einzigen Einheiten in $\mathbb{Z}$.

Im Ring $K[x]$ der Polynome über einem Körper K sind die konstanten Polynome $p(x) = k$, $k \neq 0$, Einheiten.

Satz 4.2. *$D^{\times}$ bildet bez. der Multiplikation eine Gruppe.*

Beweis. Wegen $b^{-1}a^{-1}(ab) = e$ ist mit a und b auch ab eine Einheit. $D^\times$ ist bez. $\cdot$ also abgeschlossen. Außerdem ist 1 eine Einheit. Die übrigen Eigenschaften einer Gruppe sind erfüllt, da D ein Integritätsbereich ist. $\qquad\square$

Definition 4.3. *Wir sagen a ist* **assoziiert** *zu b, in Zeichen $a \sim b$, wenn sich a und b multiplikativ nur um eine Einheit unterscheiden. a ist* **echter Teiler von** *b genau dann, wenn $a|b$ aber $a \not\sim b$.*

4.1.3 Irreduzible Elemente und Primelemente

Definition 4.4. *Sei D ein Integritätsbereich, $a \in D$ heißt* **irreduzibel**, *wenn $a \notin D^\times$ und wenn a außer Einheiten keine echten Teiler besitzt. Mit anderen Worten: a ist irreduzibel, wenn*

$$x|a \implies x \sim 1 \vee x \sim a.$$

Irreduzible Elemente stellen die multiplikativen Bausteine des Integritätsbereichs dar. Die positiven irreduziblen Elemente in $\mathbb{Z}$ sind die Primzahlen.

Aus der Schule wissen wir, dass jede natürliche Zahl sich auf eindeutige Weise als ein Produkt von Primzahlen schreiben lässt. Dies besagt der **Fundamentalsatz der elementaren Zahlentheorie**, auf den wir noch zurückkommen werden. Dieser Satz ist für das Rechnen mit ganzen Zahlen in vielerlei Hinsicht sehr nützlich. In der Schule wird beispielsweise der größte gemeinsame Teiler über die Primfaktorzerlegung ermittelt. Wir werden später sehen, dass umgekehrt die Existenz eines ggT die Eindeutigkeit der Primfaktorzerlegung erst bedingt.

Die Eindeutigkeit der Zerlegung in irreduzible Elemente ist allerdings nicht in jedem Integritätsbereich gültig.

Beispiel: Betrachte den Integritätsbereich

$$R_6 := \mathbb{Z}\left[\sqrt{-6}\right] := \left\{a + b\sqrt{-6} \,|\, a,b \in \mathbb{Z}\right\}$$

(Sprechweise '$\mathbb{Z}$ adjungiert $\sqrt{-6}$').

Es gilt $10 = 10 + 0 \cdot \sqrt{-6} \in R_6$. 10 besitzt in R_6 folgende Zerlegungen in irreduzible Elemente:

$$\begin{aligned} 10 &= 2 \cdot 5 \\ 10 &= (2 + \sqrt{-6})(2 - \sqrt{-6}). \end{aligned}$$

Wir zeigen zunächst, dass $2 \in R_6$ irreduzibel ist:

$2 \nmid (2 \pm \sqrt{-6})$. Angenommen

$$\begin{aligned} 2 &= (a + b\sqrt{-6})(c + d\sqrt{-6}) \\ &= (ac - 6bd) + (ad + bc)\sqrt{-6}. \end{aligned}$$

Hieraus folgt:

$$ad + bc = 0 \wedge ac - 6bd = 2.$$

Es gilt daher auch

$$2 = (a - b\sqrt{-6})(c - d\sqrt{-6}) = (ac - 6bd) - (ad + bc)\sqrt{-6}$$

also

$$\begin{aligned}
2 \cdot 2 &= (a + b\sqrt{-6})(c + d\sqrt{-6})(a - b\sqrt{-6})(c - d\sqrt{-6}) \\
&= (a + b\sqrt{-6})(a - b\sqrt{-6}) \cdot (c + d\sqrt{-6})(c - d\sqrt{-6}) \\
&= (a^2 + 6b^2) \cdot (c^2 + 6d^2).
\end{aligned}$$

Nun folgt $b = 0$, denn es muss gelten $6b^2 \leq 4$. Aus $6d^2 \leq 4$ folgt $d = 0$. Damit gilt aber

$$\begin{aligned}
2 \cdot 2 &= a^2 \cdot c^2 = (ac)^2 \\
\implies |ac| &= 2 \\
\implies (|a| &= 2 \wedge |c| = 1) \vee (|a| = 1 \wedge |c| = 2) \\
\implies (a + b\sqrt{-6}) &\sim 2 \vee (c + d\sqrt{-6}) \sim 2,
\end{aligned}$$

also ist 2 irreduzibel. Der Beweis, dass auch 5 sowie $2+\sqrt{-6}$ und $2-\sqrt{-6}$ irreduzibel sind, seien dem Leser als Übung überlassen.

Angenommen $2|(2 + \sqrt{-6})$, dann gibt es $a, b \in \mathbb{Z}$ mit $(2 + \sqrt{-6}) = 2 \cdot (a + b\sqrt{-6})$. Dann ist $2a = 2$ und $2b = 1$, also $b = \frac{1}{2} \notin \mathbb{Z}$.

Es folgt $2 \nmid (2 + \sqrt{-6})$, analog folgt $2 \nmid (2 - \sqrt{-6})$.

Damit haben wir zwei verschiedene Zerlegungen von 10 in irreduzible Elemente gefunden. Die Zerlegung in irreduzible Elemente ist in R_6 daher nicht eindeutig.

Wir unterscheiden daher irreduzibe Elemente noch einmal von den sogenannten Primelementen, das sind dann diejenigen irreduziblen Elemente, mit denen nur eindeutige Zerlegungen möglich sind.

Definition 4.5. *Ein Element $p \in D \setminus \{0\}$ heißt* **Primelement***, wenn $p \notin D^\times$ und wenn für alle $a, b \in D$ gilt*

$$p|ab \implies p|a \vee p|b.$$

Im Beispiel dieses Abschnitts gilt $2|10 = (2 + \sqrt{-6})(2 - \sqrt{-6})$, aber $2 \nmid (2 + \sqrt{-6}) \wedge 2 \nmid (2 - \sqrt{-6})$.

Also ist 2 kein Primelement von R_6 gemäß Definition 4.5.

Irreduzible Elemente müssen keine Primelemente sein. Umgekehrt gilt aber:

Satz 4.3. *Jedes Primelement ist auch irreduzibel.*

Beweis. Angenommen $p \in D \setminus \{0\}$ sei prim, aber nicht irreduzibel. Dann ist $p = ab$ mit $a, b \notin D^\times$ und da p prim ist, so folgt $p|a \vee p|b$. O.B.d.A gelte $p|a$. Dann ist $a = xp$ für ein $x \in D$. Es folgt weiter

$$ab = xpb$$
$$\implies p = xpb$$
$$\implies 1 = xb$$
$$\implies b \in D^\times$$

im Widerspruch zur Annahme $b \notin D^\times$. Also sind Primelemente irreduzibel. $\square$

Wir werden bald zeigen können, dass die Primzahlen in $\mathbb{Z}$ tatsächlich Primelemente sind. Der Beweis dafür, dass der Quotientenring $\mathbb{Z}_p$ für jede Primzahl p ein Integritätsbereich ist (Satz 3.4), beruhte auf der Eindeutigkeit der Primfaktorzerlegung in $\mathbb{Z}$, die wir an dieser Stelle als Schulweisheit vorausgesetzt hatten. Es gilt allgemeiner:

Satz 4.4. *Sei D ein Integritätsbereich, $p \in D$ ein Primelement und $(p) := \{ap \mid a \in D\}$ das von p erzeugte Ideal. Dann ist $D/(p)$ ein Integritätsbereich.*

Beweis. (1) Zu zeigen ist nur noch die Nullteilerfreiheit. Seien also $x, y \in D$ mit $(x + (p)) \odot (y + (p)) = 0 + (p)$. Wegen $(x + (p)) \odot (y + (p)) = xy + (p)$ folgt $xy \in (p)$, d. h. $p|xy$. p ist aber Primelement, also gilt

$$p|x \vee p|y \implies x \in (p) \vee y \in (p)$$

und daher

$$x + (p) = (p) \vee y + (p) = (p).$$

Dies ist gerade die zu zeigende Nullteilerfreiheit. $\square$

Offensichtlich ist Satz 3.4 ein Spezialfall von Satz 4.4, wenn wir annehmen, dass Primzahlen tatsächlich Primelemente sind. Diese bisher immer unterstellte Eigenschaft werden wir im nächsten Abschnitt beweisen. Eine zentrale Rolle kommt hierbei dem euklidischen Algorithmus zu.

4.2 Primfaktorzerlegung in $\mathbb{Z}$ und $K[x]$

4.2.1 Euklidischer Algorithmus in $\mathbb{Z}$

Zunächst definieren wir den größten gemeinsamen Teiler zweier ganzer Zahlen a und b:

Definition 4.6. *Seien $a, b \in \mathbb{Z}$. Der **größte gemeinsame Teiler** (a, b) von a und b ist diejenige positive ganze Zahl g, für die gilt:*

i) *g ist ein gemeinsamer Teiler von a und b, d.h. g|a und g|b*

ii) *für jeden weiteren gemeinsamen Teiler h von a und b gilt h|g.*

Man mache sich klar, dass durch diese Definition der ggT eindeutig bestimmt ist: Falls g_1 und g_2 beide die Eigenschaften eines ggT von a und b erfüllen, so muss $g_1|g_2$ und $g_2|g_1$. g_1 und g_2 können sich dann nur um eine Einheit unterscheiden. Die einzigen Einheiten in $\mathbb{Z}$ sind aber 1 und -1. Da nach Voraussetzung $g_1, g_2 > 0$, so muss also $g_1 = g_2$ und der ggT ist eindeutig bestimmt.

Zwei ganze Zahlen a, b mit $(a, b) = 1$ heißen **relativ prim**.

Nun zu dem oben angekündigten Algorithmus, mit dessen Hilfe der ggT sehr effizient ermittelt werden kann, dem **euklidischen Algorithmus** in $\mathbb{Z}$. Der euklidische Algorithmus, angewandt auf zwei natürliche Zahlen a und b, wobei o.B.d.A. $b > a$ gelten soll, besteht aus einer endlichen Folge von **Divisionen mit Rest**

$$
\begin{aligned}
b &= s_1 a + r_1, & 0 &\le r_1 < a \\
a &= s_2 r_1 + r_2, & 0 &\le r_2 < r_1 \\
r_1 &= s_3 r_2 + r_3, & 0 &\le r_3 < r_2 \\
&\;\;\vdots & &\;\;\vdots \\
r_{n-2} &= s_n r_{n-1} + r_n & 0 &\le r_n < r_{n-1} \\
r_{n-1} &= s_{n+1} r_n + 0 : & \text{ABBRUCH!}
\end{aligned}
$$

Man mache sich klar, dass man tatsächlich in jedem Schritt $0 \le r_{i+1} < r_i$ erreichen kann und dass damit nach endlich vielen Schritten der entstehende Rest tatsächlich Null wird und der Algorithmus abbricht.

Beispiel: $b = 68$, $a = 42$

$$
\begin{aligned}
68 &= 1 \cdot 42 + 26 \\
42 &= 1 \cdot 26 + 16 \\
26 &= 1 \cdot 16 + 10 \\
16 &= 1 \cdot 10 + 6 \\
10 &= 1 \cdot 6 + 4 \\
6 &= 1 \cdot 4 + 2 \\
4 &= 2 \cdot 2 + 0
\end{aligned}
$$

Es gilt folgender bedeutsamer

Satz 4.5. *Der letzte nichtverschwindende Rest im euklidischen Algorithmus ist der größte gemeinsame Teiler der Eingabewerte a und b.*

Beweis. Durchlaufen wir die Zeilen des euklidischen Algorithmus rückwärts, so ergibt sich zunächst aus der letzten Zeile

$$r_n | r_{n-1}.$$

Damit folgt aus der vorletzten Zeile

$$r_n | r_{n-2}$$

und schließlich

$$r_n | a, \qquad r_n | m.$$

Also: r_n ist gemeinsamer Teiler von a und m. Als größter gemeinsamer Teiler muss er noch die Eigenschaft haben, dass er von jedem anderen gemeinsamen Teiler geteilt wird.

Sei also d irgendein (positiver) gemeinsamer Teiler von a und b. Gehen wir jetzt die Zeilen von oben nach unten durch, so erhalten wir sukzessive

$$d | r_1, \qquad d | r_2, \qquad d | r_3, \ldots, d | r_n.$$

Damit ist die Behauptung des Satzes bewiesen.   □

Wir erkennen noch mehr: Lösen wir die Gleichungen des Algorithmus von unten nach oben auf, so ergibt sich

$$
\begin{aligned}
r_n &= r_{n-2} - s_n r_{n-1} \\
r_{n-1} &= r_{n-3} - s_{n-1} r_{n-2} \\
r_{n-2} &= r_{n-4} - s_{n-2} r_{n-3}
\end{aligned}
$$

$$\vdots \quad \text{usw.} \quad \vdots$$

Setzt man in die erste Gleichung die zweite, in die resultierende dann die dritte ein, und verfährt so weiter bis zur letzten Gleichung, so gewinnt man schließlich r_n als Linearkombination von a und m.

Lemma 4.1. *Sei $g = (a, b)$. Dann existieren ganze Zahlen λ und μ, so dass*

$$g = \lambda a + \mu b.$$

λ und μ lassen sich mit Hilfe des euklidischen Algorithmus berechnen.

Beispiel: $b = 13$, $a = 8$. Zunächst der euklidische Algorithmus:

$$
\begin{aligned}
13 &= 8 + 5 \\
8 &= 5 + 3 \\
5 &= 3 + 2 \\
3 &= 2 + 1
\end{aligned}
$$

und nun rückwärts:

$$
\begin{aligned}
1 &= 3 - 2 \\
&= 2 \cdot 3 - 5 \\
&= 2 \cdot 8 - 3 \cdot 5 \\
&= 5 \cdot 8 - 3 \cdot 13.
\end{aligned}
$$

4.2.2 Primelemente in $\mathbb{Z}$

Nun kommen wir zu dem bereits mehrfach angekündigten Nachweis, dass Primzahlen auch wirklich Primelemente sind. Mit Hilfe des euklidischen Algorithmus folgt zunächst:

Lemma 4.2 (Euklid). *Seien $r, s \in \mathbb{Z}$ und es gelte $d|rs$. Falls $(d, r) = 1$ so folgt $d|s$.*

Beweis. Da $(d, r) = 1$, so existieren $\lambda, \mu \in \mathbb{Z}$ mit $\lambda d + \mu r = 1$, also $\lambda ds + \mu rs = s$. Da nach Voraussetzung d ein Teiler von rs ist, so teilt d die Summe auf der linken Seite und ist damit ein Teiler von s. $\square$

Hieraus folgern wir:

Satz 4.6. *In $\mathbb{Z}$ ist jedes irreduzible Element auch ein Primelement.*

Beweis. Erinnern wir an die Definition eines Primelements: p heißt Primelement in einem Integritätsbereich, wenn aus $p|rs$ stets folgt $p|r$ oder $p|s$.
Sei also p irreduzibel und es gelte $p|rs$. Angenommen $p \nmid r$. Dann muss der größte gemeinsame Teiler von p und r aber 1 sein, da p außer $p, -p, 1, -1$ keine Teiler besitzt. Mit dem Lemma von Euklid folgt $p|s$ und der Satz ist bewiesen. $\square$

4.2.3 Fundamentalsatz der elementaren Zahlentheorie

Definition 4.7. *Die positiven Primelemente von $\mathbb{Z}$ heißen Primzahlen. Wir bezeichnen die Menge der Primzahlen mit $\mathbb{P}$.*

Wir sind nun in der Lage, den aus der Schule bekannten Satz über die Primfaktorzerlegung ganzer Zahlen zu beweisen.

Satz 4.7 (Fundamentalsatz der elementaren Zahlentheorie). *Jede natürliche Zahl größer als 1 lässt sich auf eindeutige Weise in ein Produkt von Primzahlen zerlegen.*

Beweis. Wir zeigen zuerst, dass sich jede natürliche Zahl $n > 1$ als Produkt irreduzibler Elemente schreiben lässt. Falls n irreduzibel ist, sind wir fertig. Anderenfalls besitzt sie einen Teiler $d > 1$ und es ist $d \cdot \frac{n}{d}$ eine Zerlegung von n in echt kleinere positive ganze Zahlen d und n/d. Falls beide irreduzibel sind, so sind wir fertig. Im anderen Fall können wir diese wieder zerlegen und so fort. Da bei diesem Prozess die Faktoren immer kleiner werden, aber positiv bleiben, muss dieser Prozess irgendwann abbrechen und wir besitzen eine Zerlegung in irreduzible Elemente.
Nun zur Eindeutigkeit: Angenommen, wir haben zwei Zerlegungen

$$p_1 p_2 ... p_l = q_1 q_2 .. q_k$$

in irreduzible Elemente p_i, q_i. (Hierbei können natürlich auch Zahlen mehrfach vorkommen.) Wir stellen uns vor, wir hätten bereits gleiche Elemente auf beiden Seiten herausgekürzt. Dann sind alle p_i von allen q_i verschieden. Dies steht aber im Widerspruch dazu, dass dies alles Primelemente sind. Da nämlich z.B. p_1 die rechte Seite teilt, so muss p_1, da es eine Primzahl ist, eine der Zahlen q_i teilen. Da diese aber selbst irreduzibel sind, so würde p_1 mit dieser übereinstimmen, Widerspruch.

$\square$

Wir vereinbaren noch folgende Notation: Ist $n = p_1^{\alpha_1} \cdots p_k^{\alpha_k}$ die Primfaktorzerlegung von n, so heißt

$$\mathrm{ord}_{p_i}(n) := \alpha_i$$

die **Ordnung** der Primzahl p in n. Für eine Primzahl p, die n nicht teilt, definieren wir $\mathrm{ord}_p(n) = 0$.

In vielerlei Hinsicht sind die ganzen Zahlen und die Polynomringe $K[x]$ einander ähnlich. Insbesondere im Hinblick auf die Existenz eines euklidischen Algorithmus. Auch hier werden wir mit seiner Hilfe zeigen können, dass die irreduziblen Polynome tatsächlich die Primelemente in diesem Ring sind.

4.2.4 Euklidischer Algorithmus für den Polynomring $K[x]$

Entsprechend der allgemeinen Definition von Teilbarkeit in Integritätsbereichen ist das Polynom $a(x)$ ein Teiler des Polynoms $b(x)$, wenn es ein Polynom $s(x)$ gibt, so dass $b(x) = s(x)a(x)$.

Definition 4.8. *Seien* $a(x), b(x) \in K[x]$. *Ein* **größter gemeinsamer Teiler** *von* $a(x)$ *und* $b(x)$ *ist jedes Polynom* $g(x)$, *für das gilt:*

i) $g(x)$ ist gemeinsamer Teiler von $a(x)$ und $b(x)$, d.h. $g(x)|a(x)$ und $g(x)|b(x)$

ii) für jeden weiteren gemeinsamen Teiler $h(x)$ von $a(x)$ und $b(x)$ gilt $h(x)|g(x)$.

Man mache sich klar, dass durch diese Definition der ggT nur bis auf eine Konstante eindeutig bestimmt ist: Falls $g_1(x)$ und $g_2(x)$ beide die Eigenschaften eines ggT von $a(x)$ und $b(x)$ erfüllen, so muss $g_1(x)|g_2(x)$ und $g_2(x)|g_1(x)$. $g_1(x)$ und $g_2(x)$ können sich dann nur um eine Einheit $u(x)$ unterscheiden, $g_1(x) = u(x)g_2(x)$, d.h. sie sind assoziiert. Die einzigen Einheiten in $K[x]$ sind aber die konstanten Polynome außer dem Nullpolynom.

Unter all diesen größten gemeinsamen Teilern wählen wir das eindeutig bestimmte **monische** Polynom aus, d.h. dasjenige, dessen führender Koeffizient gleich 1 ist. Wir nennen dieses Polynom $g(x)$ dann den größten gemeinsamen Teiler von $a(x)$ und $b(x)$ und verwenden wieder die Schreibweise $g(x) = (a(x), b(x))$. Zwei Polynome $a(x)$ und $b(x)$ mit $(a(x), b(x)) = 1$ heißen **relativ prim**. Wir beschreiben nun den euklidischen Algorithmus für Polynome, der wie schon in $\mathbb{Z}$ auch hier der Ermittlung eines ggT dient.

Aus der Schule ist bekannt, wie man zwei Polynome über den rationalen Zahlen mit Rest dividiert.

Beispiel:

$$
\begin{array}{l}
(3x^4 \qquad +2x^2 \qquad\quad -1)\;:(x^2+x+1)=3x^2-3x+2+\frac{x-3}{x^2+x+1}\\
-\;\underline{(3x^4 \;+3x^3 \;+3x^2)}\\
-3x^3 \;-x^2 \qquad\quad -1\\
-\;\underline{(-3x^3 \;-3x^2 \;-3x)}\\
2x^2 \;+3x \quad -1\\
-\;\underline{(2x^2 \;+2x \;+2)}\\
x \qquad -3
\end{array}
$$

Dieses Verfahren ist auch bekannt als Polynomdivision. In jedem Fall gilt für je zwei Polynome $a(x)$ und $b(x)$ mit $\mathrm{grad}(b(x)) \geq \mathrm{grad}(a(x)) > 0$ die Zerlegung

$$b(x) = s(x)a(x) + r(x)$$

mit $\mathrm{grad}(r(x)) < \mathrm{grad}(a(x))$ oder $r(x) = 0$. Die letztere Fallunterscheidung ist eigentlich nicht nötig, da dem Nullpolynom der Grad $-\infty$ zugeordnet wird.

Der **euklidische Algorithmus** angewandt auf zwei Polynome $a(x)$ und $b(x)$, wobei o.B.d.A. $\mathrm{grad}(b(x)) \geq \mathrm{grad}(a(x))$ gelten soll, besteht aus einer endlichen Folge von **Divisionen mit Rest**

$$
\begin{aligned}
b(x) &= s_1(x)a(x) + r_1(x), & 0 &\leq \mathrm{grad}(r_1(x)) < \mathrm{grad}(a(x))\\
a(x) &= s_2(x)r_1(x) + r_2(x), & 0 &\leq \mathrm{grad}(r_2(x)) < \mathrm{grad}(r_1(x))\\
r_1(x) &= s_3(x)r_2(x) + r_3(x), & 0 &\leq \mathrm{grad}(r_3(x)) < \mathrm{grad}(r_2(x))\\
&\;\;\vdots & &\qquad\vdots\\
r_{n-2}(x) &= s_n(x)r_{n-1}(x) + r_n(x), & 0 &\leq \mathrm{grad}(r_n(x)) < \mathrm{grad}(r_{n-1}(x))\\
r_{n-1}(x) &= s_{n+1}(x)r_n(x) + 0: & &\text{ABBRUCH!}
\end{aligned}
$$

Dass dieser Algorithmus tatsächlich terminiert, liegt an der Tatsache, dass in jedem Schritt der Grad des Restpolynoms um mindestens 1 vermindert wird.

Beispiel: Wir wenden den euklidischen Algorithmus an auf die bereits oben betrachteten Polynome $b(x) = 3x^4 + 2x^2 - 1$ und $a(x) = x^2 + x + 1$ über $\mathbb{Q}$.

$$
\begin{aligned}
3x^4 + 2x^2 - 1 &= (3x^2 - 3x + 2)(x^2 + x + 1) + x - 3\\
x^2 + x + 1 &= (x+4)(x-3) + 13\\
x - 3 &= 13(\tfrac{1}{13}x - \tfrac{3}{13}) + 0.
\end{aligned}
$$

Analog zu der Situation in $\mathbb{Z}$ gilt:

Satz 4.8. *Der letzte nichtverschwindende Rest im euklidischen Algorithmus ist ein größter gemeinsamer Teiler der Eingabepolynome $a(x)$ und $b(x)$.*

Der Beweis verläuft fast wörtlich wie in $\mathbb{Z}$ und sei dem Leser als Übung empfohlen. Man beachte allerdings, dass der letzte nichtverschwindende Rest nicht notwendig *der* größte gemeinsame Teiler, also das eindeutig bestimmte monische Polynom, sein muss. Wir erhalten dennoch wie in $\mathbb{Z}$

Lemma 4.3. *Sei $g(x) = (a(x), b(x))$. Dann existieren Polynome $\lambda(x)$ und $\mu(x)$, so dass*

$$g(x) = \lambda(x)a(x) + \mu(x)b(x).$$

$\lambda(x)$ und $\mu(x)$ lassen sich mit Hilfe des euklidischen Algorithmus berechnen.

Beweis. Wie im Beweis des entsprechenden Satzes für $\mathbb{Z}$ folgt zunächst nach der obigen Bemerkung, dass für einen größten gemeinsamen Teiler $h(x)$ gelten muss

$$h(x) = \lambda(x)a(x) + \mu(x)b(x).$$

Da aber $g(x) = (a(x), b(x))$ sich von diesem nur um eine Einheit unterscheidet, $h(x) = ug(x)$, so folgt

$$g(x) = u^{-1}\lambda(x)a(x) + u^{-1}\mu(x)b(x),$$

was zu zeigen war. $\qquad\qquad\square$

4.2.5 Primelemente und Fundamentalsatz in $K[x]$

Der Nachweis, dass irreduzible Polynome Primelemente sind, erfolgt analog dem Vorgehen in $\mathbb{Z}$. Zunächst gilt:

Lemma 4.4 (Euklid). *Seien $d(x), r(x), s(x) \in K[x]$ und $d(x)|r(x)s(x)$. Aus $(d(x), r(x)) = 1$, so folgt $d(x)|s(x)$.*

Beweis. Analog zum Beweis von Lemma 4.2. $\qquad\qquad\square$

Entsprechend folgt:

Satz 4.9. *In $K[x]$ ist jedes irreduzible Element auch ein Primelement.*

Beweis. Analog zum Beweis von Satz 4.6. Einziger Unterschied: Alle Teiler eines irreduziblen Polynoms $p(x)$ sind assoziiert zu 1 oder $p(x)$. $\qquad\qquad\square$

Wir zeigen nun, dass sich einige Primteiler eines Polynoms aus seinen Nullstellen ergeben.

Satz 4.10. *Sei $p(x) \in K[x]$ und $a \in K$ eine Nullstelle von $p(x)$, also $p(a) = 0$. Dann gilt*

$$p(x) = s(x)(x - a).$$

Beweis. Dies folgt sofort mit dem euklidischen Algorithmus:

$$p(x) = s(x)(x - a) + r(x)$$

mit $\operatorname{grad}(r(x)) < \operatorname{grad}(x - a) = 1$. $r(x)$ muss damit eine Konstante sein. Wegen $0 = p(a) = 0 + r(a)$ folgt $r(a) = 0$ und daraus die Behauptung. $\qquad\square$

Da Linearfaktoren offensichtlich irreduzibel sind, so gewinnen wir auf diese Weise Primteiler des Polynoms. Einen zum Fundamentalsatz analogen Satz gibt es auch für Polynome.

Satz 4.11. *Jedes Polynom aus $K[x]$ lässt sich (bis auf Assoziierte) auf eindeutige Weise in ein Produkt von irreduziblen Polynomen zerlegen.*

Beweis. Übung! $\qquad\square$

Allgemein lässt sich zeigen, dass der Satz über die Eindeutigkeit der Primelementzerlegung in Integritätsbereichen gilt, die einen euklidischen Algorithmus zulassen. Aus Satz 4.11 folgt:

Satz 4.12. *Ein Polynom vom Grad g aus $K[x]$ besitzt höchstens g Nullstellen.*

Beweis. Wir haben bereits gesehen, dass jede Nullstelle einen Linearfaktor bestimmt, der Primteiler des Polynoms ist. Ein Polynom vom Grad g kann nicht mehr als g Linearfaktoren besitzen. $\qquad\square$

Bemerkung: Das Polynom $x^2 - 1$ besitzt über dem Ring $\mathbb{Z}_{15}$ die Nullstellen $x_{1,2} = \pm 1$ und $x_{3,4} = \pm 4$. Dies entspricht den zwei Zerlegungen $x^2 - 1 = (x - 1)(x + 1)$ und $x^2 - 1 = (x - 4)(x + 4)$. Wir sehen, dass unsere obigen Sätze keineswegs selbstverständlich sind, sondern i. Allg. nur für Polynome über einem Körper gelten.

4.3 Lineare Kongruenzen

Wir beschäftigen uns noch einmal mit den Quotientenringen $\mathbb{Z}_m$. Wir haben in Satz 3.4 gezeigt, dass $\mathbb{Z}_p$ für $p \in \mathbb{P}$ ein Körper ist. Damit ist jede Gleichung der Form $a \cdot x = b$ mit $a \neq 0$ in $\mathbb{Z}_p$ eindeutig nach x auflösbar. In der Sprache der modularen Arithmetik handelt es sich hierbei um die Lösung der Kongruenz

$$ax \equiv b \,(\mathrm{mod}\, p). \tag{4.1}$$

4.3.1 Lösung von $ax = b$ in $\mathbb{Z}_p$

Das wesentliche Hilfsmittel zur Lösung der Kongruenz (4.1) stellt der euklidische Algorithmus dar. Dies liegt daran, dass $(a, p) = 1$ und der ggT sich als Linearkombination von a und p darstellen lässt

$$1 = ax_0 + py_0.$$

Die Koeffizienten x_0 und y_0 lassen sich aber durch Rückrechnen aus dem euklidischen Algorithmus gewinnen, vergl. Lemma 4.1. x_0 modulo p ist eine Lösung der Kongruenz $ax \equiv 1 \,(\mathrm{mod}\, p)$. bx_0 ist dann Lösung von (4.1). Wir beschreiben das Verfahren an einem Beispiel.

Beispiel: Sei $p = 7$. Wir suchen die Lösung von

$$4x \equiv 1 \,(\mathrm{mod}\, 31)$$

Dies ist gleichbedeutend zu

$$4x - 31y = 1$$

für ein geeignetes $y \in \mathbb{Z}$.

Der euklidische Algorithmus liefert:

$$
\begin{aligned}
31 &= 7 \cdot 4 + 3 \\
4 &= 1 \cdot 3 + 1.
\end{aligned}
$$

Rückrechnen ergibt:

$$
\begin{aligned}
1 &= 4 - 1 \cdot 3 \\
&= 4 - 1 \cdot (31 - 7 \cdot 4) = 8 \cdot 4 - 31.
\end{aligned}
$$

Somit ist $y = -1$ und $x \equiv 8 \,(\mathrm{mod}\, 31)$ ist eine Lösung der obigen Kongruenz.

Wenn m keine Primzahl ist, so ist $\mathbb{Z}_m$ kein Körper. Die Kongruenz $ax \equiv 1 \,(\mathrm{mod}\, m)$ besitzt dann nicht für alle $a \in \mathbb{Z}_m^\times$ eine Lösung.

Beispiel: $m = 3 \cdot 5 = 15$. Wir betrachten die Kongruenz

$$6x \equiv 1 \,(\mathrm{mod}\, 15)$$

Gesucht sind $x, \lambda \in \mathbb{Z}$ mit $6x - 15\lambda = 1$. Zahlen x, λ mit dieser Eigenschaft können aber nicht existieren, denn jede Linearkombination von 6 und 15 ist durch $(6, 15) = 3$ teilbar, und es gibt kein $r \in \mathbb{Z}$ mit $r \cdot 3 = 1$.

Wir erkennen allgemein:

Satz 4.13. *Die Kongruenz $ax \equiv 1 \,(\mathrm{mod}\, m)$ ist genau dann lösbar, wenn $(a, m) = 1$. Äquivalent hierzu ist die Aussage*

$$\mathbb{Z}_m^\times = \{a \mid 0 < a < m, (a, m) = 1\}.$$

Da das inverse Element einer Gruppe eindeutig bestimmt ist, existiert genau eine Lösung von $ax = 1$ in $\mathbb{Z}_m^\times$. Für die Kongruenz bedeutet dies, dass die Lösung von $ax \equiv 1 \,(\mathrm{mod}\, m)$ eindeutig modulo m bestimmt ist. Je zwei Lösungen in $\mathbb{Z}$ unterscheiden sich nur um ein ganzzahliges Vielfaches von m.

Wir können dieses Ergebnis verallgemeinern:

Satz 4.14. *Die Kongruenz $a \equiv b \,(\mathrm{mod}\, m)$ besitzt genau dann eine Lösung, wenn $(a, m)|b$. In diesem Fall besitzt sie genau (a, m) Lösungen modulo m.*

Beweis. Zur Abkürzung setzen wir $g := (a, m)$.

$\Longrightarrow$: Angenommen $g|b$. Dann besitzt die Kongruenz

$$\frac{a}{g}x \equiv \frac{b}{g} \,(\mathrm{mod}\, \frac{m}{g})$$

genau eine Lösung x_0 modulo m, denn $\left(\frac{a}{g}, \frac{m}{g}\right) = 1$. Setze $y_h := x_0 + h \cdot \frac{m}{g}$ für $h \in \{0, ..., g-1\}$. Dann folgt

$$
\begin{aligned}
ay_h &= ax_0 + h\frac{am}{g} \\
&= g \cdot \left(\frac{b}{g} + \frac{\lambda m}{g}\right) + h \cdot \frac{am}{g} \quad \text{mit geeignetem } \lambda \in \mathbb{Z} \\
&= b + \lambda m + h\frac{a}{g}m \\
&= b + (\lambda + h\frac{a}{g})m \\
&\equiv b \,(\mathrm{mod}\, m).
\end{aligned}
$$

Hieraus ergibt sich:

1. y_h ist eine Lösung von $ay \equiv b \,(\mathrm{mod}\, m)$ und

2. für $0 \leq h \leq y$ sind alle y_k modulo m verschieden.

Also gilt: Wenn $g|b$, dann gibt es g Lösungen der Kongruenz $gy \equiv b \,(\mathrm{mod}\, m)$, die alle modulo m verschieden sind.

$\Longleftarrow$: Angenommen x_0 ist Lösung der Kongruenz $ax \equiv b \,(\mathrm{mod}\, m)$. Dann folgt wegen $b = ax_0 + \lambda m$, dass jeder gemeinsame Teiler von a und m auch Teiler von b ist. Insbesondere gilt $g|b$. $\square$

4.3.2 Der chinesische Restsatz für Kongruenzen

Der chinesische Restsatz in seiner einfachsten Form liefert die Lösungsgesamtheit für ein System von Kongruenzen. Bereits vor fast 2000 Jahren beschäftigten Menschen sich mit dieser Fragestellung, die sich im Zusammenhang mit dem Berechnen von Kalendern ergab. So stellte (und löste) der Chinese Sun–Tsu im ersten Jahrhundert unserer Zeitrechnung die folgende Aufgabe:

Gesucht ist die kleinste positive ganze Zahl, die nach der Division durch 3 den Rest 2 liefert, nach der Division durch 5 den Rest 3 und nach der Division durch 7 den Rest 2.

In der Sprache der Kongruenzen sucht Sun–Tsu ein $x \in \mathbb{Z}$ mit

$$x \equiv 2 \,(\mathrm{mod}\,3)$$
$$x \equiv 3 \,(\mathrm{mod}\,5)$$
$$x \equiv 2 \,(\mathrm{mod}\,7).$$

Wir betrachten zunächst die ersten beiden Kongruenzen und suchen für diese eine simultane Lösung. Als Lösungsansatz wählen wir

$$x = \lambda 3 + \mu 5.$$

Da $(3,5) = 1$ und daher $1 = r3 + s5$ für geeignete $r, s \in \mathbb{Z}$, so lässt sich offensichtlich jede ganze Zahl in der obigen Form schreiben und unser Ansatz für eine mögliche Lösung x enthält keinerlei Einschränkung.

Aus $x \equiv 2 \,(\mathrm{mod}\,3)$ und $x \equiv 3 \,(\mathrm{mod}\,5)$ folgen dann aber als notwendige Bedingungen

$$\mu 5 \equiv 2 \,(\mathrm{mod}\,3)$$
$$\lambda 3 \equiv 3 \,(\mathrm{mod}\,5).$$

Diese beiden Kongruenzen lassen sich lösen, da $(3,5) = 1$.

Wir finden $\mu \equiv 1 \,(\mathrm{mod}\,3)$ und $\lambda \equiv 1 \,(\mathrm{mod}\,5)$. Setzen wir diese Bedingungen in den Ansatz ein, so sehen wir, dass tatsächlich

$$x = \mu 3 + \lambda 5 = (1 + k5)3 + (1 + l3)5 = 8 + (k + l)15$$

für alle $k, l \in \mathbb{Z}$ beide Kongruenzen löst. Die notwendigen Bedingungen sind demnach auch hinreichend, und wir erhalten als Gesamtheit aller Lösungen der beiden Kongruenzen die Restklasse $x \equiv 8 \,(\mathrm{mod}\,15)$. Dadurch haben wir das ursprüngliche System von drei auf die zwei Kongruenzen

$$x \equiv 8 \,(\mathrm{mod}\,15)$$
$$x \equiv 2 \,(\mathrm{mod}\,7)$$

reduziert.

Hierfür liefert der Ansatz

$$x = \lambda 15 + \mu 7$$

die notwendigen Bedingungen

$$\mu 7 \equiv 8 \,(\mathrm{mod}\,15)$$
$$\lambda 15 \equiv 2 \,(\mathrm{mod}\,7).$$

Diese lassen sich wiederum lösen und wir erhalten $\mu \equiv 14 \,(\mathrm{mod}\, 15)$ und $\lambda \equiv 2 \,(\mathrm{mod}\, 7)$ sowie die allgemeine Lösung

$$x = (2 + l7)15 + (14 + k15)7.$$

Die Gesamtheit aller Lösungen stellt daher die Klasse

$$x \equiv 128 \equiv 13 \,(\mathrm{mod}\, 105)$$

dar.

Es ist nicht schwer, die Methode aus dem Beispiel auf ein beliebiges System von Kongruenzen mit paarweise relativ primen Moduli zu übertragen.

Satz 4.15 (Chinesischer Restsatz). *Es seien $m_1, \ldots, m_k \in \mathbb{N}$ paarweise relativ prim. Dann besitzt das System von Kongruenzen*

$$x \equiv a_i \,(\mathrm{mod}\, m_i), \quad i \in \{1, \ldots, k\}$$

eine simultane Lösung, d.h. es existiert eine Zahl $x \in \mathbb{Z}$, die gleichzeitig alle Kongruenzen löst. Diese Zahl ist modulo dem Produkt $(m_1 m_2 \cdot \ldots \cdot m_k)$ eindeutig bestimmt.

Beweis. Wir überlassen die Ausführung des Beweises dem Leser zur Übung. Der Beweis verläuft vollständig analog zum Vorgehen in obigem Beispiel. □

Für die Anwendung lässt sich die Lösung des Systems auch mit etwas weniger Rechenaufwand finden. Statt nämlich schrittweise jeweils zwei Kongruenzen abzuarbeiten, kann man zeigen, dass dies auch in einem Schritt möglich ist.

Satz 4.16. *Gegeben sei ein System von Kongruenzen wie in Satz 4.15. Wir bilden das Produkt der Moduln $m = m_1 m_2 \ldots m_k$. Seien für $i = 1, \ldots, k$ Zahlen b_i derart gewählt, dass*

$$b_i \frac{m}{m_i} \equiv a_i \,(\mathrm{mod}\, m_i),$$

dann ist die $(\mathrm{mod}\, m)$ eindeutig bestimmte Lösung des Systems gegeben durch

$$x \equiv b_1 \frac{m}{m_1} + \ldots + b_k \frac{m}{m_k} \,(\mathrm{mod}\, m).$$

Beweis. Durch Einsetzen sieht man sofort, dass das angegebene x eine Lösung ist. Die Eindeutigkeit ergibt sich aus dem vorigen Satz. □

Beispiel: Gesucht ist ein $x \in \mathbb{Z}$ derart, dass

$$x \equiv 2 \,(\mathrm{mod}\, 3)$$
$$x \equiv 3 \,(\mathrm{mod}\, 4)$$
$$x \equiv 4 \,(\mathrm{mod}\, 5)$$

Wir wenden obigen Satz an. Die Hauptaufgabe besteht in der Bestimmung der b_i. Dazu lösen wir die Kongruenzen

$$b_1 20 \equiv 2 \,(\mathrm{mod}\,3)$$
$$b_2 15 \equiv 3 \,(\mathrm{mod}\,4)$$
$$b_3 12 \equiv 4 \,(\mathrm{mod}\,5)$$

und erhalten: $b_1 \equiv 1 \,(\mathrm{mod}\,3)$, $b_2 \equiv 1 \,(\mathrm{mod}\,4)$, $b_3 \equiv 2 \,(\mathrm{mod}\,5)$. Als Lösung des Systems ergibt sich:

$$x \equiv b_1 20 + b_2 15 + b_3 12 \equiv 20 + 15 + 24 \equiv 59 \,(\mathrm{mod}\,60).$$

4.4   Die eulersche φ-Funktion

Eine zentrale Rolle in der elementaren Zahlentheorie und insbesondere beim Rechnen mit Kongruenzen spielt die **eulersche φ-Funktion**

$$\varphi(m) := \sharp\{r \in \mathbb{Z} \,|\, 0 < r < n, \quad (r,n) = 1\} = \sharp(\mathbb{Z}_n^\times).$$

Der folgende Satz ist ein Spezialfall des Satzes von Lagrange für die Gruppe $\mathbb{Z}_m^\times$.

Satz 4.17 (Euler). *Für jeden primen Rest a modulo n gilt*

$$a^{\varphi(n)} \equiv 1 \,(\mathrm{mod}\,n).$$

Beispiel: $\varphi(12) = \sharp\{1,5,7,11\} = 4$. Es ist $5^2 = 25 \equiv 1(\mathrm{mod}\,12)$, $7^2 = 49 \equiv 1(\mathrm{mod}\,12)$, $11^2 \equiv (-1)^2 \equiv 1(\mathrm{mod}\,12)$, also gilt für alle diese Reste $a^4 \equiv 1(\mathrm{mod}\,12)$.

Die Berechnung von $\varphi(n)$ aus der Primfaktorzerlegung von n gelingt mit Hilfe der folgenden drei Lemmata.

Lemma 4.5. *Für $p \in \mathbb{P}$ gilt*
$$\varphi(p) = p - 1.$$

Beweis. Klar! $\square$

Lemma 4.6. *Für $p \in \mathbb{P}$ und $k \in \mathbb{N}$ gilt*
$$\varphi(p^k) = p^k - p^{k-1}.$$

Beweis. Nach Definition handelt sich bei $\varphi(p^k)$ um die Anzahl der Zahlen zwischen 1 und p^k, die teilerfremd zu p sind. Nun gibt es aber $p^k/p = p^{k-1}$ Zahlen zwischen 1 und p^k, die nicht teilerfremd zu p sind, nämlich gerade die Vielfachen von p. Dies ergibt die behauptete Formel $\varphi(p^k) = p^k - p^{k-1}$. $\square$

Lemma 4.7. *Seien* $n, m \in \mathbb{N}$ *mit* $(n, m) = 1$. *Dann gilt*

$$\varphi(nm) = \varphi(n)\varphi(m).$$

Beweis. Aus dem chinesischen Restsatz folgt sofort: Zu je zwei primen Resten $r \,(\mathrm{mod}\, n)$ und $s \,(\mathrm{mod}\, m)$ gibt es genau einen Rest $t \,(\mathrm{mod}\, nm)$ mit

$$t \equiv r \,(\mathrm{mod}\, n)$$
$$t \equiv s \,(\mathrm{mod}\, m).$$

Außerdem ist sofort klar, dass zu verschiedenen Restepaaren (r_1, s_1) und (r_2, s_2) auch verschiedene t_1, t_2 gehören. (Es kann nicht gleichzeitig $t_1 \equiv r_1 \,(\mathrm{mod}\, n)$ und $t_1 \equiv r_2 \,(\mathrm{mod}\, n)$, wenn $r_1 \not\equiv r_2 \,(\mathrm{mod}\, n)$.)

Wir müssen noch zweierlei zeigen:

1. Der Rest $t \,(\mathrm{mod}\, nm)$ ist ein primer Rest.

2. Alle prime Reste $(\mathrm{mod}\, nm)$ werden auf diese Weise erreicht.

Zu 1: Wegen $t \equiv r \,(\mathrm{mod}\, n)$ ist t zu n teilerfremd und entsprechend auch zu m. Daher natürlich auch zu nm. (Dies folgt aus dem Lemma des Euklid).

Zu 2: Sei u ein beliebiger Rest $(\mathrm{mod}\, nm)$. Wir reduzieren $u \equiv v \,(\mathrm{mod}\, n)$, $u \equiv w \,(\mathrm{mod}\, m)$. Natürlich sind v, w wieder prime Reste. Nach dem chinesischen Restsatz gibt es genau einen Rest $t \,(\mathrm{mod}\, nm)$ mit $t \equiv v \,(\mathrm{mod}\, n)$ und $t \equiv w \,(\mathrm{mod}\, m)$. Da u nach Konstruktion bereits ein solcher Rest ist, muss $u \equiv t \,(\mathrm{mod}\, nm)$ gelten und wir haben nun alles in allem gezeigt: Es gibt eine Bijektion zwischen $\mathbb{Z}_{nm}^{\times}$ und $\mathbb{Z}_n^{\times} \times \mathbb{Z}_m^{\times}$, die durch den chinesischen Restsatz geliefert wird. Also folgt die Behauptung, nämlich

$$\varphi(nm) = \sharp\mathbb{Z}_{nm}^{\times} = \sharp\left(\mathbb{Z}_n^{\times} \times \mathbb{Z}_m^{\times}\right) = \varphi(n)\varphi(m). \qquad \square$$

Die Bedingung $(n, m) = 1$ aus Lemma 4.7 ist wirklich notwendig. Zum Beispiel ist $\varphi(p^2) = p(p - 1) \neq (p - 1)^2 = \varphi^2(p)$.

Funktionen mit Definitionsbereich $\mathbb{N}$ heißen **zahlentheoretische Funktionen**. Eine zahlentheoretische Funktion f mit der Eigenschaft $f(mn) = f(m)f(n)$ heißt **stark multiplikativ**. Falls die multiplikative Eigenschaft nur unter der zusätzlichen Bedingung $(n, m) = 1$ gilt, so heißt die Funktion einfach nur **multiplikativ**. Das obige Lemma beinhaltet also die Aussage, dass die eulersche φ-Funktion multiplikativ ist.

Besitzen wir die Primfaktorzerlegung einer Zahl $n = p_1^{k_1} \cdots p_l^{k_l}$, so sind wir jetzt in der Lage, $\varphi(n)$ zu berechnen:

$$\varphi(n) = \varphi(p_1^{k_1}) \cdots \varphi(p_l^{k_l}) = p_1^{k_1-1}(p_1 - 1) \cdots p_l^{k_l-1}(p_l - 1).$$

Klammert man noch aus jeder Klammer den Faktor p_i aus, so folgt:

Satz 4.18. *Für $n \in \mathbb{N}$, $n > 1$ gilt*

$$\varphi(n) = n \prod_{p|n} (1 - \frac{1}{p}).$$

Beispiel: $n = 42 = 2 \cdot 3 \cdot 7$. Es gilt $\varphi(2) = \sharp\{1\} = 1$, $\varphi(3) = \sharp\{1,2\} = 2$, $\varphi(7) = \sharp\{1,6\} = 6$. In der Tat gilt:

$$\varphi(42) = \sharp\{1, 5, 11, 13, 17, 19, 23, 29, 31, 37, 39, 41\} = 12, = \varphi(2)\varphi(3)\varphi(7).$$

Wir sind nun in der Lage, $\varphi(n)$ für eine natürliche Zahl aus ihrer Primfaktorzerlegung zu berechnen.

Ein letzter wichtiger Satz, der auch im Zusammenhang mit endlichen Körpern von Bedeutung sein wird, ist der folgende:

Satz 4.19. *Für $n \in \mathbb{N}$ gilt*

$$\sum_{d|n} \varphi(d) = n.$$

Beweis. Wir zerlegen die Menge der natürlichen Zahlen zwischen 1 und n in die paarweise disjunkten Mengen A_1, A_2,...,A_n, wo A_i aus denjenigen Zahlen r besteht, für die $(r, n) = i$. Falls i kein Teiler von n ist, so ist die Menge A_i natürlich leer. Sei also d ein Teiler von n. Dann besteht A_d aus denjenigen natürlichen Zahlen r zwischen 1 und n, die Vielfache von d sind und für die $(r/d, n/d) = 1$. Damit enthält A_d gerade $\varphi(n/d)$ Elemente. Wegen

$$\sum_{d|n} |A_d| = n$$

folgt hieraus

$$\sum_{n|d} \varphi(d) = \sum_{d|n} \varphi(\frac{n}{d}) = n.$$

Letzteres gilt, da mit d auch n/d die Teiler von n durchläuft. □

4.5 Struktur der primen Restklassengruppen

Aufgrund ihrer einfachen Struktur lassen sich zyklische Gruppen leichter analysieren als andere. Ein zentrales Ergebnis der Gruppentheorie besagt, dass jede endliche abelsche Gruppe das direkte Produkt zyklischer Gruppen ist.

In einem späteren Kapitel über endliche Körper werden wir beweisen, dass die multiplikative Gruppe eines endlichen Körpers immer zyklisch ist. Insbesondere gilt dies dann für die prime Restklassengruppe $\mathbb{Z}_p^{\times}$. Der Ring $\mathbb{Z}_m$ ist für $m \notin \mathbb{P}$ kein Körper mehr. Wir gehen der Frage nach, für welche m die Einheitengruppe $\mathbb{Z}_m^{\times}$ dennoch zyklisch ist und zeigen:

Satz 4.20. *Die Gruppe der primen Restklassen $\mathbb{Z}_{p^r}^\times$ ist für alle $p \in \mathbb{P} \setminus \{2\}$ und $r \in \mathbb{N}$ zyklisch.*

Beweis. Wir wählen ein erzeugendes Element g_0 von $\mathbb{Z}_p^\times$ und dazu ein $g \in \{0, 1, 2, \ldots, p^r - 1\}$ mit

1. $g \equiv g_0 \,(\mathrm{mod}\, p)$
2. $g^{p-1} \not\equiv 1 \,(\mathrm{mod}\, p^2)$.

Ein solches g gibt es immer, denn angenommen für $h \in \mathbb{Z}$ mit $h \equiv g_0 \,(\mathrm{mod}\, p)$ gilt $h^{p-1} \equiv 1 \,(\mathrm{mod}\, p^2)$, so setzen wir $g := h + p$, und dann gilt

$$g \equiv g_0 \,(\mathrm{mod}\, p)$$

sowie

$$
\begin{aligned}
g^{p-1} &= (h+p)^{p-1} \\
&\equiv h^{p-1} + p(p-1)h^{p-2} \,(\mathrm{mod}\, p^2) \\
&\equiv 1 - h^{p-2} \cdot p \,(\mathrm{mod}\, p^2)
\end{aligned}
$$

Wegen $(h, p) = 1$ folgt

$$h^{p-2} \not\equiv 0 \,(\mathrm{mod}\, p),$$

also

$$h^{p-2} \cdot p \not\equiv 0 \,(\mathrm{mod}\, p^2).$$

und daher

$$g^{p-1} \not\equiv 1 \,(\mathrm{mod}\, p^2).$$

Wir wollen nun zeigen, dass g ein erzeugendes Element von $\mathbb{Z}_{p^r}^\times$ ist, also die Ordnung $\varphi(p^r) = p^{r-1}(p-1)$ besitzt.

In jedem Fall muss die Ordnung von g wegen des Satzes von Lagrange ein Teiler von $\varphi(p^r)$ sein. Wir zeigen zunächst, dass sie nicht von der Gestalt $p^m \cdot d$, $0 \leq m \leq r-1$, und $d < p-1$ sein kann: Aus $p \equiv 1 \,(\mathrm{mod}\, p-1)$ folgt $p^m \equiv 1 \,(\mathrm{mod}\, p-1)$ und hieraus

$$
\begin{aligned}
g^{dp^m} &\equiv (g^d)^{1+\lambda(p-1)} \,(\mathrm{mod}\, p), \quad (\lambda \in \mathbb{Z} \text{ geeignet}) \\
&\equiv g_0^d \,(\mathrm{mod}\, p) \quad (\text{denn } g \equiv g_0 \,(\mathrm{mod}\, p)) \\
&\not\equiv 1 \,(\mathrm{mod}\, p),
\end{aligned}
$$

falls $d < p - 1$. Als nächstes schließen wir aus, dass die Ordnung von g von der Gestalt $p^m \cdot (p-1)$ mit $0 \leq m < r-1$ ist:

Nach Voraussetzung ist $g^{p-1} \not\equiv 1 \,(\mathrm{mod}\, p^2)$, also $g^{p-1} = 1 + ap$ mit geeignetem $a \in \mathbb{Z}$, $(a, p) = 1$. Dann ist

$$
\begin{aligned}
g^{p^m(p-1)} &= (1 + ap)^{p^m} \\
&\equiv 1 + p^{m+1}a \,(\mathrm{mod}\, p^{m+2}) \\
&\not\equiv 1 \,(\mathrm{mod}\, p^r)
\end{aligned}
$$

für alle $m < r - 1$. Als einziger möglicher Teiler von $p^{r-1}(p-1)$ bleibt nach Ausschluss aller Teiler der Form

$$p^m d \quad \text{mit} \quad 0 < m < r - 1, \; 0 < d \le p - 1$$

und aller Teiler der Form

$$p^m d \quad \text{mit} \quad m = r - 1, \; 0 < d < p - 1$$

nur noch der Teiler

$$p^{r-1}(p-1) = \varphi(p^r)$$

übrig.   □

Um das Bild zu komplettieren, geben wir ohne Beweis die folgende Charakterisierung der zyklischen primen Restklassengruppen:

Satz 4.21. *Die Gruppe der primen Reste $\mathbb{Z}_m^\times$ ist dann und nur dann zyklisch, wenn m von der Form*

$$2, 4, p^r, 2p^r$$

für $p \in \mathbb{P} \setminus \{2\}$ ist.

4.6 Quadratische Kongruenzen

Wir untersuchen im Folgenden die Lösungen quadratischer Kongruenzen der Form

$$x^2 \equiv a \,(\mathrm{mod}\, m).$$

Für kryptographische Anwendungen ist der Fall $m = pq$ mit $p, q \in \mathbb{P}$ von besonderem Interesse.

Beispiel: Die Kongruenz $x^2 \equiv 1 \,(\mathrm{mod}\, 15)$ besitzt die Lösungen

$$x \equiv 1, -1, 4, -4 \,(\mathrm{mod}\, 15).$$

Zunächst ist natürlich klar, dass mit einer Lösung auch die zugehörige negative auftritt. Nicht so offensichtlich ist die Existenz weiterer Lösungen außer 1 und −1.

4.6.1 Lösungsanzahl quadratischer Kongruenzen

Das Beispiel war ein Spezialfall des folgenden Satzes:

Satz 4.22. *Es seien $p_1, p_2 \in \mathbb{P} \setminus \{2\}$ sowie $a \in \mathbb{N}$ mit $0 < a < p_1 p_2$ und $(a, p_1 p_2) = 1$. Dann besitzt die Kongruenz*

$$x^2 \equiv a \,(\mathrm{mod}\, p_1 p_2) \tag{4.2}$$

entweder genau vier verschiedene oder gar keine Lösung.

Beweis. Angenommen eine der beiden Kongruenzen

$$x^2 \equiv a \,(\mathrm{mod}\, p_1), \quad x^2 \equiv a \,(\mathrm{mod}\, p_2), \tag{4.3}$$

besitzt keine Lösung. Dann besitzt (4.2) natürlich ebenfalls keine Lösung, denn jede Lösung von (4.2) ist a priori auch Lösung von (4.3).

Wir nehmen nun an, beide Kongruenzen (4.3) besitzen eine Lösung. Aus $(a, p_i) = 1$ folgt $(x, p_i) = 1$ und da außerdem nach Voraussetzung $p_i \neq 2$, so ist $2x \not\equiv 0 \,(\mathrm{mod}\, p_i)$ und daher $x \not\equiv -x \,(\mathrm{mod}\, p_i)$.

Mit x_0 ist also auch $-x_0$ eine modulo p_i verschiedene Lösung.

Da $\mathbb{Z}_p$ nullteilerfrei ist, kann es wegen

$$(x - x_0)(x + x_0) \equiv 0 \,(\mathrm{mod}\, p) \implies x - x_0 \equiv 0 \,(\mathrm{mod}\, p) \vee x + x_0 \equiv 0 \,(\mathrm{mod}\, p)$$

keine weiteren Lösungen geben.

x_1, x_2 seien nun die Lösungen der Kongruenz modulo p_1 und y_1, y_2 diejenigen der der Kongruenz modulo p_2.

Zu jeder der vier Kombinationen von Lösungspaaren (x_i, y_j) existiert nach dem chinesischen Restsatz 4.15 ein modulo $p_1 p_2$ eindeutig bestimmtes $x \in \mathbb{Z}$ mit

$$x \equiv x_i \,(\mathrm{mod}\, p_1), \quad x \equiv y_j \,(\mathrm{mod}\, p_2).$$

Dieses x erfüllt beide Kongruenzen (4.3). Auf diese Weise erhalten wir vier paarweise verschiedene Lösungen von (4.2). Mehr gibt es allerdings auch nicht. Ist nämlich x irgendeine Lösung dieser Kongruenz, so erfüllt diese auch wieder die Kongruenzen (4.3) und muss wegen der Eindeutigkeit mit einer der vier bereits bestimmten Lösungen übereinstimmen. □

4.6.2 Quadratische Reste

Im Beweis zum letzten Satz haben wir die Bestimmung der Lösungsgesamtheit einer quadratischen Kongruenz modulo $m = pq$ über den chinesischen Restsatz auf die Lösung der entsprechenden Kongruenz modulo p bzw. modulo q zurückgeführt. Wir suchen daher nun Lösungen

$$y^2 \equiv a \,(\mathrm{mod}\, p),$$

wenn $p \in \mathbb{P}$. Der folgende Satz von Legendre sagt uns, für welche a überhaupt Lösungen existieren.

Satz 4.23 (Satz von Legendre). *Sei* $p \in \mathbb{P} \setminus \{2\}$ *und* $(a, p) = 1$. *Die Kongruenz* $x^2 \equiv a \,(\mathrm{mod}\, p)$ *besitzt genau dann eine Lösung, wenn*

$$a^{\frac{p-1}{2}} \equiv 1 \,(\mathrm{mod}\, p).$$

Beweis. Wir wissen bereits, dass $\mathbb{Z}_p^\times$ zyklisch ist. Wenn g ein erzeugendes Element ist, so gilt mit geeignetem $r \in \mathbb{N}$:

$$a \equiv g^r \pmod p.$$

Außerdem muss $g^{(p-1)/2} \equiv -1 \pmod p$. Dies folgt, da g die Ordnung $p-1$ besitzt und da $x^2 = 1$ wegen der Nullteilerfreiheit von $\mathbb{Z}_p$ nur die zwei Lösungen $x = \pm 1$ besitzt.

Aus

$$a^{\frac{p-1}{2}} \equiv g^{r\frac{p-1}{2}} \equiv 1 \pmod p$$

folgt wegen $g^{r(p-1)/2} \equiv (-1)^r \pmod p$, dass $r = 2r'$. Damit gilt

$$a \equiv \left(g^{r'}\right)^2 \pmod p$$

und die Kongruenz $x^2 \equiv a \pmod p$ besitzt die Lösung

$$x \equiv g^{r'} \pmod p.$$

Gilt umgekehrt $x_0^2 \equiv a \pmod p$ für ein $x_0 \in \mathbb{Z}$, so ist

$$a^{\frac{p-1}{2}} \equiv x_0^{p-1} \equiv 1 \pmod p. \qquad \square$$

Definition 4.9. *Seien $m \in \mathbb{N}$ und $r \in \mathbb{Z} \setminus \{0\}$ mit $(m, r) = 1$.*

*Wir sagen: r **ist quadratischer Rest** modulo m, wenn die Kongruenz*

$$x^2 \equiv r \pmod m$$

*eine Lösung besitzt. Andernfalls heißt r **quadratischer Nichtrest** modulo m.*

Lemma 4.8. *Sei $p \in \mathbb{P} \setminus \{2\}$. Dann gibt es unter den Zahlen $1, 2, \ldots, p-1$ genau $\frac{p-1}{2}$ quadratische Reste und $\frac{p-1}{2}$ quadratische Nichtreste modulo p.*

Beweis. Dies gilt, da $a^2 \equiv (-a)^2 \pmod p$ und die Kongruenz $x^2 - a^2 = (x-a)(x+a) \equiv 0 \pmod p$ wegen der Nullteilerfreiheit von $\mathbb{Z}_p$ keine weiteren Lösungen besitzt. Außerdem beachte man, dass $a \not\equiv -a \pmod p$, wenn $(a, p) = 1$ und $p \neq 2$. $\qquad \square$

Definition 4.10. *Sei $p \in \mathbb{P} \setminus \{2\}$.*

*Wir definieren für $r \in \mathbb{Z}$ das **Legendre-Symbol***

$$\left(\frac{r}{p}\right) := \begin{cases} 1, & \text{wenn } r \text{ quadratischer Rest mod } p \text{ ist} \\ -1, & \text{wenn } r \text{ quadratischer Nichtrest mod } p \text{ ist} \\ 0, & \text{wenn } r | p. \end{cases}$$

Man beachte, dass $r \equiv r' \pmod p \implies \left(\frac{r}{p}\right) = \left(\frac{r'}{p}\right)$. Der folgende Satz beschreibt vier wichtige Eigenschaften dieses Symbols.

Satz 4.24. *Für alle $p, q \in \mathbb{P} \setminus \{2\}$ und $a, b \in \mathbb{Z}$ mit $a, b \not\equiv 0 \,(\mathrm{mod}\, p)$ gilt:*

   i) $\left(\frac{a \cdot b}{p}\right) = \left(\frac{a}{p}\right) \cdot \left(\frac{b}{p}\right)$

   ii) $\left(\frac{-1}{p}\right) = (-1)^{(p-1)/2}$

   iii) $\left(\frac{2}{p}\right) = (-1)^{(p^2-1)/8}$

   iv) $\left(\frac{p}{q}\right)\left(\frac{q}{p}\right) = (-1)^{(p-1)(q-1)/4}$.

Die vierte Eigenschaft ist das sogenannte **quadratische Reziprozitätsgesetz**, ii) und iii) heißen **erster** bzw. **zweiter Ergänzungssatz**. Wir werden den Satz nicht beweisen. Die ersten beiden Aussagen sind einfache Folgerungen aus dem Satz von Legendre, die Beweise für den zweiten Ergänzungssatz und das quadratische Reziprozitätsgesetz sind aufwändiger.

Das quadratische Reziprozitätsgesetz wurde bereits von Leonard Euler, dem angesehensten Mathematiker seiner Zeit im 18. Jh. formuliert, allerdings ohne Beweis. Den ersten (unvollständigen) Beweis gab A.-M. Legendre. Der erste vollständige Beweis wurde von Carl-Friedrich Gauß geführt. Er veröffentlichte insgesamt 8 verschiedene Beweise des quadratischen Reziprozitätsgesetzes.

Mittlerweile existieren über 150 verschiedene Beweise dieses Theorems. Der Grund für diese Inflation an Beweisen liegt wohl mit daran, dass es nicht ganz einfach ist, dieses Gesetz seinem Wesen nach zu verstehen und dass man mit jedem neuen Beweis ein wenig mehr Einsicht in die Natur dieser Beziehung erhoffte. Erst die Klassenkörpertheorie bringt Licht ins Dunkel und lässt das quadratische Reziprozitätsgesetz als Spezialfall eines sehr viel tiefer liegenden allgemeinen Sachverhaltes erkennen.

Wir zeigen an einem Beispiel, wie dieser Satz benutzt werden kann, um die Lösbarkeit einer quadratischen Kongruenz zu entscheiden.

Beispiel: Wir untersuchen die Lösbarkeit von

$$x^2 \equiv 79 \,(\mathrm{mod}\, 101).$$

Wir benutzen den obigen Satz:

$$
\begin{aligned}
\left(\frac{79}{101}\right) &= \left(\frac{101}{79}\right) \cdot (-1)^{\frac{101-1}{2} \cdot \frac{79-1}{2}} = \left(\frac{22}{79}\right) \cdot 1 \\
&= \left(\frac{2}{79}\right) \cdot \left(\frac{11}{79}\right) = 1 \cdot \left(\frac{11}{79}\right) \\
&= \left(\frac{79}{11}\right) \cdot (-1)^{\frac{11-1}{2} \cdot \frac{79-1}{2}} = \left(\frac{2}{11}\right) \cdot (-1) \\
&= (-1) \cdot (-1) = 1.
\end{aligned}
$$

Also gilt $\left(\frac{79}{101}\right) = 1$ und daher besitzt die quadratische Kongruenz

$$x^2 \equiv 79 \,(\mathrm{mod}\,101)$$

eine Lösung.

4.6.3 Berechnung der Lösungen von $x^2 \equiv a \,(\mathrm{mod}\,p)$

Wir nehmen an, dass a quadratischer Rest modulo p ist und unterscheiden mehrere Fälle.

1. Fall: $p \equiv 3 \,(\mathrm{mod}\,4)$. Als Lösungen erhalten wir:

$$x \equiv \pm a^{(p+1)/4} \,(\mathrm{mod}\,p).$$

Es ist dann nämlich $x^2 \equiv a^{(p+1)/2} = a^{(p-1)/2}a \,(\mathrm{mod}\,p)$ und die Behauptung folgt aus dem Satz von Legendre.

2. Fall: $p \equiv 5 \,(\mathrm{mod}\,8)$. In diesem Fall ist entweder

$$x \equiv a^{(p+3)/8} \,(\mathrm{mod}\,p)$$

oder

$$x \equiv 2a(4a)^{(p-5)/8} \,(\mathrm{mod}\,p)$$

eine Lösung. (Nachrechnen!)

3. Fall: $p \equiv 1 \,(\mathrm{mod}\,8)$. In diesem Fall ist kein polynomialer deterministischer Algorithmus bekannt. Allerdings existiert ein probabilistischer polynomialer Algorithmus, worauf wir hier aus Platzgründen nicht eingehen wollen.

4.7 Aufgaben

4.7.1 Zeigen Sie, dass 5, $2 + \sqrt{-6}$ und $2 - \sqrt{-6}$ irreduzibel in $\mathbb{Z}[\sqrt{-6}]$ sind.

4.7.2 Bestimmen Sie den ggT der Polynome $x^3 + x^2 + 1$ und $2x^2 + 1$ in $\mathbb{R}[x]$ und in $\mathbb{F}_3[x]$.

4.7.3 Zeigen Sie, dass $\mathbb{Z}_4^\times$ und $\mathbb{Z}_{2p^r}^\times$ für $p \in \mathbb{P} \setminus \{2\}$ zyklisch sind.

4.7.4 Finden Sie erzeugende Elemente von $\mathbb{Z}_{49}^\times$.

4.7.5 Bestimmen Sie sämtliche Lösungen des folgenden Systems von Kongruenzen:

i) $2x \equiv 5 \,(\mathrm{mod}\,7)$

ii) $13x \equiv 27 \,(\mathrm{mod}\,52)$

iii) $8x \equiv 6 \,(\mathrm{mod}\,11)$

iv) $x \equiv -1 \,(\mathrm{mod}\,5)$

4.7.6 Ermitteln Sie die folgenden Werte der eulerschen φ-Funktion:

$$\varphi(23), \quad \varphi(1024), \quad \varphi(187101), \quad \varphi(7^{20}).$$

4.7.7 Besitzt die Kongruenz $x^2 \equiv 5 \,(\mathrm{mod}\,3333)$ eine Lösung?

4.7.8 Welche der folgenden Kongruenzen ist lösbar?

i) $x^2 \equiv 39 \,(\mathrm{mod}\,101)$

ii) $x^2 \equiv 2 \,(\mathrm{mod}\,869)$

iii) $x^2 \equiv 383 \,(\mathrm{mod}\,417)$

iv) $x^2 + 1 \equiv 0 \,(\mathrm{mod}\,417)$

4.7.9 Sei p eine ungerade Primzahl. Zeigen Sie, dass die Anzahl der Lösungen von $ax^2 + bx - c \equiv 0 \,(\mathrm{mod}\,p)$ mit $(a,p) = 1$ gegeben ist durch

$$1 + \left(\frac{b^2 - 4ac}{p} \right).$$

4.7.10 Zeigen Sie: Für jede ungerade Primzahl p gilt

$$\sum_{a=1}^{p-1} \left(\frac{a}{p} \right) = 0.$$

4.7.11 Bestimmen Sie Lösungen von $3^x - 2^x \equiv 5 \,(\mathrm{mod}\,7)$.

5

Endliche Körper

5.1 Erweiterungen endlicher Körper

Wir haben bereits endliche Körper kennen gelernt, nämlich die Ringe $\mathbb{Z}_p$ mit $p \in \mathbb{P}$, die wir auch mit $\mathbb{F}_p$ bezeichnet haben. Wählen wir ein über $\mathbb{F}_p$ irreduzibles Polynom $p(x)$, so ist dies nach Satz 4.9 ein Primelement in $\mathbb{F}_p[x]$ und wegen Satz 4.4 ist der Quotientenring $\mathbb{F}_p[x]/(p(x))$ ebenfalls ein Körper. Besitzt das Polynom $p(x)$ den Grad f, so besitzt dieser Körper als Elemente die p^f Restklassen

$$a_{f-1}x^{f-1} + \ldots + a_0 + (p(x)).$$

Wir werden zeigen, dass alle endlichen Körper auf diese Weise entstehen.

Wir dürfen im Folgenden immer voraussetzen, dass $p(x)$ monisch ist, d.h. der führende Koeffizient ist gleich 1. Für $r \in \mathbb{F}_p$, $r \neq 0$ stimmen nämlich die Ideale $(p(x))$ und $(rp(x))$ überein, da r eine Einheit in $\mathbb{F}_p[x]$ ist.

Beispiele: Das Polynom $p(x) = x^2 + x + 2$ besitzt keine Nullstelle in $\mathbb{F}_3$:

$$p(0) = 2, \quad p(1) = 1, \quad p(2) = 2.$$

Man beachte, dass wir im Körper $\mathbb{F}_3$ rechnen, wo $1 + 2 = 0$ und $2 \cdot 2 = 1$ gilt. Damit lässt sich von $p(x)$ über $\mathbb{F}_3$ kein Linearfaktor abspalten. Linearfaktoren sind aber für ein Polynom zweiten Grades die einzig möglichen nichttrivialen Primfaktoren. Daher ist das Polynom irreduzibel über $\mathbb{F}_3$. $\mathbb{F}_3/(x^2 + x + 2)$ ist also ein Körper mit den 9 Elementen $ax + b + (x^2 + x + 2)$, $a, b \in \mathbb{F}_3$.

Das Produkt der Restklassen $ax + b + (x^2 + x + 2)$ und $cx + d + (x^2 + x + 2)$ berechnet sich wie folgt:

$$
\begin{aligned}
(ax + b)(cx + d) &= acx^2 + (ad + bc)x + bd \\
&\equiv (acx^2 + (ad + bc)x + bd) - ac(x^2 + x + 2) \\
&\equiv (ad + 2acbc)x + bd + ac \, (\bmod \, x^2 + x + 2).
\end{aligned}
$$

Das inverse Element bez. der Addition zu der Restklasse mit dem Vertreter $ax + b$ ist die Restklasse mit dem Vertreter $2ax + 2b$. Das inverse Element zu $ax + b + (x^2 + x + 2)$ bez. der Multiplikation bestimmen wir im Fall $a \neq 0$ mit Hilfe des euklidischen Algorithmus, der in diesem Fall nur aus einer einzigen Division mit Rest besteht.

Wir erhalten:

$$x^2 + x + 2 \;=\; (ax + b)(a^{-1}x + a^{-1}(1 - ba^{-1}) + 2 - ba^{-1}(1 - ba^{-1}),$$

also

$$(ax + b)(a^{-1}x + a^{-1}(1 - ba^{-1}) \equiv 2 - ba^{-1}(1 - ba^{-1}) \,(\mathrm{mod}\, x^2 + x + 2).$$

Wir setzen $c = 2 - ba^{-1}(1 - ba^{-1})$. c kann nicht Null sein, da $x^2 + x + 2$ irreduzibel ist und $ax + b$ nicht als Teiler besitzen kann. Daher können wir mit c^{-1} multiplizieren und dies liefert:

$$(ax + b)\left(c^{-1}(a^{-1}x + a^{-1}(1 - ba^{-1})\right) \equiv 1(\,(\mathrm{mod}\, x^2 + x + 2)).$$

In unserem nächsten Beispiel realisieren wir einen Körper mit 256 Elementen, der für den Chiffrieralgorithmus AES benutzt wird. Wir wählen hierzu das über $\mathbb{F}_2$ irreduzible (nachprüfen!) Polynom

$$\pi(x) = x^8 + x^4 + x^3 + x + 1$$

und bilden $\mathbb{F}_2[x]/(\pi(x))$. Die Elemente dieses Körpers lassen sich über die Identifizierung

$$a_7x^7 + \ldots + a_0 \;\longmapsto\; (a_7, a_6, \ldots, a_0)$$

als Elemente von $\mathbb{F}_2^8$ oder auch als Bytes interpretieren. Letzteres ist ein Indiz dafür, dass gerade dieser Körper sich für einen Chiffrieralgorithmus anbieten könnte.

Eine Operation von AES besteht aus der Abbildung $b \to b^{-1}$.

Sei $b = b(x) + (\pi(x))$. Wir berechnen b^{-1}. Wegen der Irreduzibilität von $\pi(x)$ muss $(\pi(x), b(x)) = 1$ sein. Daher existieren wegen Lemma 4.3. Polynome $d(x)$ und $e(x)$ mit

$$d(x)\pi(x) + e(x)b(x) = 1.$$

$e(x) + (\pi(x))$ ist das gesuchte Inverse. $e(x)$ lässt sich mit Hilfe des euklidischen Algorithmus bestimmen. Wählen wir beispielsweise $b = x^5 + x + (\pi(x))$, so ergibt sich

$$\begin{aligned}
x^8 + x^4 + x^3 + x + 1 &= (x^5 + x)x^3 + (x^3 + x + 1) \\
x^5 + x &= (x^3 + x + 1)(x^2 + 1) + (x^2 + 1) \\
x^3 + x + 1 &= (x^2 + 1)x + 1.
\end{aligned}$$

Rückrechnen ergibt:

$$
\begin{aligned}
1 &= (x^3 + x + 1) + (x^2 + 1)x \\
  &= (x^3 + x + 1) + (x^3 + x + 1)(x^2 + 1)x + (x^5 + x)x \\
  &= (x^3 + x + 1)(x^3 + x + 1) + (x^5 + x)x \\
  &= ((x^8 + x^4 + x^3 + x + 1) + (x^5 + x)x^3)(x^3 + x + 1) + (x^5 + x) \\
  &= (x^3 + x + 1)(x^8 + x^4 + x^3 + x + 1) + (x^6 + x^4 + x^3 + 1)(x^5 + x).
\end{aligned}
$$

(Man beachte, dass wir im Körper $\mathbb{F}_2$ rechnen, in dem $1 = -1$ gilt.) Wir erhalten

$$
b^{-1} = (x^6 + x^4 + x^3 + 1) + (\pi(x)).
$$

5.1.1 Endliche Körpererweiterungen

Die Teilmenge $\{a + (p(x)) \mid a \in \mathbb{F}_p\}$ ist als Körper zu $\mathbb{F}_p$ isomorph. Wir sagen, dass der Körper $\mathbb{F}_p$ in $\mathbb{F}_p[x]/(p(x))$ als Teilkörper enthalten ist. $\mathbb{F}_p[x]/(p(x))$ nennen wir daher einen **Erweiterungskörper** von $\mathbb{F}_p$. Allgemein:

Definition 5.1. *Sei K ein Körper und L ein weiterer Körper, in dem K (bzw. ein isomorphes Bild von K) als Teilkörper enthalten ist. L heißt in diesem Fall* **Erweiterungskörper** *von K. Wir schreiben $L|K$ als Symbol für die Körpererweiterung.*

Der folgende Satz ist eine einfache Übungsaufgabe für die interessierten Leser.

Satz 5.1. *Sei $L|K$ eine Körpererweiterung. Dann ist L ein Vektorraum über K.*

Falls dieser Vektorraum endlich dimensional ist, so sprechen wir von einer **endlichen** Körpererweiterung und bezeichnen die Dimension als den **Grad** $[L : K]$ der Körpererweiterung.

Die Körpererweiterung $L|\mathbb{F}_p$ mit $L = \mathbb{F}_p[x]/(p(x))$ ist endlich. Ihr Grad ist gleich dem Grad des irreduziblen Polynoms $p(x)$. Ist der Grad von $p(x)$ gleich f, so ist eine Basis gegeben durch $\{x^{f-1} + (p(x)), x^{f-2} + (p(x)), ..., 1 + (p(x))\}$.

Man kann zeigen: Jede endliche Körpererweiterung von K lässt sich als Quotient $K[x]/(p(x))$ mit einem über K irreduziblen Polynom $p(x) \in K[x]$ realisieren.

5.1.2 Körpererweiterung durch Adjunktion

Einen anderen Zugang zur Beschreibung der endlichen Erweiterungen $L|\mathbb{F}_p$ liefert die Methode der Adjunktion von Elementen, analog zu der Erzeugung der komplexen Zahlen als Erweiterung von $\mathbb{R}$ durch Hinzunahme der imaginären Einheit i. Bei genauem Hinsehen erkennt man allerdings, dass hier die obige Quotientenbildung nur aus einem anderen Blickwinkel nachgezeichnet wird.

Wir adjungieren das Symbol a zu $\mathbb{F}_p$: Dazu definieren wir eine Addition und Multiplikation, die die ursprünglichen Operationen von $\mathbb{F}_p$ auf einen um das Element a angereicherten Bereich erweitert. Damit die Operationen hierauf abgeschlossen sind, muss der Bereich neben a auch die Elemente

$$r_n a^n + r_{n-1} a^{n-1} + \ldots + r_0$$

mit $r_i \in \mathbb{F}_p$ enthalten. Dieser kleinstmögliche Erweiterungsbereich ist also gerade der Polynomring $\mathbb{F}_p[a]$.

$p(x) = x^f + \ldots + r_0$ sei ein über $\mathbb{F}_p$ irreduzibles Polynom. Wir vereinbaren für die Elemente unseres Bereichs $\mathbb{F}_p[a]$ die Relation $a^f + \ldots + r_0 = 0$, d.h. wir fordern $p(a) = 0$. a wird so zu einer **formalen** Nullstelle von $p(x)$

Damit folgt, dass sich jede Potenz a^n als Linearkombination aus den Potenzen a^i, $0 \leq i < f$ schreiben lässt

$$a^n = s_{f-1} a^{f-1} + \ldots + s_0.$$

Alle Elemente aus $\mathbb{F}_p[a]$ lassen sich daher reduzieren auf Polynome vom Grad höchstens $f - 1$. Den so entstandenen Bereich mit dieser zusätzlichen Relation nennen wir $\mathbb{F}_p(a)$. Wir sagen dann auch: $\mathbb{F}_p(a)$ ist aus $\mathbb{F}_p$ durch **Adjunktion einer Nullstelle** des Polynoms $p(x)$ entstanden. Wohlgemerkt: Genauso, wie die imaginäre Einheit als Nullstelle von $x^2 + 1$ quasi aus dem Nichts geschaffen wurde, tun wir dies hier mit a als Nullstelle von $p(x)$.

Wer will, kann nun zu Fuß nachweisen, dass $\mathbb{F}_p(a)$ tatsächlich ein Körper ist, der $\mathbb{F}_p$ als Unterkörper enthält. Man kann sich aber auch überlegen, dass das, was wir hier gemacht haben, nur eine andere Art war, den Quotientenring $\mathbb{F}_p[x]/(p(x))$ nachzubilden. Die Relation $p(a) = 0$ und die daraus folgende Reduktion der Potenzen a^n entspricht dem Rechnen modulo $p(x)$. a entspricht der Klasse $x + (p(x))$.

5.1.3 Minimalpolynom

Definition 5.2. *Ein monisches Polynom kleinsten Grades aus $K[x]$, dass $a \in L \supset K$ als Nullstelle besitzt, heißt* **Minimalpolynom** *von a. Ist a' eine weitere Nullstelle des Minimalpolynoms von a, (die in einem weiteren Körper $M \supset K$ liegen kann), so heißt a' eine zu a* **konjugierte Nullstelle**.

Man mache sich klar, dass ein Minimalpolynom immer irreduzibel über K sein muss.

Beispiel: Das Minimalpolynom eines Elementes $c \in K$ (bezogen auf K) ist das lineare Polynom $x - c$.

Die obige Diskussion zu den Möglichkeiten, eine Körpererweiterung zu beschreiben, lässt sich auch in folgendem Satz ausdrücken:

Satz 5.2. *Sei $p(x)$ ein monisches irreduzibles Polynom über $\mathbb{F}_p$, und $\mathbb{F}_p(a)$ der durch Adjunktion des Symbols a unter der einschränkenden Relation $p(a) = 0$ entstandene Körper. Dann ist durch*

$$\phi : r_n a^n + r_{n-1} a^{n-1} + \dots + r_0 \mapsto r_n x^n + r_{n-1} x^{n-1} + \dots + r_0 + (p(x))$$

ein Körperisomorphismus zwischen $\mathbb{F}_p(a)$ und $\mathbb{F}_p[x]/(p(x))$ gegeben. $p(x)$ ist das Minimalpolynom von a.

Beweis. Klar!   □

Sei $q(x)$ ein weiteres Polynom mit $q(a) = 0$. $q(x)$ besitzt mindestens den Grad des Minimalpolynoms $p(x)$. Wir bemühen den Divisionsalgorithmus:

$$q(x) = s(x)p(x) + r(x)$$

mit $\operatorname{grad}(r(x)) < \operatorname{grad}(p(x))$ oder $r(x) \equiv 0$. Also ist

$$q(a) = s(a)p(a) + r(a),$$

und da $q(a) = p(a) = 0$, so folgt folgt $r(a) = 0$. Daher muss $r(x) \equiv 0$ sein, da wir ansonsten ein Polynom geringeren Grades als $p(x)$ gefunden hätten, das a als Nullstelle besitzt. Dies widerspricht der Eigenschaft von $p(x)$, Minimalpolynom von a zu sein. Wir halten fest:

Lemma 5.1. *Ist $q(x) \in K[x]$ irgendein Polynom mit $q(a) = 0$, so ist das Minimalpolynom von a ein Teiler von $q(x)$.*

Das Minimalpolynom eines Elementes ist daher eindeutig bestimmt. Da eine konjugierte Nullstelle dasselbe Minimalpolynom besitzt, ergibt sich außerdem, dass $\mathbb{F}_p(a)$ und $\mathbb{F}_p(a')$ isomorph sein müssen. Wir werden weiter unten die konjugierten Elemente von a als die Elemente $a^p, a^{p^2}, \dots a^{p^f}$ identifizieren. Auch die sämtlichen Isomorphismen endlicher Körper werden wir explizit bestimmen.

Beispiel: $p(x) = x^3 + x^2 + 1$. $p(x)$ ist irreduzibel über $\mathbb{F}_2$, wie man durch Probieren ermittelt: Da $p(x)$ in $\mathbb{F}_2$ keine Nullstelle besitzt, lässt sich auch kein Linearfaktor abspalten. Ein Polynom zweiten Grades kann es als Teiler auch nicht geben, da dann als Komplementärteiler ein Linearfaktor bliebe.

Betrachten wir den Körper $\mathbb{F}_2(a)$ mit der formalen Nullstelle a von $p(x)$. $p(x)$ ist das Minimalpolynom von a. Die $2^3 = 8$ Elemente des Körpers sind $r_2 a^2 + r_1 a + r_0$, $r_1 \in \mathbb{F}_2$. Hätten wir ein anderes irreduzibles Polynom dritten Grades betrachtet, z. B. $q(x) = x^3 + x + 1$, so bestünde der Körper $\mathbb{F}_2(b)$, mit $q(b) = 0$ aus den entsprechenden Elementen $r_2 b^2 + r_1 b + r_0$, wo das Symbol a lediglich durch das Symbol b ersetzt ist. Allerdings gelten für a und b unterschiedliche Relationen. Man erkennt dies an den Multiplikationstafeln in Tabelle 5.1.

Tabelle 5.1: Multiplikationstafeln

$\cdot$	a	$\cdot$	b
a	a^2	b	b^2
$1+a$	$a+a^2$	$1+b$	$b+b^2$
a^2	$1+a^2$	b^2	$1+b$
$1+a^2$	$1+a+a^2$	$1+b^2$	1
$a+a^2$	1	$b+b^2$	b^2+b+1
$1+a+a^2$	$1+a$	$1+b+b^2$	$1+b^2$

Dennoch sind diese beiden Körper isomorph. Ein Isomorphismus

$$\phi : \mathbb{F}_2(b) \mapsto \mathbb{F}_2(a)$$

ist festgelegt durch $\phi(b) = a + 1$. Um dies zu zeigen, reicht, wie wir bald sehen werden, der Nachweis, dass $q(a + 1) = 0$.

An dieser Stelle ergeben sich auf natürliche Weise drei Fragen:

1. Gibt es endliche Körper, die nicht als Körpererweiterung eines Körpers $\mathbb{F}_p$ entstehen?

2. Sind alle Körpererweiterungen vom selben Grad untereinander isomorph?

3. Gibt es zu jedem $f \in \mathbb{N}$ eine Körpererweiterung vom Grad f?

Diesen drei Fragen werden wir im Folgenden nachgehen.

5.2 Charakterisierung endlicher Körper

5.2.1 Die multiplikative Gruppe eines endlichen Körpers

Als erstes zeigen wir, dass die multiplikative Gruppe $K^\times$ eines endlichen Körpers K zyklisch ist. Sei a ein Element der Ordnung d in $K^\times$, d.h. d ist der kleinste Exponent > 0, so dass $a^d = 1$. Mit a sind alle Potenzen a^i, $i = 1, \ldots, d$ Lösungen von $x^d - 1 = 0$. Diese sind zudem alle unterschiedlich, da d die Ordnung von a ist. Wir erhalten für das Polynom $x^d - 1$ in K damit die Zerlegung

$$x^d - 1 = (x - 1)(x - a)(x - a^2) \ldots (x - a^{d-1}).$$

Hierbei haben wir benutzt, dass jede Nullstelle Linearfaktor des Polynoms ist, vergl. Satz 4.10. Aus der Nullteilerfreiheit von K ergibt sich

$$(x - 1)(x - a)(x - a^2) \cdot \ldots \cdot (x - a^{d-1}) = 0 \implies x = 1 \lor x = 2 \lor \ldots \lor x = a^{d-1}.$$

Außer den Potenzen von a kann es somit keine weiteren Elemente des Körpers geben, die die Ordnung d besitzen. Nicht alle dieser Potenzen besitzen tatsächlich die Ordnung d, offensichtlich handelt es sich hierbei gerade um diejenigen Potenzen a^i mit $(i, d) = 1$. Deren Anzahl beträgt $\varphi(d)$. Nun wissen wir bereits, dass

1. $\sum_{d|(k-1)} \phi(d) = k - 1$,

2. nur die Teiler von $k - 1$ als mögliche Ordnungen für Elemente aus $K^\times$ in Frage kommen.

Falls es zu einem Teiler d_0 von $k - 1$ kein Element mit der Ordnung d_0 gibt, so würde gelten

$$|K^\times| = k - 1 \leq \sum_{d|(k-1), d \neq d_0} \phi(d) < \sum_{d|(k-1)} \phi(d) = k - 1,$$

ein Widerspruch. Wir haben damit den folgenden Satz bewiesen:

Satz 5.3. *Sei K ein endlicher Körper, $K^\times$ seine multiplikative Gruppe, $|K^\times| = k - 1$. Dann gibt es zu jedem Teiler d von $k - 1$ genau $\varphi(d)$ Elemente der Ordnung d. Speziell ist dann $|K^\times|$ eine zyklische Gruppe und es gibt $\varphi(k - 1)$ unterschiedliche erzeugende Elemente.*

Ein erzeugendes Element der multiplikativen Gruppe des Körpers nennen wir **primitives Element**. Irreduzible Polynome, die Minimalpolynome eines primitiven Elements sind, heißen **primitive Polynome**.

5.2.2   Charakteristik eines Körpers

Wir bilden in einem Körper K die Ausdrücke

$$1, 1 + 1, 1 + 1 + 1, \ldots$$

und schreiben für die n-fache Summe wie üblich $n1$, was **nicht** mit der Körpermultiplikation verwechselt werden darf. Ist K endlich, so muss es eine kleinste natürliche Zahl k geben, so dass $k1 = 0$. Für einen Körper mit unendlich vielen Elementen kann es solch ein k geben, muss es aber nicht. Wir nehmen dies zum Anlass für die folgende

Definition 5.3. *Gibt es für einen Körper K eine natürliche Zahl k, so dass $k \cdot 1 = 0$, dann heißt k die **Charakteristik** von K. Gibt es ein solches k nicht, so ist die Charakteristik von K als 0 erklärt.*

Wegen $\alpha + \alpha + \alpha + \ldots + \alpha = (1 + 1 + 1 + \ldots + 1)\alpha$ gilt $k \cdot \alpha = 0$ für beliebiges $\alpha \in K$, wenn k die Charakteristik von K ist.

Umgekehrt folgt aus $k \cdot \alpha = 0$

$$0 = \alpha^{-1}(k \cdot \alpha) = \alpha^{-1}(\alpha + \alpha + \ldots + \alpha) = 1 + 1 + \ldots + 1 = k \cdot 1,$$

also ist die Charakteristik nicht nur für die 1, sondern auch für jedes andere Element $\alpha \in K^\times$ das kleinste k mit $k \cdot \alpha = 0$.

Für eine zusammengesetzte natürliche Zahl $n = kl$, $k, l > 1$ folgt aus $n \cdot 1 = 0$ bereits $k \cdot 1 = 0$ oder $l \cdot 1 = 0$. Denn angenommen $k \cdot (l \cdot 1) = 0$ und $l \cdot 1 = a \neq 0$ so muss $k \cdot a = 0$ und damit nach der vorherigen Bemerkung auch $k \cdot 1 = 0$ sein. Damit haben wir Folgendes gezeigt:

Lemma 5.2. *Die Charakteristik eines Körpers kann nur eine Primzahl oder Null sein.*

Beispiele: Der Körper $\mathbb{F}_p$ besitzt die Charkteristik p.

Ist $p(x)$ ein irreduzibles Polynom über $\mathbb{F}_p$ vom Grad f, so ist $\mathbb{F}_p[x]/(p(x))$ ein Körper der Charakteristik p.

5.2.3   Endliche Körper als Erweiterungskörper eines $\mathbb{F}_p$

In diesem Abschnitt werden wir eine Antwort auf die Frage geben, ob jeder endliche Körper als Erweiterung eines der Körper $\mathbb{F}_p$ entsteht. Sei dazu K ein beliebiger endlicher Körper der Charakteristik p. Dieser enthält die Elemente $0, 1, 1 + 1 = 2 \cdot 1, 1 + 1 + 1 = 3 \cdot 1, \ldots, (p-1) \cdot 1$, und diese Untermenge ist bez. Addition und Multiplikation isomorph zu $\mathbb{F}_p$. Wir halten damit fest:

Lemma 5.3. *Jeder Körper der Charakteristik p enthält $\mathbb{F}_p$ als Unterkörper.*

Wir können noch mehr zeigen: Da für alle Elemente a aus $\mathbb{F}_p^\times$ die Gleichung $a^{p-1} = 1$ gilt, so sind sie Nullstellen des Polynoms $x^{p-1} - 1$. Weitere Nullstellen kann es nicht geben, da das Polynom den Grad $p - 1$ besitzt. Damit ist gezeigt:

Satz 5.4. *Die einzigen Elemente in einem Körper K der Charakteristik p, für die $a^p = a$, sind die Elemente des Teilkörpers $\mathbb{F}_p$.*

Sei K ein endlicher Körper der Charakteristik p, der neben $\mathbb{F}_p$ noch ein weiteres Element a enthält. a erfüllt nach dem Satz von Lagrange aus der Gruppentheorie die Gleichung $a^{k-1} = 1$, wenn $k = |K|$. Das Polynom $r(x) = x^{k-1} - 1 \in \mathbb{F}_p[x]$ besitzt demnach a als Nullstelle. Damit muss aber ein über $\mathbb{F}_p$ irreduzibler Faktor dieses Polynoms, den wir o.B.d.A. als monisch ansehen dürfen, a als Nullstelle besitzen. Dieser Faktor ist nach dem Lemma 5.1 das Minimalpolynom $p(x)$ von a bez. $\mathbb{F}_p$. K enthält also a und in ihm gilt die Relation $p(a) = 0$. Daher enthält K den Körper $\mathbb{F}_p(a)$ als Teilkörper.

Wenn a ein primitives Element ist, so ist trivialerweise $K \subset \mathbb{F}_p(a)$. Damit gilt:

Satz 5.5. *Sei K ein endlicher Körper der Charakteristik p und a ein primitives Element. Dann ist*

$$K = \mathbb{F}_p(a).$$

Für zwei primitive Elemente a und b gilt demnach

$$\mathbb{F}_p(a) = \mathbb{F}_p(b).$$

Beachte jedoch, dass die Minimalpolynome $p(x)$ von a und $q(x)$ von b i.Allg. nicht übereinstimmen. Schreiben wir die Elemente als Polynome in a, so müssen wir modulo $p(a)$ reduzieren, schreiben wir sie als Polynome in b, so müssen wir modulo $q(b)$ reduzieren. Im Grunde haben wir es hier mit einer Isomorphie

$$\mathbb{F}_p[x]/(p(x)) \simeq \mathbb{F}_p[x]/(q(x))$$

zu tun.

5.2.4 Isomorphismen endlicher Körper

Alle endlichen Körper entstehen also als Erweiterungskörper eines geeigneten $\mathbb{F}_p$. Solch ein Körper besitzt dann $q = p^f$ Elemente, für ein geeignetes $f \in \mathbb{N}$. Seien $\mathbb{F}_p(a)$ und $\mathbb{F}_p(b)$ Körper mit $q = p^f$ Elementen, a, b primitive Elemente, $p(x)$ das Minimalpolynom von a sowie $q(x)$ das Minimalpolynom von b. Wir wollen einen Isomorphismus zwischen diesen beiden Körpern konstruieren.

Alle Elemente von $\mathbb{F}_p(a)^\times$ und alle Elemente von $\mathbb{F}_p(b))^\times$ sind Nullstellen des Polynoms $g(x) = x^{p^f-1} - 1$. Über $\mathbb{F}_p(a)$ erhalten wir daher die Zerlegung

$$g(x) = (x - a)(x - a^2)...(x - a^{p^f-1}) \tag{5.1}$$

und über $\mathbb{F}_p(b)$ entsprechend

$$g(x) = (x - b)(x - b^2)...(x - b^{p^f-1}). \tag{5.2}$$

Achtung: Diese Zerlegungen sind über unterschiedlichen Körpern, und wir können sie nicht einfach gleichsetzen und folgern, dass die Linearfaktoren in den Zerlegungen übereinstimmen.

Insbesondere ist aber $g(a) = 0$ und $g(b) = 0$. Also sind die Minimalpolynome von a und b wegen Lemma 5.1 Teiler von $g(x)$. Da beide über $\mathbb{F}_p$ irreduzibel sind, stimmen sie entweder überein oder ihr ggT ist gleich 1. Über $\mathbb{F}_p$ gilt daher auf Grund des Lemmas von Euklid für Polynome

$$g(x) = p(x)q(x)r(x)$$

oder

$$g(x) = p(x)r(x)$$

mit einem geeigneten $r(x) \in \mathbb{F}_p[x]$. In jedem Fall gilt dann wegen (5.2) über $FF_p(b)$ die Zerlegung

$$p(x) = (x - b^{d_1}) \ldots (x - b^{d_f})$$

mit geeigneten Exponenten $d_1, \ldots, d_f$.

Insbesondere ist
$$p(b^{d_1}) = 0.$$

Wir zeigen nun, dass sich die Abbildung

$$w : \quad \mathbb{F}_p[a] \quad \mapsto \quad \mathbb{F}_p[b]$$
$$r(a) \quad \mapsto \quad r(b^{d_1}),$$

zu einem Körperisomorphismus $\mathbb{F}_p(a) \mapsto \mathbb{F}_p(b)$ erweitern lässt.

Wir wissen, dass ein Körperhomomorphismus bereits injektiv sein muss. Da es sich bei $\mathbb{F}_p(a)$ und $\mathbb{F}_p(b)$ um endliche Körper mit der gleichen Anzahl von Elementen handelt, ist eine injektive Abbildung auch bijektiv, ein Körperhomomorphismus zwischen diesen beiden Körpern also automatisch ein Isomorphismus.

Zu zeigen ist also nur die Homomorphieeigenschaft von w. Für zwei Polynome $r, s \in \mathbb{F}_p[x]$ gilt

$$w((r + s)(a)) = (r + s)(b^{d_1}) = r(b^{d_1}) + s(b^{d_1}) = w(r(a)) + w(s(a))$$

$$w((r \cdot s)(a)) = (r \cdot s)(b^{d_1}) = r(b^{d_1}) \cdot s(b^{d_1}) = w(r(a)) \cdot w(s(a)).$$

w erfüllt also die Homomorphieeigenschaft, allerdings als Abbildung auf $\mathbb{F}_p[a]$. Damit w sich zu einem Homomorphismus auf $\mathbb{F}_p(a)$ fortsetzen lässt, muss sichergestellt sein, dass für beliebige Poynome r, s gilt

$$w((r(a) + s(a) \cdot p(a)) = w(r(a)),$$

da $r(a)$ und $r(a) + s(a)p(a)$ dasselbe Element in $\mathbb{F}_p(a)$ darstellen. (Dort ist $p(a)$ gerade Null.)

Wegen der Homomorphieeigenschaft von w auf $\mathbb{F}_p[a]$ reicht es, $w(p(a)) = 0$ zu zeigen. Dies gilt aber, da $w(p(a)) = p(b^{d_1}) = 0$. Damit haben wir gezeigt, was wir zeigen wollten, nämlich

Satz 5.6. *Je zwei endliche Körper mit der gleichen Anzahl von Elementen sind isomorph.*

Wir wollen es abschließend noch einmal betonen: Die nahe liegende Idee, $\mathbb{F}_p(a)$ durch $a \to b$ auf $\mathbb{F}_p(b)$ abzubilden, funktioniert i.Allg. nicht.

Bemerkung: Wir haben bisher oft benutzt, dass sich jeder endliche Körper als Erweiterung $\mathbb{F}_p(a)|\mathbb{F}_p$ mit einem primitiven Element a schreiben lässt. Dies ist jedoch nicht notwendig so. Wenn $\mathbb{F}_q = \mathbb{F}_p(b)$, dann ist b nicht notwendig auch ein primitives Element.

Wir wählen z.B. das über $\mathbb{F}_3$ irreduzible Polynom $p(x) = x^2 + 1$. Sei a formale Nullstelle dieses Polynoms, dann ist $\mathbb{F}_3(a)$ ein Körper mit 9 Elementen, aber es gilt $a^4 = 1$, das Element a kann daher nicht erzeugendes Element von $\mathbb{F}_3(a)^\times$ sein. Ein primitives Element ist in diesem Beispiel das Element $a + 2$. (Nachrechnen!)

5.2.5 Existenz von Körpern mit p^f Elementen

Wir kommen zu der dritten eingangs gestellten Frage: Gibt es zu jeder Charakteristik p und $f \in \mathbb{N}$ einen Körper mit p^f Elementen?

Wir beantworten diese Frage, indem wir zeigen, dass es zu jedem $p \in \mathbb{P}$ und $f \in \mathbb{N}$ ein irreduzibles monisches Polynom vom Grad f über $\mathbb{F}_p$ gibt.

Wir beginnen mit $f = 1$. Alle möglichen monischen Polynome sind von der Form $(x - a)$ für $a \in \mathbb{F}_p$ und damit irreduzibel. Die reduziblen Polynome vom Grad 2 sind Produkte aus den Linearfaktoren $(x - a)(x - b)$. Es gibt $\frac{p(p-1)}{2}$ solche Produkte mit $a \neq b$ und p Produkte mit $a = b$. Insgesamt also $\frac{p(p+1)}{2}$ Produkte. Insgesamt gibt es offensichtlich p^2 Polynome der Form $x^2 + gx + h$. Es muss also $\frac{2p^2 - p(p+1)}{2} = \frac{p^2 - 1}{2}$ irreduzible geben.

Somit wissen wir schon einmal, dass es für beliebiges $p \in \mathbb{P}$ Körper mit p^2 Elementen gibt. Aber für $f > 2$ wird das oben praktizierte Abzählen der reduziblen Polynome deutlich aufwendiger. Es geht jetzt darum, eine geeignete Strategie für dieses Abzählen zu finden. Eine elegante Methode aus dem Bereich der Kombinatorik zur Ermittlung rekursiver oder auch geschlossener Anzahlformeln ist die Methode der erzeugenden Funktionen. Wir wollen diese Methode hier nicht allgemein beschreiben, sondern wählen einen ad-hoc-Zugang zu unserem Problem, bei dem die Vorgehensweise aber den Ideen der erzeugenden-Funktionen-Methode folgt.

Wir beginnen mit einer Vorüberlegung. Angenommen, wir wollen aus gegebenen n_k monischen aber nicht notwendig irreduziblen Polynomen vom Grad k, $k = 1, \ldots, g$, Polynome vom Grad $h \geq g$ zusammensetzen. $\{A_i\}$ sei die Menge der Polynome vom Grad 1, $\{B_i\}$ die Menge der Polynome vom Grad 2, usw.

Für ein Beispiel wählen wir $n_1 = 2$, $n_2 = 1$, $n_3 = 1$, $n_4 = 1$. Wir haben die Polynome A_1, A_2, B_1, C_1, D_1. Die möglichen Polynome vom Grad 5, die aus diesen Polynomen gebildet werden können, sind die Polynome

$$A_1^5, \ A_2^5, \ A_1 A_2^4, \ A_1^2 A_2^3, \ A_1^3 A_2^2, \ A_1^4 A_2,$$

$$B_1 A_1^3, \ B_1 A_2^3, \ B_1^2 A_1, \ B_1^2 A_2,$$

$$C_1 A_1 A_2, \ C_1 B_1, \ D_1 A_1, \ D_1 A_2.$$

Die folgende Beobachtung liefert die Schlüsselidee für unsere Strategie: Diese Ausdrücke entstehen als die Polynome fünften Grades, die beim Ausmultiplizieren von

$$(1 + A_1 + A_1^2 + \ldots + A_1^5)(1 + A_2 + A_2^2 + \ldots + A_2^5)(1 + B_1 + B_1^2)(1 + C_1)(1 + D_1)$$

entstehen.

Wir können stattdessen das einfachere Produkt

$$(1 + x + x^2 + \ldots + x^5)(1 + x + x^2 \ldots + x^5)(1 + x^2 + x^4)(1 + x^3)(1 + x^4)$$

betrachten, bei dem jedes Polynom k-ten Grades durch das Monom x^k ersetzt wurde. Nach dem Ausmultiplizieren dieses Produkts entsteht das Polynom

$$1 + a_1 x + a_2 x^2 + ..a_5 x^5 + ...x^{21}$$

und der Koeffizient a_5 ist gleich der Anzahl der obigen Summanden, also der Zahl der möglichen Polynome fünften Grades, die man aus den vorgegebenen durch Multiplikation erzeugen kann. Warum dies so ist, sollte klar sein !?

Zwei Überlegungen folgen:

1. Anstelle von $(1 + x + x^2 + x^3 + x^4 + x^5)$ hätten wir auch eine längere Summe $(1 + x + x^2... + x^l)$, $l > 5$ nehmen können, entsprechend für die anderen Faktoren. Die Summanden mit den höheren Potenzen verändern den Koeffizienten vor x^5 nicht mehr.

2. Es bietet sich daher sogar an, bei den Faktoren zu den geometrischen Reihen

$$(1 + x^g + x^{2g}...) = \sum_{l=0}^{\infty} x^{lg}$$

überzugehen, und damit diese auch konvergieren und wir mit ihnen in der gewohnten Weise rechnen können, setzen wir $|x| < 1$ voraus.

Zurück zu unserem Ausgangsproblem. Wir halten $p \in \mathbb{P}$ fest und bezeichnen mit $I(g)$ die Anzahl irreduzibler monischer Polynome über $\mathbb{F}_p$ vom Grad g. Wir bilden formal das unendliche Produkt

$$(1 + x + x^2 + ...)^{I(1)} (1 + x^2 + x^4 + ...)^{I(2)} ... (1 + x^g + x^{2g} + ...)^{I(g)} ...$$

wobei wir für jedes irreduzible Polynom vom Grad g stellvertretend den Faktor $(1 + x^g + x^{2g} + ...)$ aufgenommen haben. Nach dem Ausmultiplizieren ergibt sich eine (zunächst) formale Potenzreihe $\sum_{l=0}^{\infty} a_l x^l$, deren Koeffizient a_l gerade die Anzahl aller möglichen Polynome über $\mathbb{F}_p$ vom Grad l ist. Dies folgt mit der gleichen Argumentation wie in unserem Beispiel. Nimmt man nämlich alle möglichen Produkte aus irreduziblen Polynomen, so erhält man alle Polynome. Die Anzahl aller Polynome vom Grad l über $\mathbb{F}_p$ ist aber gleich p^l. Wir erhalten also die Gleichheit

$$\prod_{g=1}^{\infty} \left(\sum_{l=0}^{\infty} x^{lg} \right)^{I(g)} = \sum_{l=0}^{\infty} (px)^l.$$

Da die rechte Seite für $|x| < 1/p$ konvergiert, so gilt diese Gleichheit nicht nur formal, sondern als Gleichheit von Potenzreihen, die dann innerhalb ihres gemeinsamen Konvergenzradius analytische Funktionen darstellen. Das wird gleich noch von Bedeutung sein. Zunächst benutzen wir aber die Formel für die geometrische Reihe

$$\sum_{l=0}^{\infty} x^l = \frac{1}{1-x}$$

und erhalten aus der obigen Gleichung die Identität

$$\prod_{g=1}^{\infty}\left(\frac{1}{1-x^g}\right)^{I(g)}=\frac{1}{1-px}.$$

Diese Gleichung wollen wir zur Bestimmung von $I(g)$ nutzen. Da $I(g)$ als Exponent vorkommt, bietet sich Logarithmieren an:

$$\sum_{g=1}^{\infty}I(g)\log(1-x^g)=\log(1-px).$$

Der störende Logarithmus lässt sich durch Differenzieren beseitigen. (Man beachte, dass wir dies für $|x|<1/p$) gliedweise tun dürfen.) Multiplizieren wir beide Seiten anschließend noch mit x, so erhalten wir:

$$\sum_{g=1}^{\infty}gI(g)\frac{x^g}{1-x^g}=\frac{px}{1-px}.$$

Wir entwickeln wieder beide Seiten unter Benutzung der Formel für die geometrische Reihe in eine Potenzreihe. Dies ergibt

$$\sum_{g=1}^{\infty}\sum_{i=1}^{\infty}gI(g)x^{ig}=\sum_{l=1}^{\infty}(px)^l.$$

Jetzt vergleichen wir die l-ten Koeffizienten auf beiden Seiten. Auf der rechten Seite ist dies einfach p^l, auf der linken Seite wird es etwas komplizierter. Dazu müssen wir alle Summanden $gI(g)x^{ig}$ mit $ig=l$ zusammenfassen. Das bedeutet aber, dass wir über alle Zerlegungen von l in zwei Faktoren summieren müssen, oder anders ausgedrückt, über alle Teiler g von l. Daher erhalten wir für den Koeffizienten von x^l den Ausdruck $\sum_{g|l}gI(g)$. Vergleichen wir diese beiden Koeffizienten von rechter und linker Seite, so ergibt sich als rekursiver Ausdruck für $I(l)$:

$$\sum_{g|l}gI(g)=p^l.$$

Es ist nun offensichtlich, dass wir $I(l)$ berechnen können, wenn wir $I(r)$ für alle $1\le r<l$ kennen. Für $l=1$ hatten wir bereits $I(1)=p$ und und daraus ergibt sich $I(2)=(p^2-p)/2$, was wir aber auch bereits bestimmt haben.

Beispiel: Wir betrachten als Grundkörper den Körper $\mathbb{F}_5$ mit 5 Elementen. Wir berechnen $I(4)$:

$$\sum_{g|4}gI(g)=I(1)+2I(2)+4I(4)=625.$$

Wir wissen bereits, dass $I(1)=5$, $I(2)=(5^2-5)/2=10$, also ist

$$I(4)=\frac{1}{4}(625-20-5)=150.$$

Wir wollen nun zeigen, dass $I(g) \geq 1$ für alle g. Hierzu beachten wir zunächst, dass aus der obigen Formel trivialerweise folgt

$$gI(g) \leq p^g.$$

Sei $I(l) = 0$ für ein $l > 0$. Dann ergibt sich

$$\sum_{g|l} gI(g) = \sum_{g|l, g \neq l} gI(g) \leq \sum_{g|l, g \neq l} p^g \leq p + p^2 + \ldots + p^{[l/2]}, \qquad (5.3)$$

wobei $[l/2]$ wie üblich die Gaußklammer bezeichnet, also die größte ganze Zahl kleiner oder gleich $l/2$. Die Summenformel für die geometrische Folge ergibt

$$1 + p + p^2 + \ldots + p^{[l/2]} = \frac{p^{[l/2]+1} - 1}{p - 1} \leq p^{[l/2]+1} < p^l$$

für $l > 2$. Setzen wir dies in (5.3) ein, so erhalten wir

$$\sum_{g|l} gI(g) < p^l$$

und dies ist ein Widerspruch. Also kann $I(l)$ auch für $l > 2$ nicht verschwinden. Das bedeutet, dass es zu jedem $l \in \mathbb{N}$ ein irreduzibles Polynom über $\mathbb{F}_p$ vom Grad l geben muss.

Wir haben bewiesen:

Satz 5.7. *Zu jedem $p \in \mathbb{P}$ und $f \in \mathbb{N}$ gibt es einen Körper mit p^f Elementen.*

Da wir bereits gezeigt haben, dass alle Körper mit p^f Elementen untereinander isomorph sind sprechen wir auch von dem Körper mit p^f Elementen und benutzen die Bezeichnung $\mathbb{F}_{p^f}$.

Unsere drei anfangs gestellten Fragen haben wir damit hinreichend beantwortet.

5.3 Weitere Eigenschaften endlicher Körper

5.3.1 Die Automorphismengruppe

Um sämtliche Isomorphismen zwischen zwei Körpern L und K zu bestimmen, reicht es aus, einen Isomorphismus von L nach K und sämtliche Isomorphismen des Körpers K auf sich zu kennen. Isomorphismen eines Körpers K auf sich heißen **Automorphismen** Die Isomorphismen zwischen L und K ergeben sich als Verkettung des ausgezeichneten Isomorphismus mit den Automorphismen von K.

Seien $K|\mathbb{F}_p$ und $L|\mathbb{F}_p$ zwei Körpererweiterungen vom Grad f. Wir haben gesehen, dass man diese Körpererweiterungen durch Adjunktion eines erzeugenden Elementes erhalten kann: $K = \mathbb{F}_p(a)$, $L = \mathbb{F}_p(b)$. Ist b^d Nullstelle des Minimalpolynoms von a, so ist durch

$$w(a) = b^d$$

ein Isomorphismus $w : K \to L$ festgelegt. Wir untersuchen die Automorphismen von K.

Lemma 5.4. *Die Automorphismen eines Körpers bilden eine Gruppe.*

Beweis. Der Beweis ist eine leichte Übungsaufgabe.   □

Als Körperisomorphismus besitzt jeder Automorphismus w die Eigenschaften
1. $w(0) = 0$
2. $w(1) = 1$
3. $w(n \cdot 1) = w(1 + \ldots + 1) = w(1) + \ldots + w(1) = n \cdot 1$.

Hieraus folgt sofort, dass $w(r) = r$ für $r \in \mathbb{F}_p$ und daher

$$w(r_n a^n + r_{n-1} a^{n-1} + \ldots + a_0) = r_n w(a)^n + r_{n-1} w(a)^{n-1} + \ldots + r_0 \tag{5.4}$$

also $w(q(a)) = q(w(a))$ für $q \in \mathbb{F}_p[a]$. Ist c irgendein Körperelement und $q(x)$ sein Minimalpolynom. Wegen $q(c) = 0$ folgt hieraus

$$0 = w(q(c)) = q(w(c)).$$

Wir halten fest:

Lemma 5.5. *Sei $W : K \to K$ ein Körperautomorphismus und $c \in K$. Dann ist $w(c)$ eine konjugierte Nullstelle von c.*

Eine Schlüsselrolle bei der Suche nach Automorphismen spielt die sogenannte **Frobenius-Abbildung** von $\mathbb{F}_p(a)|\mathbb{F}_p$:

$$Frob : x \mapsto x^p.$$

Seine Bedeutung verdankt der Frobenius der für alle $x, y \in \mathbb{F}_p$ gültigen Beziehung

$$(x + y)^p = x^p + y^p. \tag{5.5}$$

(5.5) gilt, da die Binomialkoeffizienten $\begin{pmatrix} p \\ k \end{pmatrix}$ für $1 \leq k \leq p - 1$ durch p teilbar sind und damit die in der binomischen Formel noch auftretenden Summanden $\begin{pmatrix} p \\ k \end{pmatrix} x^k y^{p-k}$ in einem Körper der Charakteristik p sämtlich verschwinden. Zusammen mit der trivialen Eigenschaft

$$(xy)^p = x^p y^p$$

macht dies den Frobenius zu einem Körperhomomorphismus und damit automatisch zu einem Automorphismus.

Auch die mehrfache Anwendung $Frob^{(i)} : a \to a^{p^i}$ ist wegen Lemma 5.4 wieder ein Automorphismus.

Für ein primitives Element a sind die Elemente a, a^p, a^{p^2},...,$a^{p^{f-1}}$ paarweise verschieden, für $Frob^{(0)} = Id$, $Frob$, $Frob^{(2)}$, ..., $Frob^{(f-1)}$ gilt dies demnach auch. Da wegen Lemma 5.5. die Elemente a^{p^i} Konjugierte von a sind und das Minimalpolynom von a den Grad f hat, kann es keine weiteren Konjugierten geben und damit auch keine weiteren Automorphismen außer den Potenzen des Frobenius. Wir haben gezeigt:

Satz 5.8. *Sei $K|\mathbb{F}_p$ eine Körpererweiterung vom Grad f. Die Automorphismengruppe von K ist zyklisch von der Ordnung f mit dem Frobenius $x \mapsto x^p$ als erzeugendem Element. Die Konjugierten eines Körperelements c sind die Elemente c^{p^i}, $0 \le i \le f - 1$.*

Beispiel: Das Polynom $p(x) = x^3 + x + 1$ ist irreduzibel über $\mathbb{F}_5$. a sei eine Nullstelle. Die Konjugierten von a sind

$$a^5 = a^2(a^3) = a^2(-a-1) = -a^3 - a^2 = -a^2 + a + 1$$

und

$$a^{25} = -a^{10} + a^5 + 1 = -(a^5)^2 + a^5 + 1 = 4a^2 + 3a + 3.$$

(Nachrechnen!)

Die Gleichung (5.5) besitzt eine weitere interessante Konsequenz:

Satz 5.9. *In einem endlichen Körper der Charakteristik p besitzt jedes Element eine p-te Wurzel.*

Beweis. Der Frobenius $x \to x^p$ ist als Körperautomorphismus bijektiv, damit existiert die Umkehrabbildung. □

5.3.2 Erweiterungen von $\mathbb{F}_{p^f}$

Genauso wie wir $\mathbb{F}_p$ durch Adjunktion einer Nullstelle a zu $\mathbb{F}_p(a) = \mathbb{F}_q$, $q = p^f$ erweitert haben, können wir zu einer solchen Erweiterung wieder die formale Nullstelle b eines diesmal aber über $\mathbb{F}_q$ irreduziblen Polynoms $q(x) \in \mathbb{F}_q[x]$ vom Grad g adjungieren und erhalten dann den Körper $\mathbb{F}_q(b) = \mathbb{F}_{q^g} = \mathbb{F}_{p^{fg}}$. Aus den vorherigen Überlegungen wissen wir bereits, dass diese Erweiterung auch in einem Schritt ausgehend von $\mathbb{F}_p$ hätte durchgeführt werden können. Es kann aber nützlich sein, eine Körpererweiterung als Ergebnis mehrerer aufeinander folgender Körpererweiterungen zu betrachten.

Im Falle einer Erweiterung $\mathbb{F}_{q^g}|\mathbb{F}_q$ interessiert dann statt der gesamten Automorphismengruppe von $\mathbb{F}_{q^g}$ diejenige Untergruppe hiervon, die genau die Elemente des Grundkörpers $\mathbb{F}_q$ fest lässt. Mit den obigen Methoden lässt sich vollständig analog zeigen, dass es sich hierbei um die von $a \to a^{p^f} = a^q$ erzeugte Untergruppe handelt. Wir bezeichnen diese Abbildung wieder als Frobenius-Abbildung.

Für eine Körpererweiterung $L|K$ ist die Untergruppe der Automorphismengruppe von L, die auf K als identische Abbildung operiert, von ausgezeichneter Bedeutung. Sie heißt auch die **Galoisgruppe** $\mathrm{Gal}(L|K)$ der Körpererweiterung $L|K$. Damit gilt:

Satz 5.10. *Sei* $\mathbb{F}_{q^g}|\mathbb{F}_q$ *eine endliche Körpererweiterung,* $q = p^f$. *Die Galoisgruppe* $\mathrm{Gal}(\mathbb{F}_q^g|\mathbb{F}_q)$ *ist zyklisch von der Ordnung* g *und wird durch den Frobenius erzeugt.*

5.3.3 Einheitswurzeln

Wir untersuchen zum Abschluss noch das Zerfällungsverhalten eines Polynoms $x^r - 1$, $r \in \mathbb{P}$ in Bezug auf einen Körper der Charakteristik p. Anders ausgedrückt, wir fragen nach der Existenz von Lösungen der Gleichung $x^r = 1$ in geeigneten Erweiterungskörpern von $\mathbb{F}_p$. Diese Lösungen nennt man r-te **Einheitswurzeln**. Der folgende Satz gibt hierauf eine Antwort. Er spielt eine wichtige Rolle im deterministischen Primzahltest von Akrawa, Kayal und Saxena.W, den wir im Kapitel über Primzahltests behandeln werden.

Satz 5.11. *Seien* r *und* p *Primzahlen sowie* d *die kleinste natürliche Zahl, so dass* $p^d \equiv 1 \,(\mathrm{mod}\, r)$. d *ist also die Gruppenordnung von* p *in* $\mathbb{Z}_r^\times$. *Dann ist jeder über* $\mathbb{F}_p$ *irreduzible Faktor von* $(x^r - 1)/(x - 1)$ *ein Polynom vom Grad* d.

Beweis. Nach Voraussetzung gilt $p^d = 1 + \lambda r$. $h(x)$ sei ein über $\mathbb{F}_p$ irreduzibler Faktor vom Grad k von $x^r - 1$ und a ein primitives Element von $\mathbb{F}_p[x]/(h(x)) = \mathbb{F}_{p^k}$, b eine Nullstelle von $h(x)$. Die Ordnung von a ist demnach $p^k - 1$ und es ist $a = s(b)$ mit einem Polynom $s(x) \in \mathbb{F}_p[x]$. Da b auch Nullstelle von $x^r - 1$ ist, so gilt $b^r = 1$. Damit erhalten wir

$$Frob^d(a) = a^{p^d} = s(b^{p^d}) = s(b \cdot b^{\lambda r}) = s(b) = a,$$

also

$$a^{p^d - 1} = 1.$$

Dies impliziert $(p^k - 1)|(p^d - 1)$ und daraus folgt

$$k|d.$$

Die letzte Folgerung ist eine Übungsaufgabe für den Leser.

Aus $b^r = 1$ folgt, da r eine Primzahl ist und damit die Ordung von b in $\mathbb{F}_{p^k}^\times$ sein muss, auch $r|(p^k - 1)$. Das bedeutet $p^k \equiv 1 \,(\mathrm{mod}\, r)$ und für die Ordnung d von p in $\mathbb{Z}_r^\times$ gilt daher

$$d|k.$$

Insgesamt folgt $k = d$ und die Behauptung ist bewiesen. $\qquad\square$

Wir erhalten als Folgerung

Korollar 5.1. *Ist $2^f - 1$ eine Primzahl, so besitzt das Polynom $x^{2^f-1} - 1$ außer dem Faktor $x - 1$ über $\mathbb{F}_2$ nur irreduzible Faktoren vom Grad f.*

Beispiele: Man betrachte das Polynom $x^7 - 1 = (x - 1)(x^6 + x^5 + x^4 + x^3 + x^2 + x + 1)$ über $\mathbb{F}_2$. Es ist $2^3 \equiv 1 \pmod{3}$, also muss jeder irreduzible Faktor von $x^6 + x^5 + x^4 + x^3 + x^2 + x + 1$ den Grad 3 besitzen. Insbesondere kann dieses Polynom selbst nicht irreduzibel sein. Wir erhalten in der Tat

$$x^6 + x^5 + x^4 + x^3 + x^2 + x + 1 = (x^3 + x^2 + 1)(x^3 + x + 1).$$

5.4   Aufgaben

5.4.1 Geben Sie eine Realisierung für den Körper mit 27 Elementen.

5.4.2 Bestimmen Sie im Körper mit 27 Elementen alle primitiven Elemente.

5.4.3 Zeigen Sie, dass für beliebiges $a \in \mathbb{F}_p(b)$ die Potenzen a^{p^i} vermöge

$$a^{p^i} \odot a^{p^k} := a^{p^{i+k}}$$

eine endliche Gruppe bilden.

5.4.4 Zeigen Sie, dass $q(x) = x^4 + 2$ ein irreduzibles Polynom in $\mathbb{F}_5[x]$ ist.

5.4.5 Konstruieren Sie einen Isomorphismus zwischen $\mathbb{F}_5[x]/(p(x))$ und $\mathbb{F}_5[x]/(q(x))$, wo $q(x) = x^4 + 2$ und $p(x) = x^4 + x^2 + x + 1$.

5.4.6 Faktorisieren Sie das Polynom $x^7 - 1$ über $\mathbb{F}_{11}$ und $\mathbb{F}_{13}$.

5.4.7 Faktorisieren Sie das Polynom $x^5 - 1$ über $\mathbb{F}_5$ und $\mathbb{F}_{25}$.

5.4.8 Bestimmen Sie eine Körpererweiterung von $\mathbb{F}_2$, in der $x^{23} = 1$ mindestens zwei Lösungen besitzt.

5.4.9 Zeigen Sie: Aus $(p^k - 1)|(p^d - 1)$ folgt $k|d$.

6

Grundbegriffe der Kryptologie

Kryptologie ist umgangssprachlich formuliert die Lehre von den Geheimschriften. Häufig wird auch synonym der Begriff Kryptographie verwandt. Wir wollen hier allerdings die Kryptographie als diejenige Teildisziplin der Kryptologie ansehen, die sich mit dem Entwerfen von Kryptosystemen beschäftigt und unterscheiden diese von der Kryptanalyse, die als deren Gegenpart sich dem 'Brechen' von Kryptosystemen widmet. Die Kryptanalyse ist hierbei nicht etwa als eine eher zweifelhafte Aktivität zwielichtiger Elemente zu sehen, sondern als seriöse Tätigkeit, die Kryptosysteme auf ihre Güte hin untersucht und ohne die die moderne Kryptologie gar nicht denkbar wäre.

Lange Zeit war die Kryptologie im militärischen Bereich und im Umfeld von Geheimdiensten angesiedelt, heute spielt sie in immer stärkeren Maße eine gewichtige Rolle im Geschäftsverkehr, vornehmlich durch die verstärkte Nutzung elektronischer Medien zur Datenübertragung.

6.1 Kryptographie

Die moderne Kryptographie definiert drei Hauptziele für sicheren Datenverkehr:

- Vertraulichkeit: Nachrichten sollen von Unbefugten nicht gelesen werden können.
- Integrität: Nachrichten sollen nicht unbemerkt verfälscht werden können.
- Authentizität: Die Echtheit des Absenders soll überprüfbar sein.

Die Umsetzung dieser Ziele in kryptographische Verfahren findet ihre Entsprechung u.a. in den Begriffen

- Chiffrieralgorithmen
- Hashfunktionen
- digitale Signaturen.

6.1.1 Chiffrieralgorithmen

Ein **Chiffrieralgorithmus** oder **Chiffre** ist ein Verfahren, das in Abhängigkeit von einem **Schlüssel** K_e aus einem **Klartext** einen **Chiffretext** erstellt. Der Chiffretext sollte idealerweise keinerlei Rückschlüsse auf den Klartext erlauben.

Ein **Dechiffrieralgorithmus** ist ein Verfahren, das aus dem Chiffretext in Abhängigkeit von einem zu K_e passenden Schlüssel K_d den Klartext berechnet.

Etwas mathematischer formuliert: Sei A ein Alphabet und A^* die Menge aller Worte über diesem Alphabet. Außerdem sei $\mathcal{K}$ eine beliebige Menge, deren Elemente Schlüssel heißen. Chiffrieralgorithmus E und Dechiffrieralgorithmus D sind dann Abbildungen

$$D, E : A^* \times \mathcal{K} \mapsto A^*,$$

und D dechiffriert E, wenn es eine Funktion

$$f : \mathcal{K} \to \mathcal{K}$$

gibt derart, dass für jeden Text $P \in A^*$ und Schlüssel $K_e \in \mathcal{K}$

$$D(E(P, K_e), f(K_e)) = P.$$

Während in jedem Fall der zum Entschlüsseln notwendige Schlüssel $K_d = f(K_e)$ (und eventuell auch K_e) geheim zu halten ist, gilt dies nicht für das Verfahren selbst. Unter Kryptologen gilt vielmehr der folgende Grundsatz

Prinzip von Kerckhoffs (1835–1903): *Die Sicherheit eines Kryptosystems darf nicht von der Geheimhaltung des Algorithmus abhängen. Die Sicherheit gründet sich allein auf die Geheimhaltung des Schlüssels.*

Je nachdem, ob neben K_d auch K_e geheimzuhalten ist, unterscheiden wir zwei verschiedene Typen von Kryptosystemen: symmetrische und asymmetrische.

6.1.2 Symmetrische Verschlüsselung

Bis 1977 gab es ausschließlich **symmetrische Chiffren**. Wir sprechen von einer symmetrischen Chiffre, wenn die Funktion f mit $K_d = f(K_e)$ bekannt und 'effektiv' zu berechnen ist. In diesem Fall muss unbedingt auch K_e geheim bleiben. Eine Funktion ist dann nicht effektiv berechenbar, wenn sich die Berechnung nach dem jeweils aktuellen Stand der Technik und des Wissens nicht in einer angemessenen Zeit durchführen lässt.

Meist hängt dies damit zusammen, ob polynomiale Algorithmen zur Lösung des fraglichen Problems existieren oder nicht. Vergl. hierzu auch das Kapitel über Komplexität. Gerät daher der Schlüssel K_e bei einem symmetrischen Verfahren in unbefugte Hände, so ist der Datenverkehr nicht mehr sicher. Sendet A(lice) eine Nachricht an B(ob), so muss sie dies auf einem sicheren Kanal tun, vergl. Abb. 6.1

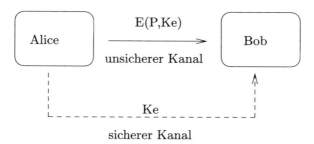

Abbildung 6.1: Symmetrische Verschlüsselung

6.1.3   Asymmetrische Verschlüsselung

1976 schlugen Whitfield Diffie und Martin Hellmann in [18] ein Protokoll für eine **asymmetrische Chiffre** vor. Eine asymmetrische Chiffre soll die Eigenschaft haben, dass die Funktion f, die den Schlüssel zum Entschlüsseln dem zum Verschlüsseln benutzten zuordnet, $K_d = f(K_e)$, ohne gewisse geheime Zusatzinformationen nicht effektiv berechnet werden kann.

Diese Zusatzinformationen müssen zwischen Sender und Empfänger aber nicht ausgetauscht werden, es ist vollkommen ausreichend, wenn der Empfänger der Nachricht diese kennt. Er ist dann der einzige, der K_d aus K_e berechnen kann. Daher darf K_e auch öffentlich sein, er heißt der **öffentliche** Schlüssel. K_d heißt **privater** Schlüssel.

Man nennt asymmetrische Verfahren daher auch **public-key**-Verfahren. Bei einem asymmetrischen Verfahren ist die Funktion $f : K_e \rightarrow K_d$ eine **Einwegfunktion**, bzw. eine **Einweg-Falltürfunktion**. Einwegfunktionen nennt man bijektive Funktionen E, für die sich der Funktionswert $y = E(x)$ mithilfe eines schnellen Algorithmus aus x berechnen lässt, die Berechnung von $x = E^{-1}(y)$ aber effektiv nicht durchführbar ist. Eine Einweg-Falltürfunktion ist eine Einwegfunktion, bei der nur gewisse Zusatzinformationen die effektive Berechnung von $x = E^{-1}(y)$ ermöglichen.

Einweg-Falltürfunktionen sind nicht so selten, wie man vielleicht denkt. Wir werden im Folgenden einige kennen lernen. Der größte Teil solcher Funktionen stammt aus dem Fundus der reinen Mathematik, der Algebra und der Zahlentheorie, und dies ist wohl auch der Grund, warum die Kryptologie seit 1976 immer mehr zu einer ernst zu nehmenden Wissenschaft wurde. Asymmetrische Kryptologie ist (zur Zeit) ohne Mathematik nicht denkbar, moderne Datenkommunikation wiederum nicht ohne asymmetrische Kryptographie.

Eine asymmetrische Chiffre kommt ohne den Austausch eines geheimen Schlüssels zwischen den Kommunikationspartnern aus. Man muss lediglich den öffentlichen Schlüssel des Kommunikationspartners kennen. Konkret lässt sich die Schlüsselverwaltung über eine Liste der Kommunikationsteilnehmer ähnlich einem Telefonbuch realisieren. Hierbei besitzt jeder Teilnehmer T ein eigenes Schlüsselpaar (T_e, T_d), wobei T_e der öffenliche Schlüssel und T_d der private Schlüssel ist. T_e ist in der Liste eingetragen und allen Teilnehmern bekannt, während T_d nur der Teilnehmer selber kennt. Die konkrete Verwaltung der Schlüssel stellt einen Problemkreis für sich dar, auf den wir hier aber nicht näher eingehen wollen.

Ein Nachteil asymmetrischer Verfahren ist, dass sie in der Regel sehr viel langsamer sind als symmetrische Verfahren, und es wäre sehr zeitintensiv, mit ihnen lange Nachrichten zu verschlüsseln. Daher benutzt man häufig für die eigentliche Verschlüsselung einen symmetrischen Algorithmus und nur für den Austausch des geheimen Schlüssels, dieser Achillesferse der symmetrischen Verschlüsselung, verwendet man eine asymmetrische Chiffrierung. Ein solches Verfahren nennt man **hybrid**.

Eine Möglichkeit für einen sicheren Schlüsselaustausch, welches auch auf einem asymmetrischen Verfahren beruht, aber ohne eine vorher zu erstellende Liste von Kommunikationsteilnehmern auskommt, bietet das **Diffie-Hellman-Schlüsselaustausch-Protokoll**, das wir noch kennenlernen werden.

1977 präsentierten Rivest, Shamir und Adleman, vergl. [44] die erste asymmetrische handhabbare Chiffre. Ihr Algorithmus ist heute bekannt unter der Abkürzung **RSA** und mittlerweile der populärste Vertreter der asymmetrischen Chiffrieralgorithmen.

Neuere Entwicklungen im Bereich der asymmetrischen Verfahren sind gegeben durch die von Jacques Patarin 1996 veröffentlichten **HFE**-Kryptosysteme [41], die eine Weiterentwicklung eines 1985 von H. Imai und T. Matsumoto [24] vorgestellten Verfahrens darstellen, sowie die von T. Moh [38] entwickelte tame transformation method' **TTM**. Diese Verfahren sind wesentlich schneller als RSA.

6.1.4 Hashfunktionen

Hashfunktionen heißen auch kryptologische Prüfsummen, und damit ist bereits viel gesagt. Ein an die Nachricht angehängter Hashwert soll verhindern, dass die Nachricht unbemerkt verfälscht werden kann.

Eine Hashfunktion H erzeugt aus mehreren Tausend Bit langen Nachrichten einen i.d.R. 128 bis 256 langen Bitwert, und es werden folgende Anforderungen an sie gestellt:

1. Es soll effektiv unmöglich sein, zwei Nachrichten mit demselben Hashwert zu erzeugen (Resistenz gegenüber Kollisionen).

2. Es soll effektiv unmöglich sein, von einem gegebenen Hashwert auf die Nachricht zurückzuschließen.

Diese Eigenschaften werden von Einwegfunktionen ebenfalls erfüllt. Eine Hashfunktion kann jedoch nicht bijektiv sein, da sie lange Nachrichten auf einen kurzen Bitwert abbildet.

Die Wahrscheinlichkeit, zwei Nachrichten mit demselben Hashwert zu erhalten, ist aber bei einer angenommenen Gleichverteilung der Hashwerte und bei einer Länge des Hashwertes von h bit gerade 2^{-h} und ist für $128 \leq h$ daher extrem gering. Die verwendeten Hashfunktionen sind öffentlich bekannt. Erhält Bob eine verschlüsselte Nachricht $E(P)$ von Alice mit angehängtem Hashwert $H(P)$, so vergleicht er diesen Hashwert nach der Entschlüsselung von $E(P)$ mit dem Hashwert der nach der Entschlüsselung erhaltenen Nachricht P'. Falls $H(P) = H(P')$, so kann er mit einer Irrtumswahrscheinlichkeit von 2^{-h} davon ausgehen, dass $P = P'$.

6.1.5   Authentifizierung, digitale Signatur

Hashfunktionen kommen auch im Zusammenhang mit Verfahren zur **Authentifizierung** zum Zuge. Unter Authentifizierung versteht man das Erbringen des Nachweises der Berechtigung zu einer gewissen Aktion einem i.d.R. elektronischen Medium gegenüber.

Im einfachsten Fall geschieht dies über ein Passwort. Ein Problem ist die sichere Speicherung des Passworts. Das Passwort-Login unter Unix benutzt deshalb eine Hashfunktion. Nicht das Passwort, sondern das gehashte Passwort wird im Rechner gespeichert und die Passwortdatei muss daher nicht geschützt werden. Gibt der Benutzer sein Passwort ein, so wird dieses zuerst gehasht und anschließend mit dem gespeicherten Hashwert verglichen.

Hashfunktionen, die die Möglichkeit bieten, den Hashwert in Abhängigkeit von einem Schlüssel zu errechnen, nennt man **Message Authentication Codes** oder einfach **MAC**s.

Hashfunktionen können durch symmetrische Chiffren im sogenannten CFB-Modus erzeugt werden, vergl. das Kapitel über Chiffriermodi.

Zero-knowledge-Protokolle sind ebenfalls Verfahren zur Authentifizierung. Die Authentifizierung einer berechtigten Person erfolgt, ohne dass diese ihr Geheimnis, also z.B. ihr Passwort, preisgeben muss.

Digitale Signaturen dienen ebenfalls der Authentifizierung, zusätzlich bestätigen sie die Echtheit eines Dokuments.

Eine digitale Signatur ist eine elektronische Unterschrift, und als solche muss sie Fälschungssicherheit und Zuordnungsgewähr bieten: Keiner Person soll es möglich sein, fälschlicherweise für eine andere zu unterzeichnen, und die Unterschrift muss sich auch tatsächlich auf das vorliegende Dokument beziehen.

Das folgende Protokoll für eine digitale Signatur benutzt eine asymmetrische Chiffre mit der Eigenschaft $E = D$ (Chiffrier- und Dechiffrieralgorithmus stimmen überein) und $f = f^{-1}$. Letzteres bedeutet, dass der öffentliche Schlüssel zum Entschlüsseln benutzt werden kann, wenn mit dem geheimen Schlüssel verschlüsselt wurde.

Alice signiert ihre Nachricht P an Bob jetzt dadurch, dass sie diese zuerst mit ihrem geheimen(!) Schlüssel A_d und erst anschließend mit Bobs öffentlichem Schlüssel B_e verschlüsselt:

$$P \mapsto E(E(P, A_d), B_e).$$

Um die Nachricht lesen zu können, dechiffriert Bob zunächst mit seinem geheimen und anschließend mit Alices öffentlichen Schlüssel:

$$E(P, A_d) = E((E(P, A_d), B_d), B_e)$$

$$P = E(E(P, A_d), A_e).$$

Wenn die so entschlüsselte Nachricht sinnvollen Text enthält, so ist Bob überzeugt, dass nur Alice diese Nachricht verschickt haben kann, da ja nur sie ihren geheimen Schlüssel kennt. Und nur zu diesem passt ihr öffentlicher Schlüssel, mit dem Bob in diesem Fall statt zu verschlüsseln, entschlüsselt hat.

Da das asymmetrische Verschlüsseln der gesamten Nachricht, wie wir schon erwähnt haben, sehr zeitaufwendig ist, bietet sich auch hier der Einsatz einer Hashfunktion an. Anstatt die gesamte Nachricht zu signieren, unterschreibt Alice mit dem eben beschriebenen Verfahren nur den Hashwert der Nachricht und fügt diesen als Unterschrift der symmetrisch verschlüsselten Nachricht hinzu.

Natürlich kann sich bereits bei der Erstellung der Schlüsselliste jemand in betrügerischer Absicht für Alice ausgegeben haben. Dagegen bietet die digitale Signatur selbstverständlich keinen Schutz.

6.2 Kryptanalyse

Den Versuch, ein Kryptosystem zu brechen, nennt man einen **Angriff**. Die Kryptanalyse unterscheidet je nach Ausgangssituation für den Angreifer zwischen:

- **known ciphertext attack**: Große Mengen des Chiffretextes sind bekannt.

- **known-plaintext-attack**: Gewisse Teile von Klar- und zugehörigem Chiffretext sind bekannt. Der Angreifer hat aber keinen Einfluss auf die Auswahl des Klartextes.

- **chosen-plaintext-attack**: Der Angreifer kann selbst beliebige Klartexte auswählen und diese mit den zugehörigen Chiffretexten vergleichen.

Ein weiterer wichtiger Begriff ist der des **brute-force-attacks**. Ein Angriff, der wie es der Name schon suggeriert, aus dem einfachen Ausprobieren aller möglichen Schlüssel besteht.

Beim **man-in-the-middle-attack** gelingt es dem Angreifer, die von Alice versandte Nachricht abzufangen und sie an Bob in veränderter Form weiterzuleiten. Ein solcher Angriff kann auch Schaden anrichten, wenn der Angreifer die Nachricht gar nicht entschlüsseln kann. Beispielsweise könnte die eifersüchtige Catherine einen Brief verfassen, der Bob vorgaukelt, Alice wolle mit ihm Schluss machen. Hier sieht man die Bedeutung der Eigenschaften von Hashfunktionen, gegen Kollisionen immun zu sein. Könnte nämlich Catherine ihre Nachricht so verfassen, dass sie denselben Hashwert wie die Originalnachricht besitzt, so könnte sie die Originalsignatur von Alices Brief verwenden und Bob würde nichts merken.

Natürlich muss sie dazu den Hashwert der Originalnachricht kennen, wozu, da dieser ja verschlüsselt vorliegt, sie eigentlich Bobs geheimen Schlüssel braucht. Eine Möglichkeit für Catherine besteht darin, Alice dazu zu bringen, Bob eine signierte Nachricht zu senden, deren Wortlaut sie kennt, beispielsweise ein fingiertes Rundschreiben. Diese Nachricht fängt sie dann ab, benutzt deren Signatur sowie die gefälschte Nachricht mit demselben Hashwert.

Die Welt ist schlecht! Um so besser sollte die Hashfunktion sein.

Zum Abschluss noch eine Vokabel: Der **Wörterbuchangriff** wird eingesetzt, um Passwörter zu knacken. Wenn man Zugriff auf die Datei mit den verschlüsselten Passwörtern hat, so vergleicht man diese mit einer selbst erzeugten Datei gehashter, erfahrungsgemäß häufig benutzter Passworte. Vornamen der Kinder, der Frau, etc. kommen sehr viel häufiger vor als zufällige Buchstabenfolgen, und statt 10^{26} mögliche zufällige Wörter durchzuprobieren, benutzt man ein Wörterbuch mit vielleicht 10^5 Wörtern. Selbst der Duden enthält nur etwa $200.000 - 250.000$ Worte.

7

Klassische Chiffren

7.1 Transpositionschiffre, Skytale

Der älteste nachweisbare Chiffrieralgorithmus stammt aus Sparta, ca. 500 vor Chr.
Auf einen Zylinder, die sogenannte **Skytale**, wurde ein Papyrusstreifen gewickelt
und von links nach rechts beschrieben, vergl. Abb. 7.1. Nach dem Abwickeln ergab
dies, wie wir heute sagen würden, eine durch eine **Transposition** (Umstellung)
der Buchstaben entstandene verschlüsselte Nachricht. Chiffren, die die Reihenfolge
der Buchstaben im Klartext vertauschen, heißen **Transpositionschiffren**.

Die Entschlüsselung erfolgte durch Aufwickeln des Papyrusstreifens auf eine Skytale
mit demselben Durchmesser.

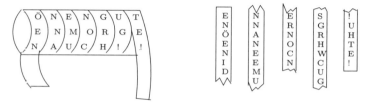

Abbildung 7.1: Skytale; rechts der abgerollte, in Stücke gerissene Papyrusstreifen

7.2 Substitutionschiffren

7.2.1 Monoalphabetische Substitution

Eine weitere einfache Verschlüsselungsform, die dem Geschichtsschreiber Sueton zufolge auf Caesar zurückgeht und daher **Caesar-Verschlüsselung** genannt wird, besteht in der Ersetzung eines Buchstabens des Klartextes durch den entsprechenden im zyklisch verschobenen Alphabet. Caesar selber benutzte eine Verschiebung um 3:

```
Klartextbuchstabe:      a b c d ... w x y z
Chiffretextbuchstabe:   d e f g ... z a b c
```

Beispiel:

$$\texttt{ubiestvinum} \rightarrow \texttt{xelhvwylqxp}.$$

Aus dem Klartext entsteht der Chiffretext, indem jeder Buchstabe des Klartextes durch den entsprechenden Chiffretextbuchstaben ersetzt wird, aber im Gegensatz zur Transpositionschiffre an derselben Textposition verbleibt.

Werden Klartextbuchstaben durch andere Buchstaben ersetzt, bleiben aber an der ursprünglichenn Textposition, so spricht man von einer **Substitutionschiffre**.

Wir bezeichnen wie oben mit A das verwendete Alphabet und mit A^* die Menge aller Worte über A. Ein Verschlüsselungsalgorithmus E, bei dem der Schlüssel in einer Abbildung

$$\varphi : A^* \mapsto A^*$$

besteht, und der vermöge

$$E : a_1 a_2 ... a_n \rightarrow \varphi(a_1)\varphi(a_2)...\varphi(a_n)$$

erklärt ist, heißt eine **monoalphabetische Substitutionschiffre**.

7.2.2 Monoalphabetische Substitutionen und lineare Kongruenzen

Wir kodieren nun unser lateinisches Alphabet als Elemente im Ring $\mathbb{Z}_{26}$, $a \rightarrow 1$, $b \rightarrow 2,...,z \rightarrow 26$. Die Caesarchiffre lässt sich dann mathematisch beschreiben als die für jeden Buchstaben auszuführende Abbildung

$$z \mapsto z + 3 \,(\mathrm{mod}\, 26).$$

Eine monoalphabetische Substitution über einem endlichen Alphabet A heißt **affinlineare Chiffre**, wenn die Chiffre durch

$$z \mapsto az + b \,(\mathrm{mod}\, |A|)$$

für geeignetes $a, b \in \mathbb{Z}$ gegeben ist. Im Fall $a = 1$ spricht man auch von einer **Verschiebechiffre**. Während es sich bei Verschiebechiffren um Permutationen des Alphabetes handelt, hängt es im Allgemeinen bei einer affin-linearen Chiffre von dem Koeffizienten a ab, ob diese eine Permutation des Alphabets bewirkt. Offensichtlich ist dies dann der Fall, wenn sich $az + b$ eindeutig nach z auflösen lässt, d.h. wenn a eine Einheit in $\mathbb{Z}_{|A|}$ ist.

7.2.3 Kryptanalyse monoalphabetischer Chiffren

Gegen einen chosen-plaintext-attack bieten monoalphabetische Chiffren überhaupt keinen Schutz.Wählt man als Eingabe für den Klartext nämlich einfach die Buchstaben des Alphabets, so ist die Abbildung φ ermittelt. Bei einer affin-linearen Substitution reichen sogar im Allgemeinen bereits zwei Buchstaben, aus denen man ein lineares Gleichungssystem mit zwei Unbekannten erhält.

Aber auch, wenn man nur den Chiffretext vorliegen hat, sind monoalphabetische Verschlüsselungen mit injektivem φ in der Praxis leicht zu knacken. Der Grund hierfür liegt in den unterschiedlichen Wahrscheinlichkeiten, mit denen Buchstaben in einem Text auftreten. Für die deutsche Sprache etwa ist der Buchstabe 'e' mit ca. 17 % der weitaus häufigste Buchstabe, gefolgt vom 'i' mit ca. 8 %.

Wenn der verschlüsselte Text nur lang genug und durchschnittlich genug ist, ist daher die Wahrscheinlichkeit sehr groß, dass der häufigste Buchstabe im Chiffretext dem 'e' im Klartext entspricht. Handelt es sich dann sogar noch um eine Verschiebechiffre, so ist die Entschlüsselung gelungen.

Aber auch bei einer beliebigen der 26! Permutationen unseres Alphabets kann man, nachdem der erste Buchstabe entziffert ist, den zweithäufigsten Buchstaben suchen oder/und die Häufigkeit von Buchstabenpaaren (**Bigramme**) untersuchen. Falls auch nicht alle Buchstaben damit entschlüsselt werden können, so kann man meist die restlichen noch erraten. Ein unterhaltsames Beispiel für diese Art der Kryptanalyse findet sich in der Kurzgeschichte 'Der Goldkäfer' von Edgar Allan Poe. Eine weiterer empfehlenswerter Aufsatz von E. A. Poe zur Kryptologie trägt den vielsagenden Titel 'Geheimschreibekunst'.

7.2.4 Homophone Chiffren

Statistische Häufigkeiten lassen sich verschleiern, wenn man mehrere seltene Buchstaben des Klartextes auf denselben Buchstaben des Chiffretextes oder häufig auftretende Buchstaben nicht immer auf denselben Buchstaben abbildet, sondern hierfür mehrere fest vorgewählte Chiffrebuchstaben reserviert. Die Dechiffrierung ist dann zwar nicht mehr eindeutig, aber bei Kenntnis der für einen Klartextbuchstaben in Frage kommenden Chiffrebuchstaben durch Ausprobieren ohne Probleme durchführbar. Derartige Chiffren heißen **homophon**.

7.2.5 Konfusion und Koinzidenzindex

Wie wir soeben gesehen haben, stellt das Hauptproblem bei monoalphabetischer Chiffrierung die nicht vorhandene Verschleierung der relativen Buchstabenhäufigkeiten, d.h. die nicht vorhandene **Konfusion** dar.

Ein recht gutes Maß für die Konfusion ist der **Koinzidenzindex** eines Textes T. (Für das Folgende legen wir das lateinische Alphabet zu Grunde.) Dies ist der Ausdruck

$$I_T = (\frac{n_a}{n})^2 + (\frac{n_b}{n})^2 + \ldots + (\frac{n_z}{n})^2.$$

Hierbei ist n die Anzahl aller Buchstaben des Textes und n_α Anzahl der *alphas* im Text. Der Koinzidenzindex ist also die Summe der Quadrate der relativen Buchstabenhäufigkeiten. Ersetzt man die relativen Häufigkeiten durch die Auftrittswahrscheinlichkeiten eines Buchstaben in einer Sprache L, so erhalten wir eine Sprachkonstante

$$I_L = p_a^2 + p_b^2 + \ldots + p_z^2,$$

den Koinzidenzindex von L. Für die deutsche Sprache ist $I_L = 0,0762$.

Man erkennt:

- Für lange unchiffrierte Texte kann man $I_T \approx I_L$ erwarten.

- Eine monoalphabetische Chiffrierung ändert den Koinzidenzindex nicht.

- Stärkere Konfusion einer Chiffrierung äußert sich in einer Verringerung des Koinzidenzindex.

- Der minimale Koinzidenzindex liegt bei $1/26$ (bei einem Alphabet mit 26 Buchstaben).

Dies folgt aus der Gleichung

$$\sum_{i=1}^{26} \frac{n_i^2}{n^2} = \sum_{i=1}^{26} \left(\frac{n_i}{n} - \frac{1}{26} \right)^2 + \frac{1}{26}.$$

7.2.6 Polyalphabetische Chiffren, Vigenère

Im Unterschied zur monoalphabetischen Verschlüsselung, die als Schlüssel lediglich eine Selbstabbildung φ des Alphabets benutzt, setzt man bei polyalphabetischen Chiffren endlich viele Abbildungen $\varphi_1, \ldots \varphi_l$ ein, die sich in einer fest vorgegebenen Reihenfolge bei der Chiffrierung abwechseln. Diese Abbildungen sowie die Reihenfolge ihrer Anwendung bilden den Schlüssel der Chiffrierung.

Bei der Vigenère-Chiffre (Blaise de Vigenère, franz. Diplomat, 1523–1596) bestehen die l Abbildungen aus Verschiebungen $x \rightarrow x + b_i \,(\mathrm{mod}\,26)$, die sich periodisch wiederholen.

In der Praxis dient als Gedächtnisstütze meist ein sogenanntes Schlüsselwort, z.B. das Wort GURKE. Dies ist so zu interpretieren, dass die Verschiebungen

$$a \mapsto g, \ a \mapsto u, \ a \mapsto r \ , a \mapsto k \ , a \mapsto e$$

in dieser Reihenfolge periodisch zu wiederholen sind.

Beispiel: Man verschlüssele das Wort "SALATGURKE" mit dem Schlüsselwort "GURKE"

Schlüsselwort	G	U	R	K	E	G	U	R	K	E
Klartext	S	A	L	A	T	G	U	R	K	E
Chiffretext	Y	U	C	K	X	M	O	I	U	I

Offensichtlich bewirken polyalphabetische Chiffriersysteme eine stärkere Konfusion und können Buchstabenhäufigkeiten verschleiern. Die Chiffrierung ist um so sicherer gegen Angriffe, je länger das Schüsselwort im Verhältnis zum Text ist. Im Idealfall ist das Schlüsselwort genauso lang wie der zu verschlüsselnde Text, was zwar theoretisch größtmögliche Sicherheit garantiert, wenn das Schlüsselwort eine zufällige Buchstabenfolge darstellt, aber praktisch nur schwierig zu realisieren ist. Wir sprechen dann von einem **one-time-pad**.

7.2.7 Kryptanalyse der Vigenère-Chiffre

Wie schon bei der monoalphabetischen Verschlüsselung ist ein chosen-plaintext-attack hier wieder sehr wirkungsvoll. Als Eingabe bietet sich das Wort $a...a$, an und das Schlüsselwort erscheint als Chiffretext. Wir untersuchen daher im Folgenden die Möglichkeit eines known-ciphertext-attacks.

Man überlegt sich zunächst, dass bei im Verhältnis zum Schlüsselwort relativ langen Texten für einen Angreifer bereits die Kenntnis der Länge des Schlüsselwortes zum Entschlüsseln ausreichen kann. Ist diese Länge nämlich l, so betrachtet er diejenigen Teiltexte des Chiffretextes, die aus den jeweils l-ten Buchstaben bestehen, vergl. Tabelle. 7.1.

Tabelle 7.1: Unterteilung in monoalphabetisch verschlüsselte Teiltexte

T1	a_1	T2	a_2	$\cdots$ Tl	a_l
	a_{l+1}		a_{l+2}		a_{2l}
	a_{2l+1}		a_{2l+2}		a_{3l}
	.		.		.
	.		.		.

Diese Teiltexte sind dann monoalphabetisch verschlüsselt und unter Ausnutzung der Buchstabenhäufigkeit in der Regel leicht zu knacken. Zur Ermittlung der Schlüsselwortlänge lässt sich der **Kasiski-Test** benutzen.

Dieser Test wurde von Friedrich Kasiski 1863 veröffentlicht und basiert auf der trivialen Beobachtung, dass gleiche Buchstabenfolgen des Klartextes, die um ein ganzes Vielfaches der Schlüsselwortlänge auseinander liegen, wieder gleiche Buchstabenfolgen im Vigenère-chiffrierten Text ergeben.

Beim Kasiski-Test sucht man daher nach gleichen Buchstabenfolgen im Chiffretext. Der grösste gemeinsame Teiler der zugehörigen Abstände ist dann die *vermutete* Schlüsselwortlänge. Trotz seiner Einfachheit ist dieser Test bereits erstaunlich effektiv.

Wir verschlüsseln zur Demonstration des Verfahrens zunächst einen kurzen Text mit einem kurzen Schlüssel der Länge drei. Wir wählen als Schlüsselwort das Wort "ABC". Der Klartext lautet:

```
Wenn der Schluessel die Laenge drei besitzt, so ist der Text schnell
entschluesselt, aber dies ist derzeit noch die Frage.
```

Der Chiffretext: (Wir ignorieren Klein-und Großschreibung, Leer-und Sonderzeichen)

```
Wfpn egr Tehmwetuem fif Nafpgf frfj bfuiubt, tq itv dft Tfzt tehoglm
gnuucinufusfnt, bdes fifu itv dftzfjt oqci fif Hrbie.
```

Einige (aber nicht alle) sich wiederholende Buchstabenfolgen sind in der Tabelle 7.2 aufgelistet: Normalerweise betrachtet man nur Buchstabenfolgen von minde-

Tabelle 7.2: Abstände von Buchstabenfolgen im Chiffretext

Buchstabenfolge	Abstände
fj	57
fp	21
teh	42
itv	42
fif	57,62,15
dft	39

stens der Länge drei. Bei unserem kurzen Schlüsselwort bringen aber offensichtlich bereits Buchstabenpaare Erfolg. Man erkennt sofort, dass der größte gemeiname Teiler der ermittelten Abstände tatsächlich 3 ist. Bei längeren Texten und längeren Schlüsselworten muss man natürlich mit Ausreißern bei den Abständen rechnen. Diese müssen vor der Bestimmung des ggT herausgefiltert werden.

7.3 Aufgaben

7.3.1 Wie viele fixpunktfreie Selbstabbildungen des lateinischen Alphabets auf sich gibt es?

7.3.2 Bei wie vielen Selbstabbildungen des lateinischen Alphabets auf sich geht das Wort *Kryptologie* in sich über? Zwischen Groß- und Kleinschreibung soll nicht unterschieden werden.

7.3.3 Wie viele fixpunktfreie injektive Selbstabbildungen des lateinischen Alphabets auf sich gibt es? (Die Lösung ist nicht ganz einfach!)

7.3.4 Zeigen Sie, dass die Hintereinanderausführung zweier Vigenère-Verschlüsselungen mit Schlüsselworten der Länge m bzw. n selbst wieder eine Vigenère-Verschlüsselung ergibt. Wie lang ist deren Schlüsselwort?

8

Exkurs: Komplexitätstheorie

Die reine Mathematik untersucht algebraische Strukturen vor allem unter erkennt-
nistheoretischen Gesichtspunkten, der Aspekt der effektiven Berechenbarkeit einer
Größe ist für viele Mathematiker dem der Frage nach ihrer Existenz untergeord-
net. Für die Kryptologie hingegen ist die Frage nach der Berechenbarkeit geradezu
existenziell.

Die Sicherheit kryptographischer Verfahren hängt fast immer davon ab, dass die
praktische Berechnung einer bestimmten Größe effektiv nicht durchführbar ist.

Wir werden im Folgenden die Bedeutung des Begriffs *effektive Berechenbarkeit*
genauer beschreiben.

8.1 Laufzeit von Algorithmen

Die **Komplexität** eines Algorithmus wird gemessen durch seine **Laufzeit**. Das ist
die Anzahl $T(n)$ der Einzelschritte, die zu seiner Ausführung benötigt werden und
zwar in Abhängigkeit von der Größe n der Eingabewerte.

Wir wollen nicht weiter präzisieren, was genau ein Einzelschritt ist. Hierzu müssten
wir Bezug nehmen auf einen konkreten Automaten. Da es bei der Laufzeit aber in
aller Regel nur auf ihre Größenordnung und nicht auf den numerisch exakten Wert
ankommt, soll die intuitive Vorstellung im Folgenden ausreichen. Zur mathematischen Beschreibung der Größenordnung eines Wachstums bedient man sich zumeist
der auf Edmund Landau zurückgehenden O-Notation.

Zwei reellwertige Funktionen $f, g : D \to \mathbb{R}$ mit gemeinsamem Definitionsbereich D
sollen auf einer Teilmenge $B \subset D$ hinsichtlich ihres Wachstums verglichen werden.
Wir schreiben

$$f(x) = O(g(x)) \quad \text{auf } B,$$

wenn es eine Konstante $C > 0$ gibt, so dass für $x \in B$ gilt

$$|f(x)| \le C|g(x)|.$$

Die Konstante C heißt implizite Konstante und darf hierbei beliebig groß sein. Umgekehrt schreiben wir

$$f(x) = \Omega(g(x)) \quad \text{auf } B,$$

wenn es eine Konstante $c > 0$ gibt, so dass für $x \in B$ gilt $|f(x)| \ge C|g(x)|$.
Man erkennt sofort, dass

$$f(x) = O(g(x)) \iff g(x) = \Omega(f(x)).$$

Gilt auf B sowohl $f(x) = O(g(x))$ als auch $f(x) = \Omega(g(x))$, so besitzen f und g die gleiche Wachstumsordnung und man schreibt

$$f(x) = \Theta(g(x)).$$

In der Komplexitätstheorie ist meist $D = \mathbb{N}$ und $B = \{n \in \mathbb{N} \,|\, n > n_0\}$ für ein geeignetes $n_0 \in \mathbb{N}$.

Beispiele:

$$
\begin{aligned}
n^2 + 1 &= O(n^2), \\
2n^2 + n + \cos(n) &= \Theta(n^2), \\
n \ln(n) &= \Omega(n), \\
e^n &= \Omega(n) \\
x &= O(1/x) \quad \text{für} \quad x \in \,]0,1] \\
x &= \Omega(1/x) \quad \text{für} \quad x \in [1,\infty[\\
\sin(n) &= O(1).
\end{aligned}
$$

Einen Algorithmus nennen wir von **polynomialer Laufzeit** oder **polynomial**, wenn es ein $a \in \mathbb{N}$ gibt, so dass für seine Laufzeit $T(E)$ bei jeder Eingabe E der Länge L gilt

$$T(E) = O(L^a).$$

Ein bedeutender Algorithmus ist der euklidische Algorithmus.

Satz 8.1. *Der euklidische Algorithmus zur Berechnung des* ggT *zweier natürlicher Zahlen n und m ist polynomial. Genauer gilt für seine Laufzeit*

$$T(n,m) = O((\log_2 n + \log_2 m)^2).$$

Beweis. Zum Beweis beachte man, dass für die Addition zweier ganzer Zahlen im Binärsystem $O(\log_2 n + \log_2 m)$ Bit-Operationen und für die Multiplikationen $O(\log_2 n \log_2 m)$ Bit-Operationen ausreichen. $\square$

8.2 Komplexität von Problemen

Ein Problem bezeichnet im Folgenden eine allgemeine Aufgabe, eine Instanz des Problems einen konkreten Fall. Ferner unterscheiden wir zwischen Entscheidungs- und Suchproblemen. Das Problem, die Faktorisierung einer natürlichen Zahl zu finden, ist ein Suchproblem. Eine Instanz ist dann die Faktorisierung von 345673.

Ein Entscheidungsproblem besitzt, wie es der Name vermuten lässt, nur 'Ja' oder 'Nein' als mögliche Ausgaben für die Lösung. Die Frage danach, ob bei Eingabe von n und k die Zahl n einen Primfaktor zwischen $k/2$ und k besitzt, ist ein Entscheidungsproblem. Das Suchproblem kann auf das Entscheidungsproblem zurückgeführt werden, in der Weise, dass eine $O(\log_2(n))$-fache Anwendung des Entscheidungsproblems einen Faktor von n liefert. Man entwerfe zur Übung ein entsprechendes Protokoll.

Ein Algorithmus für ein Problem ist immer ein Verfahren zur Lösung aller Instanzen eines Problems. Die Eingabelänge wird gemessen über ihren Informationsgehalt. Im Falle einer natürlichen Zahl n ist das deren Bit-Länge $\log_2(n)$. Ein Algorithmus mit einer natürlichen Zahl n als Eingabe ist demnach dann polynomial, wenn für seine Laufzeitfunktion gilt

$$T(n) = O(\log_2(n)^a). \tag{8.1}$$

Polynomiale Algorithmen gelten als diejenigen, die eine effektive Berechnung gestatten, nichtpolynomiale sind die, die meist dafür verantwortlich sind, dass die Berechnung einer Größe praktisch nicht mehr durchführbar ist.

Diese Unterscheidung ist zwar etwas vage und man sollte sich davor hüten, generell zu sagen, ein polynomialer Algorithmus sei schneller als ein nichtpolynomialer. Zwar stimmt dies immer für hinreichend große Eingabelängen, aber falls die implizite Konstante in dem O-Term oder auch die Potenz a in (8.1) sehr groß sind, so kann für den relevanten Eingabebereich ein nichtpolynomialer Algorithmus auch schneller sein als ein polynomialer. Als Faustregel ist die Unterteilung in 'polynomial = schnell', 'nichtpolynomial = langsam' jedoch zutreffend.

Von **effektiv berechenbar** werden wir in Zukunft sprechen, wenn eine Berechnung in einer für den an der Berechnung Interessierten akzeptablen Zeit durchgeführt werden kann. Dies soll dann aber nicht als ein Synonym für 'polynomial' verstanden werden.

Die Klasse der nicht polynomialen Algorithmen kann weiter differenziert werden. Die hin und wieder verwandte Bezeichnung 'exponentiell' für 'nicht polynomial' ist irreführend und sollte so nicht benutzt werden.

Es gibt sehr wohl bedeutsame Abstufungen zwischen polynomialen und wirklich exponentiellen Algorithmen.

Für eine diesbezügliche Differenzierung der Komplexität wird im Bereich zwischen 'polynomial' und 'exponentiell' häufig der Ausdruck $L_E(\gamma, c)$ benutzt und die Aussage, dass ein Algorithmus die Komplexität $L_E(\gamma, c)$ besitzt, soll bedeuten, dass für seine Laufzeit $T(L)$ bei einer Eingabe E der Länge L gilt

$$T(L) = O\left(e^{cL^{\gamma}(\ln L)^{1-\gamma}}\right).$$

Hierbei ist c eine positive reelle Konstante und $\gamma \in [0,1]$.

Man überzeuge sich davon, dass $g(\gamma) = L^{\gamma}(\ln L)^{1-\gamma}$ für festes $n > 3$ streng monoton in $\gamma \in [0,1]$ ist.

Außerdem sieht man, dass

$$L_E(1,c) = O(e^{cL}), \quad L_E(0,c) = O(L^c).$$

Wir nennen nun alle Algorithmen der Komplexität $L_E(\gamma, c)$ exponentiell, wenn $\gamma = 1$ und **subexponentiell** für $\gamma < 1$. Algorithmen mit $\gamma = 0$ sind die bereits bekannten polynomialen.

Alle denkbaren Abstufungen an möglichen Komplexitätsgraden zwischen polynomial und exponentiell sind hierdurch natürlich nicht abgedeckt. Beispielsweise besitzt der bekannte und bis 2002 schnellste deterministische Primzahltest von Adleman, Pommerance, und Rumely [2] eine Komplexität von $O(e^{c \ln L \ln \ln L})$ und wird daher durch die $L(\gamma)$-Terminologie nicht erfasst.

8.3   Die Klassen P und NP

Besitzt ein Entscheidungsproblem einen polynomialen Algorithmus, so gehört es zur Klasse P der **polynomialen Probleme**. Die Klasse NP besteht aus denjenigen Entscheidungsproblemen, bei denen es einen Algorithmus gibt, der im Falle einer Ja-Antwort durch den Algorithmus des Entscheidungsproblems, die Korrektheit der Antwort in polynomialer Zeit testet. Hierbei gehen wir davon aus, dass der Entscheidungsalgorithmus nicht nur die Antwort, sondern auch einen Beleg für diese Behauptung liefert, anhand dessen der Testalgorithmus die Korrektheit nachweisen kann.

Liefert zum Beispiel ein Entscheidungsalgorithmus zu der Frage, ob n zusammengesetzt ist, als Beleg der Antwort 'Ja' einen Faktor q von n, so lässt sich in polynomialer Zeit nachprüfen, ob $q|n$.

Das Faktorisierungsproblem ist also in NP, aber man weiß nicht, ob es in P ist.

Eine der berühmtesten Fragestellungen der Mathematik ist die, ob P=NP. Gibt es ein Problem aus NP, auf das alle weiteren NP-Probleme in polynomialer Zeit zurückgeführt werden können, so heißt dieses **NP-vollständig**. Hätte man für ein NP-vollständiges Problem gezeigt, dass es in P liegt, so wäre die obige Frage beantwortet und derjenige, der dies gezeigt hat, weltberühmt.

Das Entscheidungsproblem, ob eine gegebene natürliche Zahl eine Primzahl ist, wurde durch die Arbeit [5] der drei indischen Mathematiker M. Agrawal, N. Kayal und N. Saxena 2002 als ein Problem aus P identifiziert.

8.4 Aufgaben

8.4.1 Vergleichen Sie unter Verwendung der landauschen Symbolik die Wachstums-ordnung folgender auf $\mathbb{N}$ definierter Funktionen:

i) $\ln(n)$

ii) $\ln(n+1)$

8.4.2 Zeigen Sie: Je zwei stetige reellwertige Funktionen auf einem abgeschlossenen Intervall sind von der gleichen Wachstumsordnung.

8.4.3 Beweisen Sie Satz 8.1.

9

Symmetrische Verfahren

Es existiert eine große, fast unüberschaubare Anzahl symmetrischer Verschlüsselungsverfahren. Allerdings genügen sehr viele schon nicht mehr den einfachsten heute gängigen Sicherheitsstandards. Leider sieht man es den Algorithmen nicht auf den ersten Blick an, wie zuverlässig sie sind, und so muss ein Anwender sich auf Experten verlassen, wenn er ein sicheres System nutzen will.

Zumeist sind es mathematische Methoden, mit denen die Sicherheit eines Algorithmus nachgewiesen wird. Aber auch diese Methoden beziehen sich auf den aktuellen Stand der Wissenschaft. Gibt es heute noch keinen polynomialen Faktorisierungsalgorithmus, so weiß man nicht, ob es ihn nicht morgen schon geben kann.

9.1 Typen symmetrischer Chiffren

Symmetrische Chiffren sind in der Regel **Blockchiffren**. Hierbei werden jeweils Buchstabenfolgen der gleichen Länge l, die Blöcke, chiffriert. Der Vigenère-Algorithmus ist eine Blockchiffre, dessen Blocklänge mit der Länge des Schlüsselwortes übereinstimmt. Die Caesar-Verschlüsselung kann als eine Blockchiffre der Länge 1 angesehen werden.

In der Praxis werden zumeist **iterierte Blockchiffrierungen** benutzt, bei denen eine Rundenfunktion mehrfach ausgeführt wird. Eine Rundenfunktion besteht hierbei aus unterschiedlichen Operationen wie Permutationen und Substitutionen sowie Addition des Rundenschlüssels.

Die modernen Chiffren benutzen Bit-Blöcke. Mathematisch lassen sich diese Blöcke als Vektoren im $\mathbb{F}_2^l$ interpretieren. Die xor-Operation auf diesen Blöcken ist dann gerade die gewöhnliche Addition in diesem Vektorraum. Wir werden daher in Zukunft nur von Addition sprechen. Eine lineare Transformation der Blöcke ist dann eine lineare Abbildung auf dem Vektorraum $\mathbb{F}_2^l$.

Ein **Feistel-Netzwerk**, benannt nach dem Kryptologen Horst Feistel, beschreibt ein mögliches Design für eine iterierte Blockchiffre und kann mit unterschiedlichen Rundenfunktionen ausgeführt werden, vergl. auch Abb. 9.1 für ein Typ-1-Feistel-Netz.

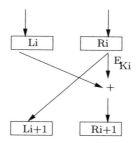

Abbildung 9.1: Eine Runde des Feistel-Netzes

In der i-ten Runde wird der Block in eine linke Hälfte L_i und eine rechte Hälfte R_i aufgespalten. R_i wird einer Chiffrierung E_{K_i} mit dem Schlüssel K_i unterzogen und anschließend zu L_i addiert:

$$L_{i+1} = R_i \tag{9.1}$$
$$R_{i+1} = L_i + E_{S_i}(R_i). \tag{9.2}$$

Feistel-Netze besitzen die angenehme Eigenschaft, dass der Algorithmus zur Dechiffrierung derselbe ist wie der zur Chiffrierung. Hierzu beachten wir, dass für jeden Bit-Block A gilt

$$A + A = (0, 0, \ldots, 0).$$

Wegen (9.2) folgt

$$L_{i-1} = L_{i-1} + E_{S_{i-1}}(R_{i-1}) + E_{S_{i-1}}(R_{i-1}) = R_i + E_{S_{i-1}}(R_{i-1}).$$

Außerdem ist wegen (9.1)

$$R_{i-1} = L_i.$$

Wir können auf diese Art das Feistel-Netz von unten nach oben durchlaufen und damit den Chiffretext entschlüsseln, wenn wir die Rundenschlüssel kennen.

9.2 Gütekriterien: Konfusion und Diffusion

Zwei Gütekriterien für symmetrische Blockchiffren sind die von Claude Shannon 1949 in die Informationstheorie eingeführten Begriffe der **Konfusion** und der **Diffusion**.

Dem Begriff der Konfusion waren wir bereits beim Vigenère-Algorithmus begegnet und hatten mit dem Koinzidenzindex auch ein Maß zu dessen Beschreibung kennen gelernt. Konfusion kennzeichnet den Grad der Verrauschung eines Textes, bei bestmöglicher Konfusion entspricht der chiffrierte Text einer Zufallsfolge.

Doch nicht nur größtmögliche Verrauschung ist eine erwünschte Eigenschaft für eine Chiffre. Für known-plaintext-attacks bietet sich oft dann eine Möglichkeit, wenn kleine Änderungen im Klartext auch nur kleine Änderungen im Chiffretext nach sich ziehen.

Dies wird verhindert, wenn ein Klartextbuchstabe möglichst viele Chiffretextbuchstaben beeinflusst. Diesen Effekt nennt man Diffusion. Je mehr unterschiedliche Chiffretextbuchstaben ein Klartextbuchstabe beeinflusst, um so größer ist die Diffusion.

9.3   Der Aspekt der Linearität

Grundsätzlich gibt es bei der Beurteilung von Blockchiffrierungen im Hinblick auf ihre Sicherheit gegen Attacken ein Leitkonzept, das da lautet: Eine Blockchiffre ist um so sicherer je nichtlinearer sie ist. Zugegeben, eine gewagte linguistische Komparativkonstruktion, die erklärungsbedürftig ist:

Was ist mit **Linearität** einer Chiffre gemeint? Wir gehen davon aus, dass das Alphabet A, über dem die Worte des zu verschlüsselnden Textes gebildet werden, die Elemente eines endlichen Körpers $\mathbb{F}_q$ bilden. In den meisten Anwendungen wird aus nahe liegenden Gründen $q = 2^k$ betrachtet. Die Chiffrierung eines Blockes der Länge l ist dann eine (von einem Schlüssel K abhängige) Abbildung

$$E_K : \mathbb{F}_q^l \to \mathbb{F}_q^l$$

also eine Abbildung eines Vektorraums in sich.

Ist eine Chiffrierung in diesem Sinne eine lineare Abbildung, also ein Vektorraumhomomorphismus, so spricht man von einer linearen Chiffrierung. Lineare Chiffrierungen bieten so gut wie keine Sicherheit. Woran liegt das?

Falls eine lineare Chiffrierung E_K gegeben ist, so wird man bei einem chosen-plaintext-attack die Basisvektoren $\mathbf{e}_1 = (1, 0, ..., 0)^T, \mathbf{e}_2 = (0, 1, 0, ..., 0)^T, ..., \mathbf{e}_l = (0, 0, ..., 1)^T$ einer Chiffrierung unterziehen.

Bekanntermaßen ist die lineare Abbildung E_K bestimmt durch ihre Bilder $E_K(\mathbf{e}_i)$, und man kann diese Abbildung nun als Matrix schreiben. Die inverse Matrix E_K^{-1}, die zur Entschlüsselung dient, lässt sich hieraus effektiv mit dem gaußschen Algorithmus berechnen.

Es reicht aber schon, wenn die Rundenfunktion f einer iterierten Blockchiffre linear ist, um diese Chiffre leicht zu knacken. Nach jeder Runde und eventuell auch schon vor der ersten Runde wird der Rundenschlüssel K_i zu dem Rundentext T_i addiert. Dies ist natürlich i.Allg. keine lineare Abbildung, da $(T_i + R_i) + K_i \neq (T_i + K_i) +$

$(R_i + K_i)$. Wenn aber die Rundenfunktion f linear ist, bietet diese Nichtlinearität keinen Schutz.

Für den Klartext $P = \mathbf{0}$ erhalten wir nämlich als Chiffretext $E(\mathbf{0})$

$$
\begin{aligned}
E(\mathbf{0}) &= f(f(\ldots f(f(\mathbf{0} + K_0) + K_1)\ldots)) \\
&= f_n(\mathbf{0}) + f_n(K_0) + f_{n-1}(K_1) + f_{n-2}(K_2) + \ldots + f_0(K_n) \\
&= f_n(K_0) + f_{n-1}(K_1) + f_{n-2}(K_2) + \ldots + f_0(K_n).
\end{aligned}
$$

Hierbei bedeutet f_k die k-fache Iterierte der Funktion f. Es ist $f_n(\mathbf{0}) = \mathbf{0}$ wegen der Linearität von f. Setzen wir

$$
K := f_n(K_0) + f_{n-1}(K_1) + f_{n-2}(K_2) + \ldots + f_0(K_n)
$$

so erhalten wir wieder wegen der Linearität

$$
\begin{aligned}
E(P + P') &= f_n(P + P') + K = f_n(P) + f_n(P') + K \\
&= f_n(P) + K + f_n(P') + K + K \\
&= E(P) + E(P') + K.
\end{aligned}
$$

Zwar ist nun E nicht linear, aber da wir $K = E(\mathbf{0})$ kennen, so benötigen wir auch in diesem Fall nur die Werte $E(\mathbf{e}_i)$, um von jedem Chiffretext auf den Klartext zurückschließen zu können.

Jetzt wird der Sinn linguistischer Konstrukte wie *so nichtlinear wie möglich* erkennbar. Eine Abbildung E mag zwar als Abbildung auf K^n nicht linear sein, sie kann aber doch eventuell noch auf einem Teilraum $T \subset K^n$ linear sein, oder sie ist zwar nicht linear, aber wie in obigem Fall eng mit einer linearen Transformation verwandt, z.B. affin-linear.

In der Tat gibt es mehrere Ansätze, Nichtlinearität logischer Funktionen zu messen. Z. B. wird auf dem Raum aller logischen Funktionen ein geeigneter Abstandsbegriff eingeführt und zu jeder Funktion ihr minimaler Abstand zu der Menge der linearen Funktionen bestimmt. Wir wollen an dieser Stelle hierauf aber nicht näher eingehen.

Permutationen der Buchstaben eines Blocks sind lineare Abbildungen und erhöhen als solche zunächst entsprechend der obigen Überlegung nicht die Sicherheit gegenüber Klartextattacken. Gebraucht werden sie gleichwohl zur Erhöhung der Diffusion einer Chiffre. Im Gesamtgefüge des Algorithmus haben sie die Aufgabe, die nichtlinearen Bestandteile optimal ins Spiel zu bringen.

9.4 DES

Mit der zunehmenden Verbreitung elektronischer Kommunikationsmedien etablierte sich nach dem Krieg die Kryptologie immer stärker auch außerhalb des Dunstkreises von Militär und Geheimdienst im zivilen Bereich der Gesellschaft.

Anfang der 70er Jahre entstand in den USA das Bedürfnis nach der Entwicklung eines einheitlichen und jedermann zugänglichen Chiffriersystems und daher schrieb das NBS 1973 einen entsprechenden Wettbewerb aus. Als Ergebnis dieses Wettbewerbs entstand 1974 der Chiffrieralgorithmus DES (**Data Encryption Standard**), entwickelt von einem Team bei IBM, unter ihnen die Kryptologen Horst Feistel und Don Coppersmith. Von Horst Feistel stammt die Chiffre **Lucifer**, die als ein Vorläufer von DES angesehen werden kann. DES lässt sich effizient in Hardware implementieren, und erfüllt einen hohen Grad an Sicherheit und zwar auch gegen chosen-plaintext-attacks.

Trotz immer wieder aufkeimender Vermutungen, der amerikanische Geheimdienst **National Security Agency** (NSA) hätte manipulativ in die Entwicklung von DES eingegriffen und eine Hintertür eingebaut, konnte dies bis heute nicht nachgewiesen werden. Tatsächlich hat die NSA, die offiziell vom NBS um Unterstützung ersucht wurde, die von den Entwicklern urprünglich vorgesehene Schlüssellänge von 112 bit auf 56 bit reduziert und wohl auch die S-Boxen, die das Herzstück des Algorithmus ausmachen, modifiziert. Die Veränderung der S-Boxen muss natürlich nicht bedeuten, dass die NSA eine Hintertür in den Algorithmus eingebaut hat, sondern kann auch einfach bedeuten, dass die NSA verhindern wollte, dass die Entwickler bei IBM dies ihrerseits möglicherweise tun.

Schneier berichtet in [45] über von den Bell Laboratories und der Lexar Corporation entdeckten Auffälligkeiten an den S-Boxen; auch andere Kryptologen entdeckten gewisse unerwartete Gesetzmäßigkeiten. Alles in allem sind diese Effekte aber doch eher marginal und der Verdacht einer Hintertür hat sich nicht erhärtet.

Die Designkriterien für die S-Boxen von DES wurden aus Sicherheitsgründen und auf Betreiben der NSA lange nicht veröffentlicht. Man fürchtete, mit der Preisgabe der Designkriterien möglichen Angreifern Hinweise auf eine zu der Zeit noch nicht öffentlich bekannte Methode der Kryptanalyse, der differenziellen Kryptanalyse, zu geben. Erst 1992 und 1994, nachdem diese Methode durch Biham und Shamir [11] publiziert wurde, gab Don Coppersmith, einer der Entwickler von DES, in [15],[16] die Entwurfskriterien für die S-Boxen preis.

Wahrscheinlicher als die Existenz einer 'Hintertür' ist, dass durch die auf 56 bit reduzierte Schlüssellänge für die NSA bereits zur damaligen Zeit brute-force-attacks möglich waren. Whitfield Diffie schätzte 1981 die Kosten für eine speziell zum Knacken von DES gebaute Rechenanlage, die für die Suche eines Schlüssels zwei Tage benötigte, auf ca. 50 Mio. Dollar. Sicherlich eine Summe, die für das NSA nicht ein unüberbrückbares Hindernis gewesen wäre.

Brute-force-attacks gegen DES, die den Schlüssel in wenigen Stunden finden, sind bei der Schlüssellänge von 56 bit aufgrund der rasanten Entwicklung in der Computertechnologie sicherlich heute mit einem Kostenaufwand von deutlich weniger als 1 Mio. Euro machbar. Das vom NBS standardisierte DES mit einer Schlüssellänge von 56 bit gilt deshalb heute als unsicher.

Dies gilt nicht für den Algorithmus **Triple-DES**, der in der dreifachen Hintereinanderausführung von DES mit entweder 3 verschiedenen Schlüsseln

$$DES(K_1) \circ DES(K_2) \circ DES(K_3)$$

oder aber mit nur zwei Schlüsseln in der Form

$$DES(K_1) \circ DES^{-1}(K_2) \circ DES(K_1)$$

angewendet wird.

Wenn es zu zwei Schlüsseln K_1, K_2 immer einen dritten Schlüssel K_3 gäbe, so dass

$$DES(K_1) \circ DES(K_2) = DES(K_3),$$

dann wäre Triple-DES nicht sicherer als DES selber.

Man kann zeigen, dass für DES dies tatsächlich nicht gilt. (Anders beispielsweise als bei der Vigenère-Chiffre). Damit hat Triple-DES tatsächlich eine effektive Schlüssellänge von 112 bzw. 168 bit und ist daher als sicher zu bezeichnen. Warum reicht nicht das einfache Hintereinanderschalten

$$DES(S_1) \circ DES(S_2)?$$

Nun, ein chosen-plaintext-attack könnte etwa so aussehen: Ist P der Klartext und T der chiffrierte Text $T = DES(S_1) \circ DES(S_2)(P)$, so bildet man für alle 2^{56} möglichen Schlüssel x sowohl $DES^{-1}(x)(T)$ als auch $DES(x)(P)$. Gilt für zwei Schlüssel x_1, x_2, dass $DES^{-1}(x_1)(T) = DES(x_2)(P)$, so hat man die Chiffre geknackt. Der Aufwand hierfür entspricht nur dem doppelten eines brute-force-attacks auf DES selbst. Eine solche Form des Angriffs nennt man auch **meet-in-the-middle-attack**.

Da DES in der gängigen Literatur ausgiebig beschrieben wird, mittlerweile von AES als Standard abgelöst wurde und unter dem Aspekt der Anwendung algebraischer Strukturen eher uninteressant ist, wollen wir den Algorithmus hier nicht näher beschreiben.

9.5 AES

9.5.1 Zur Geschichte

DES erfüllte lange Zeit die Sicherheitsstandards, die man sich von einem modernen Chiffrierverfahren wünschte. Nicht wegen einer etwaigen Sicherheitslücke im Verfahren, sondern aufgrund der Tatsache, dass eine Schlüssellänge von 56 bit angesichts der Fortschritte im Bereich der Computertechnologie als nicht mehr ausreichend anzusehen ist, wurde 1997 vom amerikanischen Handelsministerium ein internationaler Wettbewerb zur Entwicklung einer Nachfolgechiffre zu DES ausgeschrieben.

Die Nachfolgebehörde des NBS, das **National Institute of Standards and Technology** (NIST), war verantworlich für die Durchführung und entwarf die Designkriterien. In Anlehnung an Data Encryption Standard trug der neue Standard den Namen **Advanced Encryption Standard** (AES). Während gewisse sicherheitsrelevanten Designkriterien von DES lange Zeit geheim gehalten wurden, sollte bei allen für AES eingereichten Algorithmen von Seiten der Bewerber die Sicherheit ihres Algorithmus mathematisch bewiesen werden. Da das Auswahlverfahren sich auf mehreren AES-Konferenzen unter den Augen der internationalen Fachwelt vollzog, war von vorne herein damit jedweden Spekulationen über eventuell von Geheimdienstseite eingebaute Falltüren der Boden entzogen. Unter anderem musste der Nachweis erbracht werden, dass die Algorithmen gegen bekannte Angriffe wie differenzielle und lineare Kryptanalyse immun sind.

15 Vorschläge aus aller Welt wurden eingereicht und nach der dritten AES-Konferenz im April 2000 in New York wurde am 2.10.2000 der Algorithmus **Rijndael** vom NIST zum Gewinner erklärt. Dies war auch die von den Experten favorisierte Chiffre. Interessanterweise konnte sich der von den zwei belgischen Kryptologen Joam Daemen und Vincent Rijmen entworfene Algorithmus gegen Entwürfe von so renommierten amerikanischen Firmen wie IBM (Algorithmus: MARS), RSA (RC6) und Kryptologen wie Bruce Schneier (Twofish) und sogar Adi Shamir et al. (Serpent) durchsetzen.

Unter den Bewerbern war auch die Deutsche Telekom. Deren Algorithmus Magenta, der dort zur Chiffrierung sensitiver Managementdaten eingesetzt wird, fiel allerdings bereits sehr früh aufgrund starker Sicherheitsbedenken aus dem Rennen.

9.5.2 Beschreibung des Algorithmus

Rijndael heißt nun AES. Genau genommen stimmt dies nicht ganz. Während Rijndael vollständig frei kombinierbare Block- und Schlüssellängen von 128, 192 oder 256 bit vorsieht, hat man sich bei AES auf eine Blocklänge von 128 bit festgelegt. Hiervon werden wir im Folgenden auch ausgehen und bezeichnen im Weiteren den Algorithmus dann auch nicht mit Rijndael, sondern mit AES. Die Rundenzahl r von AES variiert zwischen 10 und 14, abhängig von der Schlüssellänge s:

$$r = \begin{cases} 10, & s = 128 \\ 12, & s = 192 \\ 14, & s = 256. \end{cases}$$

Der Klartext besteht also aus 16 Bytes, die als **Zustandsmatrix**

$$P = \begin{pmatrix} p_0 & \cdots & p_{12} \\ p_1 & \cdots & p_{13} \\ p_2 & \cdots & p_{14} \\ p_3 & \cdots & p_{15} \end{pmatrix}$$

geschrieben werden.

Der Schlüssel besteht aus $4N_{key}$ Byte, mit $N_{key} \in \{4, 6, 8\}$, die in die **Schlüssel-matrix**

$$K = \begin{pmatrix} k_0 & \cdots & k_{(N_{key}-1)4} \\ k_1 & \cdots & k_{(N_{key}-1)4+1} \\ k_2 & \cdots & k_{(N_{key}-1)4+2} \\ k_3 & \cdots & k_{(N_{key}-1)4+3} \end{pmatrix},$$

eingetragen werden.

Wir bezeichnen mit B die Menge der Bytes. Die Rundenverschlüsselung E_{K_i} der i-ten Runde ist eine Funktion auf B^{16}. Sie besteht für alle bis auf die letzte Runde aus der Verkettung von drei bijektiven Abbildungen $MC(=\mathbf{MixColumn})$, $ShR(=\mathbf{ShiftRound})$, **SRD** und anschließender Addition eines aus der Schlüssel-matrix generierten Rundenschlüssels K_i,

$$E_{K_i} = K_i + MC \circ ShR \circ \mathbf{S}_{RD} : \{0,1\}^{128} \to \{0,1\}^{128}, \quad 1 \leq i \leq r-1.$$

Die Addition $+$ ist die Vektoraddition in $\mathbb{F}_2^{128}$. Die MixColumn-Transformation wird in der letzten Runde weggelassen, da hierdurch keine zusätzliche Diffusion mehr erreicht werden kann. Außerdem wird vor der ersten Runde zu dem Klartext noch ein Schlüssel K_0 addiert.

MC und **ShR** sind lineare Transformationen auf B^{16}, **SRD** ist nicht linear und entspricht der S-Boxen-Substitution bei DES.

Alle drei Transformationen operieren auf Byteebene. Insbesondere **SRD** und **MC** beruhen auf Operationen in komplexeren algebraischen Strukturen. Wir geben einen Überblick über die bei AES verwendeten Strukturen:

- Die Bytes B bilden als Struktur lediglich eine Menge, und zwar die Menge $B = \{0,1\}^8$.

- $\mathbb{F}_2^8$ ist mit der komponentenweisen Addition und skalaren Multiplikation ein Vektorraum über dem Körper $\mathbb{F}_2$.

- $\mathbb{F}_{256}$ ist der Körper mit 2^8 Elementen. Er wird realisiert als Erweiterungskörper $\mathbb{F}_2[x]/(\pi(x))$ mit dem über $\mathbb{F}_2$ irreduziblen Polynom

$$\pi(x) = x^8 + x^4 + x^3 + x + 1.$$

Er entsteht damit als eine Körpererweiterung vom Grad 8 aus $\mathbb{F}_2$.

Abbildung 9.2: AES

- Der Ring
$$R_7 := \mathbb{F}_2[x]/(x^8 + 1)$$

  mit den Polynomen vom Grad kleiner acht als Restklassenvertreter. Da $x^8 + 1$ nicht irreduzibel ist über $\mathbb{F}_2$, so ist R_7 nicht isomorph zum Körper $\mathbb{F}_{256}$.

- Der Ring
$$R_4 = \mathbb{F}_{256}[x]/(x^4 + 1)$$

  ist ebenfalls kein Körper. Die additive Gruppe von R_4 lässt sich vermöge $a_3 x^3 + \ldots + a_0 \to (a_3, \ldots, a_0)^T$ mit dem Vektorraum $\mathbb{F}_{256}^4$ identifizieren.

Als Mengen stimmen $\mathbb{F}_2^8$, $\mathbb{F}_{256}$ sowie der Ring R_7 vermöge der Identifizierung aus Tabelle 9.1 überein. AES macht hiervon Gebrauch, und im Folgenden gehen wir stillschweigend davon aus, dass ein Element jeweils in der Struktur betrachtet wird, die gerade gebraucht wird.

Tabelle 9.1:

Byte	Vektor	Polynom
$a_7 a_6 \ldots a_0$	$(a_7, a_6, \ldots, a_0)^T$	$a_7 x^7 + a_6 x^6 + \ldots + a_0$
10011001	$(1,0,0,1,1,0,0,1)^T$	$x^7 + x^4 + x^3 + 1.$

9.5.3   Die Rundenfunktion

Wir beschreiben im Folgenden die Komponenten der Rundenfunktion.

SRD

Die Funktion **SRD** $: B^{16}] \to B^{16}$ entsteht durch komponentenweise Anwendung der **Bytesubstitution** $S : B \to B$, die ihrerseits als Verkettung

$$S = Af \circ Inv$$

zweier Abbildungen $Inv : \mathbb{F}_2^8 \to \mathbb{F}_2^8$ und $Af : \mathbb{F}_2^8 \to \mathbb{F}_2^8$ entsteht. Inv ist hierbei die Inversenbildung bez. der Körpermultiplikation. Inv ist für alle Bytes außer $0 = 00000000$ definiert. Durch $Inv(0) := 0$ wird Inv hierauf erweitert.

Die Abbildung Af ist definiert auf dem Ring R_7

$$Af : p(x) \to (x^7 + x^6 + x^5 + x^4 + 1)p(x) + x^7 + x^6 + x^2 + 1 \, (\mathrm{mod}\, x^8 + 1).$$

Sie entsteht offensichtlich als Verkettung der linearen Abbildung

$$p(x) \to (x^7 + x^6 + x^5 + x^4 + 1)p(x) \, (\mathrm{mod}\, x^8 + 1)$$

mit der 'Translation'

$$q(x) \to q(x) + x^7 + x^6 + x^2 + 1 \,(\mathrm{mod}\,x^8 + 1).$$

Auf dem Vektorraum $\mathbb{F}_2^8$ bewirkt diese Abbildung die affin-lineare Transformation

$$Af(\mathbf{v}) = M\mathbf{v} + \mathbf{b}$$

mit

$$M = \begin{pmatrix} 1 & 0 & 0 & 0 & 1 & 1 & 1 & 1 \\ 1 & 1 & 0 & 0 & 0 & 1 & 1 & 1 \\ 1 & 1 & 1 & 0 & 0 & 0 & 1 & 1 \\ 1 & 1 & 1 & 1 & 0 & 0 & 0 & 1 \\ 1 & 1 & 1 & 1 & 1 & 0 & 0 & 0 \\ 0 & 1 & 1 & 1 & 1 & 1 & 0 & 0 \\ 0 & 0 & 1 & 1 & 1 & 1 & 1 & 0 \\ 0 & 0 & 0 & 1 & 1 & 1 & 1 & 1 \end{pmatrix}, \quad \mathbf{b} = \begin{pmatrix} 1 \\ 1 \\ 0 \\ 0 \\ 0 \\ 1 \\ 1 \\ 0 \end{pmatrix}.$$

Beispiel: Wir hatten im Kapitel über endliche Körper das Inverse zu $b = x^5 + x + (\pi(x))$ berechnet:

$$b^{-1} = (x^6 + x^4 + x^3 + 1) + (\pi(x))$$

Auf Byteebene bedeutet dies, dass das 'Inverse' des Bytes 00100010 das Byte 01011001 ist. Wenden wir hierauf Af an

$$M(0,1,0,1,1,0,0,1)^T + (1,1,0,0,0,1,1,0)^T = (1,1,0,1,1,0,1,1)^T,$$

so erhalten wir:

$$\mathbf{SRD}(00100010) = 11011011.$$

Die Nutzung von Inv wurde bereits von K. Nyberg in [40] vorgeschlagen. Die einfache algebraische Struktur $x \to x^{-1}$ dieser Abbildung bietet jedoch Möglichkeiten für den sogenannten Interpolationsangriff von Knudson und Jakobson, [25]. Der Ansatz hierbei entspricht dem bekannten Ansatz aus der Numerik zur Ermittlung eines Interpolationspolynoms durch gegebene Punkte einer Funktion. Je 'näher' die Ausgangsfunktion an einer algebraischen Funktion ist, um so besser die Approximation durch das Interpolationspolynom.

Aus diesem Grund wird bei AES noch die Transformation Af eingefügt. Af ist so gewählt, dass S keine Fixpunkte

$$S(a) \neq a$$

und keine komplementären Fixpunkte besitzt:

$$S(a) \neq \bar{a}.$$

$\bar{a}$ ist hierbei das zu a komplementäre Byte, bzw. im Körper $\mathbb{F}_{256}$ das Element $a + (-1)$.

MC

Wir betrachten die Reihen der Zustandsmatrix als Elemente aus R_4. Also

$$\begin{pmatrix} b_0 \\ b_1 \\ b_2 \\ b_3 \end{pmatrix} \hat{=} b_3 x^3 + b_2 x^2 + b_1 x + b_0 + (x^4 + 1) =: b(x)$$

und bezeichen die Elemente von $\mathbb{F}_{256}$ mit dem dezimalen Wert ihrer Byte-Darstellung:

Beispiel:

Polynom	Byte	Dezimalzahl
$\sum_{0=1}^{7} a_i x^i$	$a_7 a_6 \ldots a_0$	$\sum_{0=1}^{7} a_i 2^i$
$x^4 + 1$	10001	17.

Das Polynom

$$c(x) = 3x^3 + x^2 + x + 2 \in \mathbb{F}_{256}[x]$$

hat keinen gemeinsamen Faktor mit $x^4 + 1$ und bildet daher in R_4 eine Einheit. In R_4 ist **MC** nun definiert als

$$b(x) \mapsto b(x)c(x).$$

Fassen wir R_4 als Vektorraum $\mathbb{F}_{256}^4$ auf, so handelt es sich hierbei um eine lineare Abbildung

$$\begin{pmatrix} b_0 \\ b_1 \\ b_2 \\ b_3 \end{pmatrix} \rightarrow \begin{pmatrix} 2 & 3 & 1 & 1 \\ 1 & 2 & 3 & 1 \\ 1 & 1 & 2 & 3 \\ 3 & 1 & 1 & 2 \end{pmatrix} \begin{pmatrix} b_0 \\ b_1 \\ b_2 \\ b_3 \end{pmatrix}.$$

MC führt diese Abbildung für jede Spalte der Zustandsmatrix durch.

ShR

ShR bildet lediglich eine zyklische Verschiebung der Zeilen der Zustandsmatrix. Die i-te Zeile wird um $i - 1$ zyklisch verschoben:

$$\mathbf{ShR} : \begin{pmatrix} b_0 & b_4 & b_8 & b_{12} \\ b_1 & b_5 & b_9 & b_{13} \\ b_2 & b_6 & b_{10} & b_{14} \\ b_3 & b_7 & b_{11} & b_{15} \end{pmatrix} \mapsto \begin{pmatrix} b_0 & b_4 & b_8 & b_{12} \\ b_5 & b_9 & b_{13} & b_1 \\ b_{10} & b_{14} & b_2 & b_6 \\ b_{15} & b_3 & b7 & b_{11} \end{pmatrix}.$$

9.5.4 Der Schlüsselalgorithmus

Der Eingangsschlüssel K besitzt $n_{key} = 32N_{key}$ bits. Für r Runden werden bei einer Blocklänge von 128 bits $(r+1)128$ Schlüsselbits gebracht. Der **Schlüsselalgorithmus** generiert aus dem Eingangsschlüssel die Rundenschlüssel. Man könnte meinen, dass es anstrebenswert wäre, diesen Algorithmus so zu gestalten, dass die Rundenschlüssel als zufällig und vollständig unabhängig voneinander erscheinen.

Die Autoren von AES schreiben dazu in [17], dass der Schlüsselalgorithmus von AES diesen Kriterien nicht genügt. Sie weisen gleichzeitig darauf hin, dass es auch keine einheitliche Ansicht unter Kryptologen über die an einen solchen Schlüsselalgorithmus zu stellenden Anforderungen gibt.

Immerhin belegen sie in ihrem Buch die Sicherheit ihrer Chiffre gegen alle bekannten kryptanalytischen Angriffe, und sie können nachweisen, dass der von ihnen gewählte Algorithmus in dieser Hinsicht keine Einschränkung der Sicherheit bedeutet. Außerdem, und dies war ja auch ein wichtiges Kriterium für das Auswahlverfahren für AES, besitzt er gute Performance-Qualitäten.

Es bezeichnen $w_0, w_1, ..., w_{N_{key}-1}$ die Spalten der Schlüsselmatrix K. Wir bilden hieraus in Abhängigkeit von N_{key} eine rekursiv definierte Folge.

Hierzu sei zunächst $f : B \to B$ gegeben durch

$$f(b) = S(b) + x^{\lceil \frac{i}{N_{key}} \rceil - 1}$$

mit der Bytesubstitution S. Auf B^k erklären wir f komponentenweise. Wir bilden die Schlüsselfolge:

1. Fall, $N_{key} = 4, 6$:

  i) $i > N_{key}, i \not\equiv 0 (\text{mod } N_{key})$:

$$w_i = w_{i-N_{key}} + w_{i-1},$$

 ii) $i \geq N_{key}, i \equiv 0 (\text{mod } N_{key})$:

$$w_i = w_{i-N_{key}} + f(w_{i-1}).$$

2. Fall, $N_{key} = 8$:

  i) $i > N_{key}, i \not\equiv 0, 4 (\text{mod } N_{key})$:

$$w_i = w_{i-N_{key}} + w_{i-1}$$

 ii) $i \geq N_{key}, i \equiv 0, 4 (\text{mod } N_{key})$:

$$w_i = w_{i-N_{key}} + \rho(f(w_{i-1})).$$

ρ bezeichnet hierbei die zyklische Verschiebung der Elemente einer Spalte um 1. Der Rundenschlüssel K_i besteht jetzt aus vier aufeinander folgenden Spalten

$$K_i = (w_{4i}, ..., w_{4(i+1)-1}).$$

In AES sind alle Operationen invertierbar, so dass die Entschlüsselung durch eine konsequente *straight-forward*-Umkehrung der einzelnen Schritte erfolgt.

10

Chiffriermodi

10.1 ECB

Eine Blockchiffre verarbeitet kurze Datenblöcke, in die eine längere Nachricht unterteilt werden muss. Ein **Chiffriermodus** beschreibt unabängig von der Chiffre funktionale Zusammenhänge zwischen den einzelnen Blöcken.

Der einfachste Modus besteht in der sequenziellen Chiffrierung der einzelnen Datenblöcke, vergl.Abb. 10.1.

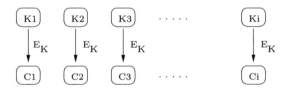

Abbildung 10.1: ECB

Als Formel:

$$C_i = E_K(P_i),\ i \in \mathbb{N}.$$

Dieser Chiffriermodus heißt **ECB-Modus**, als Abkürzung für **enciphering code book**. Jeder einzelne Block wird für sich genommen mit dem gleichen Schlüssel K verschlüsselt und verschickt. Das kann Nachteile haben, wenn in einer Nachricht, wie dies zum Beispiel bei Bitmaps von Grafiken auftreten kann, sehr viele identische Bitblöcke verschickt werden. Dann sind viele chiffrierte Datenblöcke ebenfalls identisch, was einem Angreifer bereits wertvolle Informationen auf die Art der Daten liefern kann.

10.2 CBC

Ein Chiffriermodus, der in dieser Hinsicht eine Verbesserung darstellt, ist der **CBC-Modus**, vergl. Abb. 10.2. Die Abkürzung steht für **cipher-block-chaining**.

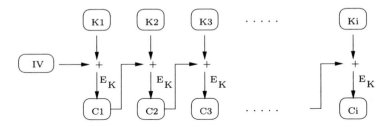

Abbildung 10.2: CBC

Hierbei wird jeder Chiffretextblock zu dem nachfolgenden Klartextblock addiert, um sich erst dann der Chiffrierung E_K auszusetzen. Außerdem beginnt nun der gesamte Verschlüsselungsprozess mit einem **Initialisierungsvektor** IV. In Formeln:

$$C_1 = E_K(P_1 + IV)$$
$$C_i = E_K(P_i + C_{i-1})$$

Vorteile dieses Chiffriermodus

- Muster werden zerstört.

- Verschiedene IVs erzeugen bei gleichem Klartext unterschiedliche Chiffretexte.

Schlecht zu handhaben ist dieser Algorithmus bei Online-Verschlüsselungen. Mit der Verschlüsselung muss nämlich immer gewartet werden, bis alle Bits des Klartextblocks vollständig eingelesen sind. Dies kann sogar Probleme geben, wenn in einem Datennetz gerade einmal wenig Daten transportiert werden und z.B. das 'return'-Signal, das an einem Rechner eingegeben wird, nun nicht weiter bearbeitet werden kann. Das bedeutet unerwünschte Verzögerung im Datenverkehr.

10.3 CFB, OFB

Eine Alternative bietet der **CFB-Modus, cipher feedback**, der in Abb. 10.3 dargestellt wird.

Hierbei wird der Chiffretextblock C_i der Verschlüsselung unterzogen und das Ergebnis dann mit dem nächsten Klartextblock addiert, um als Ergebnis C_{i+1} zu erhalten. Da die Addition bitweise geschieht, muss nicht auf den vollständigen

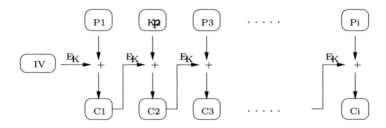

Abbildung 10.3: CFB

Klartextblock gewartet werden. In Formeln liest sich dieser Modus wie folgt:

$$C_1 = P_1 + E_K(IV)$$
$$C_i = P_i + E_K(C_{i-1}).$$

Auch die Entschlüsselung ist im CFB-Modus schneller. Um zu entschlüsseln, muss der Empfänger $C_i + E_K(C_{i-1})$ bilden. Das Zeitaufwendigste hieran ist die Verschlüsselung $E_K(C_{i-1})$, was er aber bereits tun kann, wenn C_i noch gar nicht empfangen ist. Genau genommen bilden die $E_K(C_i)$ eine Folge von möglichst unabhängigen Schlüsseln K_i, die Verschlüsselung jedes Blocks P_i erfolgt als $P_i + K_i$. Es ist eher zweitrangig (aber praktisch fürs Entschlüsseln), dass die K_i durch die Datenblöcke selbst entstanden sind. Sind sie dies nicht, sondern werden sie unabhängig generiert, so spricht man vom **OFB-Modus, output feedback**, vergl. Abb. 10.4.

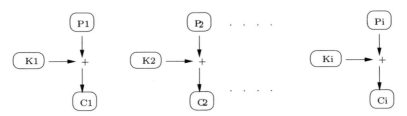

Abbildung 10.4: OFB

Datenblocklänge und die Länge von C_i müssen im Übrigen beim CFB-Modus auch nicht übereinstimmen. Auf diese gängige Verallgemeinerung soll hier nicht eingegangen werden.

Der CFB-Modus lässt sich zur Konstruktion einer Hashfunktion nutzen. Eine Variante ist wie folgt: Die zu hashende Nachricht N wird in r Blöcke P_i aufgespalten und sequenziell im CFB-Modus mit einer geeigneten Blockchiffre abgearbeitet. Der letzte Chiffretextblock im CFB-Modus ist dann der Hashwert der Nachricht:

$$H(N) := C_r.$$

Initialisierungsvektor und Schlüssel sind hierfür natürlich bekannt zu geben. Man sollte beachten, dass sich nicht jede Blockchiffre automatisch hierzu eignet.

In dem Fall, dass die Blöcke im OFB-Modus aus jeweils einem Bit bestehen, spricht man auch von einer **Stromchiffrierung**.

Es liegt auf der Hand, dass die Sicherheit des OFB-Modus in nachhaltiger Weise abhängt von einer möglichst zufälligen Folge der Schlüssel.

10.4   One-Time-Pad, Schieberegister

Ist die Folge der Schlüssel bei der Stromchiffrierung zufällig, so nennen wir diese Verschlüsselung einen **one-time-pad**. Theoretisch ist der one-time-pad, der im Übrigen ja eine Vigenère-Chiffre mit unendlich langem Schlüssel darstellt, absolut sicher. In der Praxis ist es problematisch, einen Schlüssel auszutauschen, der so lang ist wie die Nachricht selbst. Man kann dies dadurch lösen, indem Empfänger und Sender einer Nachricht auf einen gemeinsamen (physikalischen) Erzeuger einer Zufallszahlenfolge zugreifen können. Dieser Generator muss gar nicht geheim bleiben. Sender und Empfänger können sich dann auf einen Zeitpunkt einigen, ab dem die Zufallsfolge zur Verschlüsselung benutzt wird. Nur dieser Zeitpunkt muss geheim bleiben. Es ist aber gar nicht so leicht, wirkliche Zufallsfolgen zu finden. Hat man keinen physikalischen Generator (Zerfallsprozesse, kosmische Strahlung) so erzeugt man meist Schlüsselfolgen, die nur zufällig wirken, es aber nicht sind, die sogenannten **Pseudozufallszahlenfolgen**.

Linear rückgekoppelte **Schieberegister** sind diskrete dynamische Systeme und können zur Erzeugung von Pseudozufallsfolgen eingesetzt werden. Ein Schieberegister erster Ordnung der Länge l besteht aus einer Folge von Zuständen $\bar{y}(t_i) \in \mathbb{F}_2^l$ mit einem vorgegebenen Anfangszustand

$$\bar{y}(t_0) = \bar{y}_0$$

sowie einer Rekursion

$$\bar{y}(t_{n+1}) = \begin{pmatrix} 0 & 1 & 0 & 0 & . & 0 \\ 0 & 0 & 1 & 0 & . & 0 \\ 0 & 0 & 0 & 1 & . & 0 \\ . & & & & & . \\ . & & & & & . \\ a_1 & a_2 & a_3 & a_4 & . & a_l \end{pmatrix} \bar{y}(t_n).$$

Hierbei ist $(a_1, ..., a_l)^T$ ein fester Vektor des $\mathbb{F}_2^l$.

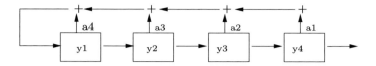

Abbildung 10.5: Schieberegister mit $l = 4$ im Zustand $\bar{y} = (y_1, y_2, y_3, y_4)$

In Abb. 10.5 ist als Beispiel ein Schieberegister der Länge $l = 4$ abgebildet.

Man kann die *Zufälligkeit* einer Bitfolge (b_n) als die Länge l_b des kürzesten Schieberegisters erster Ordnung definieren, das diese Folge erzeugt. Je größer l_b, um so *zufälliger* ist die Folge.

11

Kryptanalyse symmetrischer Chiffren

Zu den wichtigsten kryptanalytischen Methoden zum Angriff auf symmetrische Chiffren zählen die **differenzielle** und die **lineare** Kryptanalyse. Mittlerweise existieren etliche Modifikationen und Weiterentwicklungen dieser Methoden.

11.1 Differenzielle Kryptanalyse

Differenzielle Kryptanalyse wurde 1990 durch Eli Biham und Adi Shamir [11] als Angriffsmethode auf DES öffentlich eingeführt. Überraschenderweise zeigte sich, dass DES gegenüber differenzieller Kryptanalyse weitestgehend immun ist und dass das Design der S-Boxen offensichtlich einen optimalen Schutz gegen diese Form des Angriffs bietet.

Die Entwurfskriterien für die S-Boxen wurden der Öffentlichkeit lange vorenthalten und erst Anfang der Neunziger Jahre von Don Coppersmith, Mitentwickler von DES, offengelegt, vergl. [15], [16]. Wir wissen heute, dass die Entwickler von DES die differenzielle Kryptanalyse tatsächlich bereits vor ihrer Veröffentlichung durch Biham und Shamir kannten und für den Entwurf von DES berücksichtigten. Man fürchtete, die Bekanntgabe der Entwurfsziele könnte auch die differenzielle Kryptanalyse aufdecken. Da dieses leistungsfähige Verfahren gegen viele Chiffrierungen eingesetzt werden kann, wandte sich die NSA gegen eine Offenlegung, damit der Vorsprung, den die Vereinigten Staaten auf diesem Gebiet der Kryptographie gegenüber anderen Ländern hatten, nicht gefährdet würde.

Nach der Veröffentlichung der Methode durch Biham und Shamir gab es keinen Grund mehr, die Entwurfskriterien länger geheim zu halten.

11.1.1 Die Idee

Differenzielle Kryptanalyse kann nicht nur für einen Angriff auf DES, sondern auf eine beliebige iterierte Blockchiffre eingesetzt werden. Deren nichtlinearen Anteil bezeichnen wir in Anlehnung an DES weiter als S-Box-Substitution. Wir gehen ferner davon aus, dass bei der zu knackenden Chiffre die Rundenverschlüsselung eines Rundentextes T_i durch die Addition des Schlüssels

$$K_i(T) = T_i + K_i$$

erfolgt.

Der Ansatz für die differenzielle Kryptanalyse basiert auf folgenden zwei Phänomenen, die auftreten, wenn wir simultan zwei Texteingaben P, P' betrachten und unser Augenmerk nicht auf die Eingaben selbst, sondern auf deren Differenz $P - P'$ richten. (Da wir über $\mathbb{F}_2$ rechnen, ist $P - P' = P + P'$, was wir im Folgenden benutzen werden.)

- Für jeden linearen Bestandteil f der Chiffre hängen die Differenzen $f(P) + f(P')$ der Ausgaben nur von der Differenz der Eingaben und nicht von den Eingaben selber ab. Für eine lineare Abbildung f gilt ja per definitionem gerade $f(P + P') = f(P) + f(P')$.

- Der Schlüssel beeinflusst die Differenz der i-ten Rundentexte nicht:

$$T_i + K_i + T'_i + K_i = T_i + T'_i.$$

Konzentrieren wir uns nun darauf, wie Differenzen von der Chiffre beeinflusst werden. Bei einer linearen Abbildung ziehen, wie bereits erwähnt, gleiche Differenzen in den Eingaben auch gleiche Differenzen bei den Ausgaben nach sich.

Für die nichtlineare S-Box-Substitution ergeben sich, anders als bei einer linearen Abbildung, trotz gleicher Eingabedifferenzen $X_1 + X'_1 = X_2 + X'_2$ in der Regel unterschiedliche Ausgabedifferenzen $S(X_1) + S(X'_1) \neq S(X_2) + S(X'_2)$.

Die Ausgabedifferenz einer festen S-Box ist eine Funktion $\Delta_S(\Delta, X)$ der Eingabedifferenz und der Eingabe selbst. Nehmen wir an, die S-Box verarbeitet Blöcke von n bit. Der Definitionsbereich von Δ_S enthält dann 2^{2n} Elemente. Wir untersuchen bei vorgegebener Eingabedifferenz Δ_E und Ausgabedifferenz Δ_A die Kardinalität

$$A_S(\Delta_E, \Delta_A) := \sharp\{X \mid \Delta_S(\Delta_E, X) = \Delta_A.\}$$

Die Wahrscheinlichkeit für das Auftreten eines Übergangs $\Delta_E \to \Delta_A$ ist demnach

$$p(S; \Delta_E, \Delta_A) = \frac{A_S(\Delta_E, \Delta_A)}{2^n}.$$

Diese Wahrscheinlichkeitsverteilung berechnet man für jede S-Box.

Für die differenzielle Kryptanalyse bietet sich ein Angriffspunkt, wenn einige Übergangswahrscheinlichkeiten deutlich größer sind als andere. Das Ziel ist es, diese statistischen Signifikanzen zur Ermittlung einiger Bits eines Rundenschlüssels auszunutzen.

11.1.2 Charakteristik

Betrachten wir hierzu ein Paar von Eingabetexten (P, P'). T_i, T_i' sind die Eingabetexte der i-ten Runde, $T_0 = P$, $T_0' = P'$ sind die Klar- und C, C' die chiffrierten Texte.

Wir definieren für $i = 0, 1, ..., r$ die i-te Rundendifferenz des Klartextpaares (P, P') als

$$\Delta_i(P, P') = T_i + T_i'.$$

Insbesondere ist

$$\Delta_0(P, P') = P + P', \quad \Delta_r(P, P') = C + C'.$$

Eine Folge von $l + 1$ aufeinander folgenden vorgegebenen Differenzen $D_i, \ldots, D_{i+l}$, heißt eine l-**Runden-Charakteristik**. Das Textpaar (P, P') besitzt diese Charakteristik für die Runden i bis $i + l$, wenn

$$\Delta_i(P, P') = D_i, ..., \Delta_{i+l}(P, P') = D_{i+l}.$$

Eine Charakteristik ist demnach so etwas wie ein (Differenzen-)Pfad durch den Verschlüsselungsalgorithmus.

Die differenzielle Kryptanalyse sucht nach Charakteristiken, die deutlich wahrscheinlicher sind als andere. Wir wollen in diesem Abschnitt beschreiben, wie mit Hilfe einer solchen $r - 1$-Runden-Charakteristik einige Bits des letzten Rundenschlüssels K_r ermittelt werden können.

Wir tun dies beispielhaft an einer sehr einfachen Modell-Chiffre.

11.1.3 Eine Beispielchiffre

Diese Chiffre, vergl. Abb. 11.1, besteht aus 2 S-Boxen und einer Permutation in jeder Runde und stellt ein spezielles **Substitutions-Permutations-Netzwerk** dar.

Da wir nur das Prinzip klarmachen wollen, beschränken wir uns auf 3 Runden und eine Blocklänge von 6 bit.

Die beiden S-Boxen stellen wir in Tabelle 11.1 dar.

Tabelle 11.1: Die S-Boxen unserer Beispielchiffre

x	000	001	010	011	100	101	110	111
$S_1(x)$	000	010	100	110	011	111	101	001
$S_2(x)$	111	011	010	101	000	001	100	110

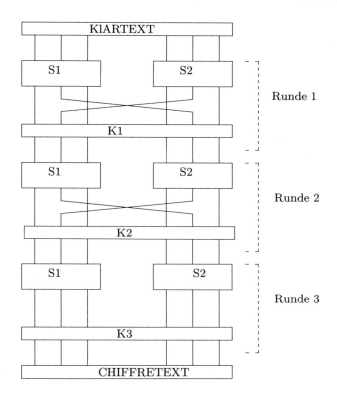

Abbildung 11.1: Beispielchiffre

Die S-Boxen sind nichtlinear; z.B. ist

$$110 = S_1(011) = S_1(101 + 110) \neq S_1(101) + S_1(110) = 111 + 101 = 010,$$
$$100 = S_2(110) = S_2(100 + 010) \neq S_2(100) + S_2(010) = 000 + 010 = 010.$$

Um Charakteristiken zu finden und ihre Wahrscheinlichkeiten zu bestimmen, müssen wir die S-Box-Substitutionen genauer analysieren.

Die Tabellen 11.2 und 11.3 beschreiben das Verhältnis von Eingabe- und Ausgabedifferenzen der beiden S-Boxen aus der Beispielchiffre. Die binäre Ein- und Ausgabe abc wurde dabei in die entsprechende Dezimalzahl umgewandelt. Die triviale Eingabedifferenz Null und die Ausgabedifferenz Null haben wir nicht mit aufgeführt.

Die Einträge in der Tabelle bestehen aus den Eingabe-Paaren mit dem vorgegebenen Eingabe-Ausgabe-Differenzübergang. Mit dem Paar (x, y) hat auch immer das Paar (y, x) die geforderte Eigenschaft, wir haben in der Tabelle jeweils nur eins dieser Paare berücksichtigt.

Tabelle 11.2: Differenzentabelle für S_1

		Δ_A						
		1	2	3	4	5	6	7
Δ_E	1		(0,1),(2,3)		(4,5),(6,7)			
	2				(0,2),(1,3)		(4,6),(5,7)	
	3		(4,7),(5,6)				(0,3),(1,2)	
	4	(2,6)		(0,4)		(1,5)		(3,7)
	5	(1,4)		(3,6)		(2,7)		(0,5)
	6	(3,5)		(1,7)		(0,6)		(2,4)
	7	(0,7)		(2,5)		(3,4)		(1,6)

Tabelle 11.3: Differenzentabelle für S_2

		Δ_A						
		1	2	3	4	5	6	7
Δ_E	1	(4,5)	(6,7)		(0,1)			(2,3)
	2				(4,6)	(0,2)	(1,3)	(5,7)
	3	(1,2)	(0,3)			(5,6)	(4,7)	
	4		(1,5)	(3,7)			(2,6)	(0,4)
	5	(6,3)		(1,4)	(2,7		(0,5)	
	6		(2,4)	(0,6)	(3,5)	(1,7)		
	7	(0,7)		(2,5)	(3,4)			(1,6)

11.1.4 Wahrscheinlichkeit einer Charakteristik

Wir sehen, dass zum Beispiel für S_1 die Ausgabedifferenz 2 für je 4 Eingabepaare der Differenz 1 und 3 vorkommt und ansonsten gar nicht. Die Wahrscheinlichkeit für einen Differenzenübergang von der Eingangsdifferenz $\Delta_E = 1$ zur Ausgabedifferenz $\Delta_A = 2$ beträgt also

$$p(S_1; \Delta_E = 1, \Delta_A = 2) = \frac{1}{2}.$$

Diese Einzelwahrscheinlichkeiten setzen sich zu einer Gesamtwahrscheinlichkeit für eine Charakteristik zusammen.

Dabei unterstellen wir, dass die lokalen Übergangswahrscheinlichkeiten an den beteiligten S-Boxen unabhängig sind. (Dies stimmt zwar z.B. nicht mehr, wenn die Rundenschlüssel nicht unabhängig voneinander sind, erfahrungsgemäß bringt diese Annahme aber keine größeren Fehler mit sich.)

Wir betrachten die 3-Runden-Charakteristik aus Abbildung 11.2. Hierbei ist

$$D_0 = 001000, \qquad D_1 = 000010, \qquad D_2 = 010100, \qquad D_3 = 100111$$

und es ist der Verlauf derjenigen Bits hervorgehoben, an denen sich die Eingabetexte während des Prozesses unterscheiden, also diejenigen Bits der Differenz, die gleich 1 sind.

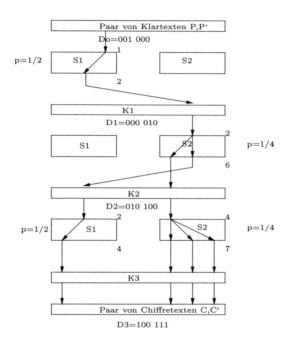

Abbildung 11.2: 3-Runden-Charakteristik

Die Eingabe-und Ausgabedifferenzen wurden an die rechte obere bzw. rechte untere Ecke der S-Boxen als Dezimalzahlen geschrieben. Neben der Box steht dann außerdem noch die entsprechende Übergangswahrscheinlichkeit.

Diese Beispielcharakteristik hat damit die Wahrscheinlichkeit

$$p(D_0, D_1, D_2, D_3) = (\frac{1}{2})^2(\frac{1}{4})^2 = \frac{1}{64}.$$

Die 2-Runden-Charakteristik D_0, D_1, D_2 hat die Wahrscheinlichkeit

$$p(D_0, D_1, D_2) = \frac{1}{8}.$$

11.1.5   Deterministische Ermittlung von Schlüsselbits

Ein Textpaar (P, P'), das eine vorgegebene Beispiel-Charakteristik erfüllt, heißt
ein **richtiges Paar** und wir finden ein solches mit der Wahrscheinlichkeit $1/64$ für
unsere 3-Runden-Charakteristik $(\Delta_0 = D_0, D_1, D_2, D_3)$ und mit der Wahrscheinlichkeit $1/8$ für die 2-Runden-Charakteristik $(\Delta_0 = D_0, D_1, D_2)$.

Wir betrachten die letzte Runde der Verschlüsselung in Abb. 11.3

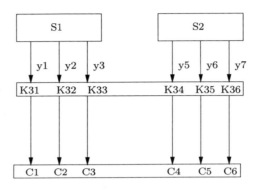

Abbildung 11.3: Letzte Verschlüsselungsrunde

Bei einem known-plaintext-Angriff kennen wir die Chiffrebits $C_1, \ldots, C_6$ und
$C_1', \ldots, C_6'$. Dagegen sind uns die Schlüsselbits der letzten Runde genauso wenig
bekannt wie die Bits $y_1, \ldots, y_6$. Wenn wir jetzt davon ausgehen, dass unser Paar
P, P' zu der richtigen 2-Runden-Charakteristik gehört, (was mit einer Wahrscheinlichkeit von $1/8$ zutrifft) so können wir auf mögliche Werte für y_i folgendermaßen
schließen:

An der Box S_2 impliziert unsere Charakteristik einen Differenzenübergang von
$(1, 0, 0)$ nach $(C_4, C_5, C_6) + (C_4', C_5', C_6')$. Nehmen wir als Beispiel an, diese Differenz sei $(0, 1, 0)$. Anhand der Tabelle 11.3 erkennt man, dass als Eingabepaar nur
$(0, 0, 1), (1, 0, 1)$ in Frage kommt. Dies bedeutet für den Ausgabevektor

$$(y_4, y_5, y_6) = (0, 1, 1) \quad \text{oder} \quad (y_4, y_5, y_6) = (0, 0, 1).$$

Auf der anderen Seite haben wir in S_1 einen Übergang von $(0, 1, 0)$ nach $(C_1, C_2, C_3) +$
(C_1', C_2', C_3'). Nehmen wir als Beispiel an, diese Differenz sei $(1, 0, 0)$. Die möglichen
Eingabe-Paare sind dann $(0, 0, 0), (0, 1, 0)$ und $(0, 0, 1), (0, 1, 1)$. Hieraus folgt

$$(y_1, y_2, y_3) \in \{(0, 0, 0), (1, 0, 0), (0, 1, 0), (1, 1, 0)\}.$$

Wir erhalten damit 8 Möglichkeiten für $(y_1, ..., y_6)$ und ebenso viele für den Schlüssel
K_3

$$(K_{31}, ..., K_{36}) = (C_1 + y_1, ..., C_6 + y_6).$$

Wir brauchen noch einige wenige weitere richtige Paare, um als Durchschnitt der möglichen Schlüssel den richtigen zu ermitteln.

11.1.6 Statistische Ermittlung von Schlüsselbits

Kehren wir zurück zu einer allgemeinen Chiffre. Ob ein Textpaar zu der richtigen Charakteristik gehört, wissen wir natürlich nicht. Was wir von einem Textpaar bei einem known-plaintext-attack kennen, ist die Differenz $D_0 = P + P'$ und die letzte Differenz $C + C'$. Bei einem chosen-plaintext-Angriff können wir die Anfangsdifferenz vorgeben. Wir generieren also zufällig Klartextpaare mit der richtigen Eingabedifferenz D_0. Bei einem known-plaintext-Angriff müssen wir aus der uns vorliegenden Menge von Texten geeignete auswählen.

Für alle diese berechnen wir aus D_{r-1} und $C + C'$ die Bits des letzten Schlüssels. Handelt es sich um ein richtiges Paar, so ist $\Delta_{r-1}(P, P') = D_{r-1}$ und die richtigen Schlüsselbits sind auch tatsächlich unter den so errechneten.

Man sollte nun erwarten, dass für die wahrscheinlichste Charakteristik die richtigen Schlüssel unter allen berechneten Schlüsseln am häufigsten vorkommen. Bei einer hinreichend großen Zahl von getesteten Klartexten sollte sich dies in der Tabelle der hieraus berechneten Schlüssel deutlich bemerkbar machen. Je deutlicher die Wahrscheinlichkeit einer Charakteristik sich von anderen abhebt, um so sicherer lässt sich auf einen korrekten Schlüssel schließen. Als Faustregel kann man daher bei einem chosen-plaintext-Angriff von

$$O(1/p(D_0, \ldots, D_n))$$

benötigten Klartextpaaren ausgehen.

Für unseren Angriff auf den letzten Schlüssel muss, wie man sieht, nur für die $r - 1$-te Differenz gelten $\Delta_{r-1}(P, P) = D_{r-1}$. Es ist also eigentlich ein Bündel von Charakteristiken, das die richtigen Schlüsselbits liefert.

Unser Referenzbeispiel ist für eine statistische Auswertung natürlich vollkommen ungeeignet. Immerhin gibt es hier ja nur $2^6 = 64$ mögliche Eingaben und damit auch nur 64 mögliche Klartextpaare zu einer vorgegebenen Anfangsdifferenz. Für eine statistische Auswertung liefert dies viel zu kleine Datenbestände, ganz abgesehen davon, dass man natürlich auch gleich alle möglichen 64 Schlüssel ausprobieren könnte.

Die von uns gewählte 2-Runden-Charakteristik war auch nicht die wahrscheinlichste, taugte also nicht zur statistischen Auswertung. In einer der Übungsaufgaben wird ein komplexerer Algorithmus vorgeschlagen.

11.2 Lineare Kryptanalyse

Neben der differenziellen Kryptanalyse hat sich als zweite wichtige Angriffsmethode gegen symmetrische Chiffren die sogenannte **lineare Kryptanalyse** erwiesen.

Diese Methode wurde erstmals 1993 von Mitsuru Matsui vorgestellt [35]. Auch sie basiert auf statistischen Auswertungen im Rahmen eines known- bzw. chosenplaintext-attacks.

Wir haben bereits gesehen, dass lineare Beziehungen zwischen Eingabe- und Ausgabebits das Knacken einer Chiffre wesentlich erleichtern. Es wird sich zeigen, dass hierzu zwischen Ein-und Ausgabebits nicht unbedingt im deterministischen Sinne eine lineare oder affin-lineare Relation existieren muss. Eine Chiffre ist bereits dann angreifbar, wenn lineare, bzw. affin-lineare Beziehungen zwischen Teilmengen der Eingabe- und der Ausgabebits für entweder signifikant viele oder aber auch signifikant wenige Eingaben erfüllt sind.

11.2.1 Lineare Approximationen

Eine lineare Beziehung zwischen Bits X_i und anderen Bits Y_i ist gegeben durch eine Gleichung der Gestalt

$$\sum_{i=1}^{n} a_i X_i = \sum_{i=1}^{n} b_i Y_i,$$

eine nichtlineare, aber affin-lineare Beziehung ist eine der Form

$$\sum_{i=1}^{n} a_i X_i = \sum_{i=1}^{n} b_i Y_i + 1,$$

mit $a_i, b_i \in \mathbb{F}_2$.

Wir nehmen an, dass die (Eingabe-)Bits $X_1, ..., X_n$ durch eine logische Funktion in die (Ausgabe-)Bits $Y_1, ..., Y_n$ überführt werden. Gehen wir wieder von einer iterierten Blockchiffre wie im letzten Abschnitt aus, so kann diese logische Funktion eine oder mehrere Rundenverschlüsselungen oder die Substitution durch eine S-Box sein.

Ein Term $\sum_{i=1}^{n} a_i X_i$ heißt **linearer Ausdruck**, der Term $\sum_{i=1}^{n} a_i X_i + 1$ heißt **affin-linearer Ausdruck** in den X_i. Ein Paar (R_E, R_A) bestehend aus einem (affin-)linearen Ausdruck $R_E = R_E(X_1, ..., X_n)$ in den Eingabebits und einem affin-linearen Ausdruck $R_A = R_A(Y_1, ..., Y_n)$ in den Ausgabebits nennen wir eine **affinlineare Approximation**. Eine affin-lineare Approximation (R_E, R_A) wird von einer Eingabe $(\tilde{X}_1, ..., \tilde{X}_n)$ und der zugehörigen Ausgabe $(\tilde{Y}_1, ..., \tilde{Y}_n)$ erfüllt, wenn die affin-lineare Beziehung $R_E(\tilde{X}_1, ..., \tilde{X}_n) = R_A(\tilde{Y}_1, ..., \tilde{Y}_n)$ besteht.

Gilt eine (affin-)lineare Beziehung $R_E = R_A$ für alle Eingaben und die dazugehörigen Ausgaben, so ist die Approximation (R_E, R_A) im deterministischen Sinne gültig.

Wir beachten noch, dass

$$\sum_{i=1}^{n} a_i X_i \neq \sum_{i=1}^{n} b_i Y_i \iff \sum_{i=1}^{n} a_i X_i = \sum_{i=1}^{n} b_i Y_i + 1.$$

Lineare und affin-lineare Bezeihungen sind also komplementär zueinander.

Die Wahrscheinlichkeit $p(R_E, R_A)$ einer (affin-)linearen Approximation ist der Anteil aller Eingabe-Ausgabekombinationen, für die $R_E = R_A$ erfüllt ist.

Man sollte davon ausgehen, dass bei 'optimaler Nichtlinearität' einer logischen Funktion eine lineare Approximation (bei zufälliger Auswahl der Klartexte) mit einer Wahrscheinlichkeit von ca. 1/2 erfüllt wird.

Über Approximationen, die mit einer hiervon deutlich abweichenden Wahrscheinlichkeit gelten, lassen sich, wie wir sehen werden, Schlüsselbits bestimmen.

Im Folgenden wollen wir, ausgehend von Approximationen an den S-Boxen, Approximationen über mehrere Runden zusammen setzen und deren Wahrscheinlichkeit berechnen. Wir bemerken, dass aufgrund der Komplementarität ein einfacher Zusammenhang zwischen den Wahrscheinlichkeiten von linearen und affin-linearen Approximationen besteht:

$$p(R, S) = 1 - p(R + 1, S). \tag{11.1}$$

11.2.2 Lineare Approximationen der S-Boxen

Wir beginnen mit den linearen Approximationen der S-Boxen und betrachten hierzu unsere Beispielchiffre.

Für Ein- und Ausgabe an der S_1-Box haben wir jeweils 8 mögliche lineare Ausdrücke

$$\sum_{i=1}^{3} a_i X_i, \quad \text{bzw.} \quad \sum_{i=1}^{3} b_i Y_i$$

und enprechend für die S_2-Box

$$\sum_{i=4}^{6} a_i X_i, \quad \text{bzw.} \quad \sum_{i=4}^{6} b_i Y_i.$$

Insgesamt ergeben sich an jeder Box 64 mögliche lineare Approximationen. Ihre Häufigkeiten sind in den Tabellen 11.5 und 11.6 zu finden.

In den Tabellen kodieren wir für S_1 einen linearen Ausdruck $c_1 Z_1 + c_2 Z_2 + c_3 Z_3$ durch die zur Bitfolge $c_1 c_2 c_3$ gehörende Dezimalzahl, und für S_2 entsprechend $c_4 Z_4 + c_5 Z_5 + c_6 Z_6$ durch die zu $c_4 c_5 c_6$ gehörende Dezimalzahl.

Die Einträge in der Tabelle gibt die Zahl der Eingaben an, für die die lineare Approximation (R_E, R_A) erfüllt wird.

Wollen wir beispielsweise wissen, wie oft die lineare Approximation $(X_1 + X_2, Y_2 + Y_3)$ besteht, für wie viele Eingaben, also $X_1 + X_2 = Y_2 + Y_3$ erfüllt wird, so sehen wir in Zeile $6 (= 110)$ und Spalte $3 (= 011)$ nach.

Die Relation $X_1 + X_2 = Y_2 + Y_3$ wird für die S_1-Box demnach bei 8 möglichen Eingaben 2-mal angenommen. Man rechnet leicht nach, dass es sich hierbei um die Eingabe 000 mit Ausgabe 000 und die Eingabe 011 mit Ausgabe 110 handelt.

Tabelle 11.4: Linearkombinationen

0	X_1	X_2	X_3	$X_1 + X_2$	$X_1 + X_3$	$X_2 + X_3$	$X_1 + X_2 + X_3$	$R(Y_i)$
0	0	0	0	0	0	0	0	r_1
0	0	0	1	0	1	1	1	r_2
0	0	1	0	1	0	1	1	r_3
0	0	1	1	1	1	0	0	r_4
0	1	0	0	1	1	0	1	r_5
0	1	0	1	1	0	1	0	r_6
0	1	1	0	0	1	1	0	r_7
0	1	1	1	0	0	0	1	r_8

Die Wahrscheinlichkeit für diese Approximation an der ersten S-Box ist daher

$$p(6,3) = \frac{1}{4}.$$

Tabelle 11.5: Tabelle für S_1

R_A

	0	1	2	3	4	5	6	7
0	8	4	4	4	4	4	4	4
1	4	4	6	6	4	4	2	6
2	4	4	2	6	6	6	4	4
3	4	4	4	4	6	2	6	6
4	4	8	4	4	4	4	4	4
5	4	4	6	6	4	4	6	2
6	4	4	6	2	6	6	4	4
7	4	4	4	4	2	6	6	6

R_E (label for rows)

11.2.3 Einige Eigenschaften der Häufigkeitstabellen

Die Häufigkeitstabellen 11.5, 11.6 weisen einige Gesetzmäßigkeiten auf, die wir im Folgenden näher untersuchen wollen. Die Einträge in der ersten Spalte und der ersten Zeile sind natürlich vollkommen unabhängig von der S-Box und müssen immer so aussehen. Dies folgt aus der Tatsache, dass jede Linearkombination, außer der, die identisch 0 ist, genau so oft die Null wie die Eins darstellen muss: Da nämlich für feste Werte $a_i \in \mathbb{F}_3$ die Abbildung $(t_1, t_2, t_3) \rightarrow \sum_{i=1}^{3} a_i t_i$ eine lineare Abbildung des Vektorraums $\mathbb{F}_2^3$ in den Vektorraum $\mathbb{F}_2$, also eine Linearform ist, so hat die Urbildmenge zu 1 genauso viele Elemente wie die Urbildmenge zu 0, also wie der Kern der Abbildung. Wir nennen diese Stellen die Nullstellen bzw. die Einsstellen der Linearkombination.

Tabelle 11.6: Tabelle für S_2

		R_A							
		0	1	2	3	4	5	6	7
R_E	0	8	4	4	4	4	4	4	4
	1	4	6	4	6	4	6	4	2
	2	4	2	4	6	6	4	6	4
	3	4	4	4	4	2	6	6	6
	4	4	2	2	4	4	6	2	4
	5	4	4	2	2	4	4	6	2
	6	4	4	2	6	2	2	4	4
	7	4	2	6	4	2	4	4	2

Man sieht auch sehr schnell, dass die Einträge immer gerade Zahlen sein müssen: Es seien R_1 und R_2 zwei Linearkombinationen. $n_1, ..., n_4$ seien die Nullstellen und $e_1, ..., e_4$ die Einsstellen von R_1, $\nu_1, ..., \nu_4$ und $\epsilon_1, ..., \epsilon_4$ die Null- und Einsstellen von R_2. Falls $\{n_1, ..., n_4\} = \{\nu_1, ..., \nu_4\}$, so muss notwendig auch $\{e_1, ..., e_4\} = \{\epsilon_1, ..., \epsilon_4\}$ und die Linearkombinationen stimmen für alle Eingaben überein. Falls einige der n_i mit einigen der ϵ_j übereinstimmen, so müssen dann genauso viele der e_i mit gewissen ν_j übereinstimmen. Es folgt, dass es immer genauso viele Übereinstimmungen von Nullstellen wie von Einsstellen gibt, insgesamt also eine gerade Anzahl an Übereinstimmungen.

Wir können sogar zeigen: *Die Zeilensummen und die Spaltensummen der Häufigkeitstabellen 11.5 und 11.6 haben entweder den Wert 28 oder 36.*

Wir zeigen dies nur für die Spaltensummen:

Die Spaltensumme der Tabellen 11.5 und 11.6 entspricht der Gesamtzahl von Übereinstimmungen einer Ausgabe-Linearkombination mit allen Eingabe-Linearkombinationen.

Um diese Übereinstimmungen eines linearen Ausdrucks in den Y_i mit allen Linearkombinationen in den X_i festzustellen, zählen wir die Anzahl der Übereinstimmungen in den Zeilen der Tabelle 11.4. Dies sind in jeder Zeile, die nicht die erste Zeile ist, 4 Übereinstimmungen, da jede Zeile der Tabelle 11.4 bis auf die erste Zeile 4 Einsen und 4 Nullen enthält. Dies ergibt 28 Übereinstimmungen.

Besitzt nun die Ausgabe-Linearkombination in der ersten Zeile eine Null, so kommen 8 Übereinstimmungen hinzu, ansonsten bleibt es bei den 28.

11.2.4 Lineare Approximationen über mehrere Runden

Zusammensetzen der Approximationen an den S-Boxen einer Runde

Aus den Approximationen der S-Boxen einer Runde setzen wir nun zunächst eine Approximation einer Runde zusammen. Dazu seien $(R_E^{(1)}, R_A^{(1)})$ und $(R_E^{(2)}, R_A^{(2)})$ Approximationen für die zwei S-Boxen einer Runde. Diese müssen nun nicht notwendig linear, sondern dürfen auch affin-linear sein. Die Wahrscheinlichkeiten der affin-linearen lassen sich gemäß (11.1) berechnen. Die zusammengesetzte Approximation ist

$$(R_E^{(1)} + R_E^{(2)}, R_A^{(1)} + R_A^{(2)}).$$

Für ein Paar $(\bar{X}, \bar{Y})$ mit $\bar{X} = (X_1, \ldots, X_n)$, $\bar{Y} = (Y_1, \ldots, Y_n)$ ist die Beziehung

$$R_E^{(1)}(\bar{X}) + R_E^{(2)}(\bar{X}) = R_A^{(1)}(\bar{Y}) + R_A^{(2)}(\bar{Y})$$

genau dann erfüllt, wenn

$$R_E^{(1)}(\bar{X}) = R_A^{(1)}(\bar{Y}) \wedge R_E^{(2)}(\bar{X}) = R_A^{(2)}(\bar{Y})$$

oder

$$R_E^{(1)} \neq R_A^{(1)} \wedge R_E^{(2)} \neq R_A^{(2)}.$$

Letzteres liegt natürlich daran, dass für je zwei logische Ausdrücke R, S

$$R(\bar{X}) \neq S(\bar{Y}) \Longleftrightarrow R(\bar{X}) = S(\bar{Y}) + 1.$$

Sei

$$p_i := p_i(R_E^{(i)}, R_A^{(i)}) = \frac{1}{2} + \varepsilon_i$$

die Wahrscheinlichkeit für eine Approximation an der i-ten S-Box, so folgt daher für die Wahrscheinlichkeit der zusammengesetzten Approximation

$$
\begin{aligned}
&p(R_E^{(1)} + R_E^{(2)}, R_A^{(1)} + R_A^{(2)}) \\
&= \ p_1 p_2 + (1 - p_1)(1 - p_2) \\
&= \ (\frac{1}{2} + \varepsilon_1)(\frac{1}{2} + \varepsilon_2) + (\frac{1}{2} - \varepsilon_1)(\frac{1}{2} - \varepsilon_2) \\
&= \ \frac{1}{2} + 2\varepsilon_1\varepsilon_2.
\end{aligned}
$$

Auch im Fall einer allgemeineren Chiffre mit k an einer Rundenverschlüsselung beteiligten S-Boxen lassen sich alle k Approximationen auf diese Weise zu einer Rundenapproximation zusammensetzen. Für die Wahrscheinlichkeit gilt in diesem Fall:

$$p\left(\sum_{i=1}^{k} R_E^{(i)}, \sum_{i=1}^{k} R_A^{(i)}\right) = \frac{1}{2} + 2^k \prod_{i=1}^{k} \varepsilon_i. \tag{11.2}$$

Bei der Berechnung der Wahrscheinlichkeit haben wir angenommen, dass die Approximationen an den S-Boxen unabhängig voneinander sind.

Konkatenation mehrerer Rundenapproximationen

Wir setzen die $(h-1)$-te und h-te Rundenapproximation zusammen. Wir bezeichnen mit σ die Permutation, die in jeder Runde der Chiffre auf die S-Box-Substitution folgt. $\overline{K}_h = (K_{h1}, \ldots, K_{hn})$ ist der h-te Rundenschlüssel. Wir setzen für einen linearen oder affin-linearen Ausdruck $S(\overline{Y}$

$$^\sigma S := S(Y_{\sigma(1)}, \ldots, Y_{\sigma(n)}).$$

Wir können nur Approximationen zusammensetzen oder 'konkatenieren', bei denen der Ausgabeterm $R_A^{(h-1)}$ der $h-1$-ten und der Eingabeterm $R_E^{(h)}$ der h-ten Runde zusammen passen, für die also $R_E^{(h)} = {}^\sigma R_A^{(h-1)}$. Sei also (R, S) eine Approximation der $h-1$-ten und $(^\sigma S, T)$ eine Approximation der h-ten Runde. Die hieraus zusammengesetzte Approximation ist (R, T). Diese Approximation trifft genau für die X_i, Y_i, Z_i zu, für die

$$R(\overline{X}) = S(\overline{Y}) \wedge {}^\sigma S(\overline{Y} + \overline{K}_h) = T(\overline{Z})$$

oder

$$R(\overline{X}) \neq S(\overline{Y}) \wedge {}^\sigma S(\overline{Y} + \overline{K}_h) \neq T(\overline{Z})$$

Man beachte, dass in Abhängigkeit vom Rundenschlüssel K_h für $\tilde{S} := S(\overline{Y} + \overline{K}_h)$ gilt

$$\tilde{S} := S(\overline{Y})$$

oder

$$\tilde{S} := S(\overline{Y}) + 1.$$

Die Gültigkeit der Approximationen (R, S) in der $(h-1)$-ten Runde und die Gültigkeit von $(\sigma \circ \tilde{S}, T)$ in der h-ten Runde sind nun nicht notwendig voneinander unabhängige Ereignisse. Dies ist nur dann der Fall, wenn an den Ausgaben, für die (R, S) gültig ist, der Anteil derer, bei denen zusätzlich $(\sigma \circ \tilde{S}, T)$ gilt, genauso groß ist wie der Anteil derjenigen, die $(\sigma \circ \tilde{S}, T)$ erfüllen an allen Ausgaben der $h-1$-ten Runde.

Wir wollen die Unabhängigkeit der Einfachheit halber dennoch annehmen. Für die Wahrscheinlichkeit gilt dann

$$p(R, T) = p(R, S)p(^\sigma \tilde{S}, T) + (1 - p(R, S))(1 - p(^\sigma \tilde{S}, T)).$$

Wir setzen

$$p(R, S) = \frac{1}{2} + \varepsilon_{h-1}, \quad p(^\sigma \tilde{S}, T) = \frac{1}{2} + \varepsilon_h,$$

und beachten, dass im Fall $\tilde{S} \neq S$

$$p(^{\sigma}\tilde{S}, T) = 1 - p(^{\sigma}S, T) = \frac{1}{2} - \varepsilon_h.$$

Damit erhalten wir

$$p(R, T) = \frac{1}{2} \pm 2\varepsilon_{h-1}\varepsilon_h. \tag{11.3}$$

Unter der Annahme der Unabhängigkeit spielt für die Berechnung von $p(R, T)$ die spezielle Wahl des mittleren Ausdrucks S keine Rolle.

Für die Methode der linearen Approximation wird es, wie wir sehen werden, nur auf die betragsmäßige Abweichung der Wahrscheinlichkeit einer Approximation von $\frac{1}{2}$ ankommen, die wegen (11.3) vom Rundenschlüssel $\bar{K}_h$ unabhängig ist. Da wir den Rundenschlüssel K_h in der Tat nicht kennen, ist diese Beobachtung von großer Bedeutung.

Auf die soeben beschriebene Weise lassen sich mehrere Rundenapproximationen $L_1, \ldots, L_l$ zu einer Zielapproximation L konkatenieren. Wir berücksichtigen wieder nicht den Einfluss der Rundenschlüssel. Wir können dann zwar nicht die Wahrscheinlichkeit von L selbst, aber deren betragsmäßige Abweichung von $\frac{1}{2}$ berechnen:

$$|p(L) - \frac{1}{2}| = 2^l \prod_{i=1}^{l} \varepsilon_i. \tag{11.4}$$

wobei $p(L_i) = \frac{1}{2} + \varepsilon_i$.

11.2.5   Eine Beispielapproximation

Wir betrachten eine zunächst zufällig ausgewählte Approximation unserer Beispielchiffre, siehe Abb. 11.4.

In der ersten Runde wählen wir an den S-Boxen die Approximationen (X_1+X_2, Y_2+Y_3) und (X_4, Y_5), und in der zweiten Runde $(Y_2 + Y_3, Z_1)$ und $(Y_5, Z_5 + Z_6)$.

Die zusammengesetzte Approximation der ersten Runde ist dann

$$L_1 = (X_1 + X_2 + X_4, Y_2 + Y_3 + Y_5),$$

die der zweiten Runde ist

$$L_2 = (Y_2 + Y_3 + Y_5, Z_1 + Z_5 + Z_6).$$

Die Wahrscheinlichkeiten ergeben sich aus den Tabellen 11.5 und 11.6:

$$p_1(X_1 + X_2, Y_2 + Y_3) = p_1(6,3) = \frac{1}{4}, \quad p_1(Y_2 + Y_3, Z_1) = p_1(3,4) = \frac{3}{4},$$

$$p_2(X_4, Y_5) = p_2(4,2) = \frac{1}{4}, \quad p_2(Y_5, Z_5 + Z_6) = p_2(2,3) = \frac{3}{4}.$$

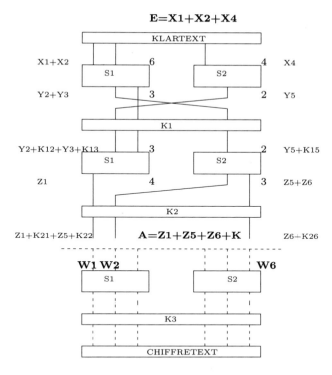

Abbildung 11.4: Beispiel einer linearen Approximation

Als Wahrscheinlichkeit für die Rundenapproximationen ergibt sich wegen (11.2)

$$p(L_1) = \frac{1}{2} - 2\frac{1}{4} \cdot \frac{1}{4} = \frac{3}{8} = \frac{1}{2} - \frac{1}{8}$$

$$p(L_2) = \frac{1}{2} + 2\frac{1}{4} \cdot \frac{1}{4} = \frac{5}{8} = \frac{1}{2} + \frac{1}{8}.$$

Wir wollen hieraus eine Approximation über beide Runden zusammensetzen.

Die Rundenpermutation ist gegeben durch $\sigma = (1 \ 5 \ 3 \ 4 \ 2 \ 6)$. Dann ist $\sigma(Y_2 + Y_3 + Y_5) = (Y_2 + Y_3 + Y_5)$, die Rundenapproximationen passen daher zusammen und wir erhalten durch Konkatenation die Zielapproximation

$$L = (X_1 + X_2 + X_4, Z_1 + Z_5 + Z_6).$$

Aus (11.4) erhalten wir für die Abweichung der Wahrscheinlichkeit für L von $\frac{1}{2}$

$$|p(L - \frac{1}{2})| = 2 \cdot \frac{1}{8} \cdot \frac{1}{8} = \frac{1}{32}.$$

11.2.6   Angriff auf den letzten Rundenschlüssel

Damit die lineare Kryptanalyse greifen kann, benötigen wir idealerweise eine Approximation, deren Abweichung von $\frac{1}{2}$ deutlich größer ist als die aller anderen. Eine solche Approximation nennen wir auch **dominant**. Wir gehen davon aus, wir hätten eine solche gefunden. Ob unsere Beispielapproximation eine dominante Approximation ist, wollen wir hier nicht näher untersuchen.

Wir verlassen unser Beispiel und betrachten die allgemeine Situation einer r-Runden Chiffre der Blocklänge n. Wir starten mit einer dominanten Approximation über $r-1$-Runden

$$L = (R(\bar{X}), S(\bar{Z}))$$

einen known-plaintext-Angriff auf den letzten Rundenschlüssel $\bar{K}_r$.

Wir wählen zufällig eine Menge $\mathcal{K}$ von Testschlüsseln und berechnen für jeden dieser Testschlüssel $\bar{\kappa} = (\kappa_1, ..., \kappa_n)$ aus dem Chiffretext $\bar{C} = (C_1, ..., C_n)$ die Eingabe $\bar{W} = (W_1(\bar{\kappa}), ..., W_n(\bar{\kappa}))$ unter der Annahme, dass $\bar{\kappa}$ der richtige Schlüssel ist.

Wir bezeichnen mit S_E die gesamte S-Box-Substitution der letzten Runde. Dann ermitteln wir für den Chiffretext $C = S_E(\bar{W}) + \bar{\kappa}$ die Ausgabe

$$\bar{C} + \bar{\kappa} = S_E(\bar{W}) + \bar{\kappa} + \bar{\kappa} = S_E(\bar{W}).$$

Da die S-Boxen injektiv sind, ergeben sich eindeutig $\bar{W} = W(\bar{\kappa})$.

Wir testen nun für jeden Schlüssel aus $\mathcal{K}$ eine größere Auswahl von N Texten und führen für jeden Schlüssel $\bar{\kappa}$ einen Zähler $T(\bar{\kappa})$ ein. Dieser wird um den Wert 1 erhöht, wenn für den Schlüssel die Relation

$$R(\bar{X}) = S(\bar{W})$$

erfüllt ist.

Für den richtigen Rundenschlüssel $\bar{\kappa} = \bar{K}_r$ ist, je nachdem, ob $S(\bar{Z}+\bar{K}_{r-1}) = S(\bar{Z})$ oder nicht, die Wahrscheinlichkeit hierfür $p(L) = \frac{1}{2} + \varepsilon_L$ oder $1 - p(L) = \frac{1}{2} - \varepsilon_L$.

Für einen falschen Schlüssel $\bar{K}'$ kann man erwarten, dass der Wert für $T(\bar{K}')$ nahe bei $N/2$ liegt. Die Wahrscheinlichkeit, mit einem falschen Schlüssel $\bar{K}'$ trotzdem den richtigen Wert für $S(\bar{W})$zu erhalten, liegt nämlich (bei zufälliger Auswahl der Texte) bei $1/2$.

Die Wahrscheinlichkeit für $R(\bar{X}) = S(\bar{W}(\bar{K}'))$ beträgt dann

$$\frac{1}{2}p(L) + (1 - \frac{1}{2})(1 - p(L)) = \frac{1}{2}.$$

Es ist daher insgesamt zu erwarten, dass für den richtigen Schlüssel der Wert des Zählers $T(\bar{K}_r)$ entsprechend von $N/2$ abweicht, also $|T(\bar{K}_r) - N/2| \approx |\varepsilon_L N/2|$.

Derjenige Schlüssel aus der Liste, dessen Zählerabweichung von $N/2$ diesem Wert am nächsten kommt, ist mit großer Wahrscheinlichkeit der wahre Schlüssel $\bar{K}_r$. Natürlich muss sowohl der Schlüsselraum $\mathcal{K}$ als auch die Anzahl N groß genug sein, um eine aussagekräftige Statistik zu erhalten.

Ist der richtige Schlüssel nicht in unserem Schlüsselraum, dann dürfte nach unseren obigen Überlegungen auch in der Häufigkeitstabelle kein Schlüssel bevorzugt sein. Wir müssen dann unseren Schlüsselraum erweitern. Im Extremfall müssten wir alle Schlüssel durchprobieren, dann hätten wir aber gegenüber einem brute-force-attack nichts gewonnen.

Wir müssen aber gar nicht alle Schlüssel ausprobieren, sondern nur die Teilschlüssel, deren Schlüsselbits in der Approximation involviert sind. Diese Schlüsselbits bilden dann das Angriffsziel.

Die Methode funktioniert nicht mehr, wenn es verschiedene Approximationen mit etwa gleichen ε's gibt. In der Häufigkeitstabelle werden dann die zugehörigen 'wahren' Schlüssel konkurrieren und die statistische Signifikanz für einen Schlüssel ist nicht mehr gegeben.

11.2.7 Komplexität

Bei einer Bernoulli-Kette der Länge n mit Einzelwahrscheinlichkeit p bezeichne h_n die relative Anzahl der Treffer. Die bekannte tschebyschewsche Ungleichung lautet in diesem Fall

$$P(|h_n - p| \geq \varepsilon) \leq \frac{1}{4\varepsilon^2 n}.$$

Wir wenden dies auf unseren Fall einer Approximation L an. Sei dann $p(L) = \frac{1}{2} - \varepsilon_L$. Um die statistische Abweichung der Schlüsselhäufigkeit als signifikant zu bezeichnen, sollte $|h_n - (\frac{1}{2} - \varepsilon_L)| < \frac{\varepsilon_L}{2}|$. Mit Tschebyschew gilt:

$$P(|h_n - (\frac{1}{2} - \varepsilon_L)| \geq \frac{\varepsilon_L}{2}) \leq \frac{1}{\epsilon_L^2 n}.$$

Wir sehen hieran, dass man von

$$N \approx \frac{1}{\varepsilon_L^2}$$

zu testenden Texten ausgehen muss. In unserem Testbeispiel wären das mindestens 256 Texte, viel mehr als wir überhaupt an denkbaren Texten zur Verfügung haben. Natürlich ist unser Testbeispiel wie schon bei der differenziellen Kryptanalyse nur dazu da, die grundsätzliche Methode klarzumachen. Die geneigten Leser mögen selbst einmal an einer komplizierteren Chiffre testen.

11.2.8 Lineare Kryptanalyse von DES und AES

Das Verfahren der linearen Kryptanalyse war den Entwicklern von DES nicht bekannt. In der Tat zeigt DES gegen diese Form des Angriffs Schwächen. Matsui[35] konnte zeigen, dass bei einem known-plaintext-attack 2^{43} Textblöcke zur Bestimmung des Schlüssels ausreichen.

Als Designkriterium für eine Chiffre, die immun gegen lineare Kryptanalyse sein soll, gilt, dass ihre S-Boxen in allen linearen Approximationen nur geringe Abweichungen von 1/2 aufweisen und dass möglichst viele S-Boxen während der Verschlüsselung aktiv werden. Dieses Prinzip ist bei AES gut verwirklicht.

In ihrem Buch [17] beschreiben Daemen und Rijmen eine Strategie, die **wide-trail-Strategie**, mit deren Hilfe die Sicherheit von AES, aber auch anderer Chiffren gegen differenzielle und lineare Kryptanalyse auf systematische Weise untersucht werden kann.

Sie untersuchen hier Korrelationen zwischen allgemeinen Booleschen Funktionen der Ein- bzw. Ausgabebits, was eine Verallgemeinerung der bei der linearen Krypt?-analyse benutzten Methoden darstellt.

11.3 Aufgaben

11.3.1 Zeigen Sie: Wenn in einer Approximation der gesamten Chiffre die Wahrscheinlichkeit für eine (Teil)-Approximation einer S-Box 1/2 beträgt, so ist bereits die Wahrscheinlichkeit für die gesamte Approximation gleich 1/2.

11.3.2 Stellen Sie eine Häufigkeitstabelle für die S-Transformation von AES auf.

11.3.3 Bestimmen Sie 2-Runden-Charakteristiken sowie lineare Approximationen für die folgende Chiffre:

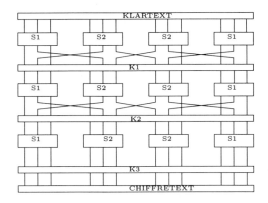

12

Asymmetrische Verfahren

Wie bereits an früherer Stelle erwähnt, zeichnen sich asymmetrische Verfahren dadurch aus, dass die Schlüssel für das Ver-und Entschlüsseln praktisch nicht auseinander berechenbar sind. Somit ist es möglich, ohne Schlüsselaustausch auszukommen. Möglich wird asymmetrische Kryptologie durch die Existenz von Einwegfunktionen bzw. Einweg-Falltürfunktionen.

12.1 Potenzfunktion in endlichen Gruppen

Zwei der wichtigsten Typen von Einwegfunktionen ergeben sich als Potenz- und Exponentialfunktion in endlichen Gruppen. Sei G eine endliche Gruppe der Ordnung n_G und $k \in \mathbb{N}$. Wir schreiben im Folgenden die Gruppe multiplikativ und bezeichnen mit e_G ihr neutrales Element. Die Funktion

$$x \to x^k, \quad x \in G$$

heißt eine **Potenzfunktion** in der Gruppe G. Wenn k so gewählt ist, dass die zugehörige Potenzfunktion injektiv und damit auch bijektiv ist, so nennen wir die zugehörige Umkehrfunktion die k-**te Wurzel(funktion)**. Dies ist der Fall, wenn $(k, n_G) = 1$.

Die k-te Wurzel lässt sich wegen der für endliche Gruppen gültigen Relation

$$a^{n_G} = e_G, \quad a \in G$$

wieder als Potenz schreiben. Sei dazu nämlich l eine Lösung der Kongruenz

$$kl \equiv 1 \, (\mathrm{mod}\, n_G),$$

so folgt $kl = 1 + \lambda n_G$ für ein $\lambda \in \mathbb{Z}$ und damit

$$(a^k)^l = a^{1+\lambda n_G} = a. \tag{12.1}$$

Als Einwegfunktion bzw. Einweg-Falltürfunktion eignet sich die Potenzfunktion in solchen Gruppen, für die eine Wurzelfunktion ohne Zusatzinformationen nicht effektiv berechenbar ist.

Gruppen mit wenigen Elementen oder solche, deren Ordnung man effektiv ermitteln kann, kommen hierfür demnach nicht in Frage.

Die Potenz lässt sich mit Hilfe des **square-and-multiply-Algorithmus** effektiv berechnen. Hierbei benutzen wir die Darstellung des Exponenten im Dualsystem

$$d = a_t 2^t + a_{t-1} 2^{t-1} + \ldots + a_0$$

mit $a_i \in \{0, 1\}$. Um die Potenz

$$b^d = b^{a_t 2^t + a_{t-1} 2^{t-1} + \ldots + a_0}$$

zu bilden, reichen t Quadrierungen $b^2, (b^2)^2, \ldots, b^{2^t}$ und anschließend maximal t Multiplikationen. Da $t = O(log_2(b))$, so benötigt man also $O(\log_2^2(d)$ Multiplikationen und damit ist der square-and-multiply-Algorithmus polynomial.

Im Fall $G = \mathbb{Z}_n^\times$ bezeichnen wir das Potenzieren auch als **modulares Potenzieren** und die Umkehrung als **modulares Radizieren**.

Für das modulare Wurzelziehen kennt man keine effektiven Algorithmen, es sei denn, die Primfaktorzerlegung des Moduls ist bekannt.

12.2 Faktorisierung ganzer Zahlen

Der zur Zeit effektivste Faktorisierungsalgorithmus ist das 1993 von John Pollard [42] entworfene **Zahlkörpersieb** mit der Komplexität $L_n(1/3, (64/9)^{1/3})$. Um diesen Algorithmus zu verstehen, benötigt man tiefer liegende mathematische Kenntnisse in der algebraischen Zahlentheorie und algebraischen Geometrie. Es würde den Rahmen des Buches sprengen, diese hier zu behandeln.

Für das modulare Radizieren modulo n mit $n = pq$ kann man die Existenz eines vom Faktorisierungsproblem unabhängigen polynomialen Algorithmus ausschließen. Wir können nämlich zeigen, dass mit einem polynomialen Algorithmus zur Bestimmung aller Lösungen von

$$x^2 \equiv a \,(\mathrm{mod}\, pq), \quad p, q \in \mathbb{P}$$

auch ein polynomialer Algorithmus zur Faktorisierung von $n = pq$ existiert:

Die vier paarweise verschiedenen Lösungen $x_i(\,(\mathrm{mod}\, n))$ dieser Kongruenz sind auch Lösungen der Kongruenzen

$$x^2 \equiv a \,(\mathrm{mod}\, p), \quad x^2 \equiv a \,(\mathrm{mod}\, q).$$

Da diese aber nur je zwei Lösungen besitzen können, müssen je zwei hiervon modulo p bzw. modulo q übereinstimmen. Seien o.B.d.A. $x_1 \equiv x_2 \pmod{p}$, so ist $(x_1 - x_2, n) = p$. Den größten gemeinsamen Teiler finden wir aber mit dem euklidischen Algorithmus, also einem Algorithmus mit polynomialer Laufzeit.

12.3 Exponentialfunktion in endlichen Gruppen

In G betrachten wir auch Exponentialfunktionen. Sei dazu $a \in G, a \neq e_G$. Die **Exponentialfunktion zur Basis** a ist gegeben durch die Abbildung

$$x \longrightarrow a^x, \quad x \in \mathbb{Z}.$$

Je nach Situation kann es sinnvoll sein, den Definitionsbereich einzuschränken, z.B. $0 \leq x < n_a$, wo n_a die Ordnung von a bezeichnet. In diesem Fall ist dann die Abbildung injektiv; bijektiv ist sie, wenn a ein erzeugendes Element ist. Die Umkehrabbildung heißt dann der **diskrete Logarithmus**. Allgemeiner nennen wir auch jedes x, für das

$$a^x = b$$

einen **diskreten Logarithmus von** b **zur Basis** a. Die Exponentialfunktion liefert eine Einwegfunktion, wenn es keinen effektiven Algorithmus zur Berechnung des diskreten Logarithmus gibt.

12.4 Das diskrete-Logarithmus-Problem

Nicht in jeder Gruppe ist die Berechnung des diskreten Logarithmus ein schwieriges Problem. Doch zum Beispiel in der Gruppe $\mathbb{F}_q^\times$, der multiplikativen Gruppe des Körpers mit $q = p^f$ Elementen, ist der diskrete Logarithmus i. Allg. nicht effektiv berechenbar.

'I.Allg.' soll hierbei heißen, dass es effektive Algorithmen gibt, wenn q bestimmte Eigenschaften besitzt, z.B. wenn $q-1$ nur 'kleine' Primfaktoren besitzt. Wir wollen auf diese Zusammenhänge hier aber nicht weiter eingehen.

Das Faktorisierungsproblem und das diskrete-Logarithmus-Problem in endlichen Körpern hängen auf enge Weise miteinander zusammen. Der beste zur Zeit bekannte Algorithmus zur Berechnung des diskreten Logarithmus ist eine auf dem Zahlkörpersieb basierende Modifikation des sog. **index-calculus-Algorithmus**. In [13] findet man eine elementare und gut verständliche Beschreibung des index-calculus-Algorithmus.

Die Gruppe der Punkte auf elliptischen Kurven über endlichen Körpern $\mathbb{F}_q$ sind Gruppen, für die zur Berechnung des diskreten Logarithmus außer in einigen Sonderfällen kein subexponentieller Algorithmus bekannt ist. Elliptische Kurven bieten daher für kryptographische Algorithmen eine gute Alternative zu den multiplikativen Gruppen endlicher Körper.

12.5 RSA

Das populärste unter allen asymmetrischen Verfahren ist zweifellos **RSA**, so benannt nach den Anfangsbuchstaben seiner Erfinder: Ron Rivest, Adi Shamir und Len Adleman. Siehe hierzu [44]. Es benutzt modulares Potenzieren als Einwegfunktion.

12.5.1 Verschlüsseln

Von allen an der Kommunikation beteiligten Teilnehmern wird eine Liste erstellt. Als öffentlichen Schlüssel erhält jeder Teilnehmer T ein Paar natürlicher Zahlen $T_e = (e_T, m_T)$, wobei m_T das Produkt zweier möglichst großer Primzahlen p_T und q_T sowie e_T eine zu $\phi(m_T)$ teilerfremde Zahl ist.

Die Liste mit Namen und Zahlenpaaren ist öffentlich, die Zerlegung von m_T kennt aber nur Teilnehmer A. Am sichersten ist es natürlich, wenn A sich selbst die Primzahlen p_T und q_T erzeugt.

Will Alice eine verschlüsselte Botschaft an Bob senden, so entnimmt sie zunächst das zu Bob gehörende Paar (e_B, m_B) der öffentlichen Liste. Sie kodiert dann den Klartext als eine oder mehrere natürliche Zahlen x derart, dass

$$x < m_B \tag{12.2}$$

und

$$x^{e_B} > m_B. \tag{12.3}$$

Nötigenfalls verändert Alice die Nachricht so, dass die kodierte Botschaft x diesen Anforderungen genügt. Bedingung (12.3) sorgt dafür, dass man x nicht durch Wurzelziehen in $\mathbb{R}$ ermitteln kann. (Mittels Intervallhalbierung ist dies nämlich über einen polynomialen Algorithmus möglich.)

Jetzt berechnet Alice

$$b \equiv x^{e_B} \pmod{m_B}$$

und sendet dies an Bob.

12.5.2 Entschlüsseln

Um die Nachricht zu entschlüsseln, muss Bob die e-te Wurzel aus b im Ring $\mathbb{Z}_m$ ziehen. Hierzu benutzt er das folgende Resultat aus der Zahlentheorie:

Satz 12.1. *Wenn $(e, \varphi(m)) = 1$, so besitzt bei gegebenem b mit $(b, m) = 1$ die Kongruenz*

$$x^e \equiv b \pmod{m}$$

die Lösung

$$x \equiv b^d \pmod{m},$$

wobei d so gewählt ist, dass $ed \equiv 1 \pmod{\varphi(m)}$.

Beweis. Mit dem Satz von Euler gilt

$$a^{\lambda\varphi(m)+1} \equiv a \,(\mathrm{mod}\, m)$$

für alle $\lambda \in \mathbb{Z}$. Falls zu e eine ganze Zahl d existiert, so dass $ed = 1 + \lambda\varphi(m)$ für ein geeignetes $\lambda \in \mathbb{Z}$, falls also

$$ed \equiv 1 \,(\mathrm{mod}\, \varphi(m)),$$

so gilt für dieses d

$$b^d \equiv a^{ed} \equiv a^{1+\lambda\varphi(m)} \equiv a \,(\mathrm{mod}\, m).$$

Solch ein d existiert, wenn $e \in \mathbb{Z}_m^{\times}$, also wenn $(e, \varphi(m)) = 1$. □

Beispiel:

$$x^3 \equiv 14 \,(\mathrm{mod}\, 15).$$

Als erstes bestimmen wir ein d mit

$$3d \equiv 1 \,(\mathrm{mod}\, \varphi(15)).$$

Es ist $\varphi(15) = 8$ und als Lösung erhalten wir durch Probieren oder mit Hilfe des euklidischen Algorithmus

$$d \equiv 3 \,(\mathrm{mod}\, 8).$$

Es folgt

$$x \equiv 14^3 \equiv (-1)^3 \equiv -1 \equiv 14 \,(\mathrm{mod}\, 15).$$

Das Problem des Radizierens modulo m ist somit darauf zurückgeführt, eine Kongruenz modulo $\varphi(m)$ zu lösen.

Bob kennt die Primfaktorzerlegung $m_B = p_B q_B$ und kann $\varphi(m_B)$ mit Hilfe der bereits bewiesenen Formel

$$\varphi(m_B) = (p_B - 1)(q_B - 1)$$

berechnen. Mit dem euklidischen Algorithmus ermittelt er d_B aus der Kongruenz

$$d_B e_B \equiv 1 \,(\mathrm{mod}\, \phi(m_B)).$$

d_B ist Bobs geheimer Schlüssel, mit dem er wie eben beschrieben die Nachricht entschlüsseln kann:

$$b^{d_B} \equiv x \,(\mathrm{mod}\, m).$$

12.5.3   RSA am Beispiel

Wir verwenden RSA mit $p = 17, q = 11, e = 3$. Dann ist $m = 187, \varphi(m) = 160$.
Wir berechnen den geheimen Schlüssel d. Er ergibt sich als Lösung der Kongruenz
$3d \equiv 1 \pmod{160}$. Der euklidische Algorithmus besteht in diesem Fall nur aus einer
Gleichung:

$$160 = 53 \cdot 3 + 1$$

und hieraus ergibt sich $d \equiv -53 \equiv 107 \pmod{160}$. Die binäre Entwicklung von 107
benötigen wir für den square-and-multiply-Algorithmus zum Potenzieren:

$$107 = 2^6 + 2^5 + 2^3 + 2^1 + 2^0.$$

Verschlüsselt werden soll die Nachricht HALLO. Wir verwenden den ASCII-Code.
Dann ergibt sich hierfür die Zahlenfolge: $72, 65, 77, 77, 80$. Wir bemerken zunächst,
dass bei Verwendung des ASCII-Codes und wenn nur Großbuchstaben und keine Sonderzeichen benutzt werden, die Ziffernfolge 7265777780 eindeutig dekodiert
werden kann und keine Trennsymbole vereinbart werden müssen.

Die Bedingungen (12.2), (12.3) lassen unterschiedliche Unterteilung in Teilnachrichten zu. Zwei unterschiedliche Aufteilungen sind:

$$7; 26; 57; 7; 7; 7; 80$$

oder

$$72; 65; 77; 77; 80.$$

Bei der zweiten Aufteilung entsprechen die Teilnachrichten geraden den einzelnen
Buchstaben. Es kann auch vorkommen, dass die Nachricht gar nicht aufgeteilt
werden kann. Heute verwendet man für RSA Moduli in der Größenordnung von
1024 bit. Bei dem von uns gewählten Beispiel müsste man sich dann überlegen, auf
welche Weise die Nachricht 7265777780 so aufgebläht werden kann, dass sie (12.2)
genügt. Das wollen wir an dieser Stelle der Phantasie der Kommunikationspartner
überlassen.

Wir verschlüsseln den ersten Teiltext in unserer ersten Aufteilung $x = 7$:

$$x^3 = 7^3 = 343 \equiv 156 \pmod{187}.$$

Die Entschlüsselung: Für den square-and-multiply-Algorithmus quadrieren wir

$$
\begin{aligned}
156^2 &\equiv 31^2 \equiv 26 \pmod{187} \\
156^4 &\equiv 26^2 \equiv 115 \pmod{187} \\
156^8 &\equiv 115^2 \equiv 135 \pmod{187} \\
156^{16} &\equiv 135^2 \equiv 86 \pmod{187} \\
156^{32} &\equiv 86^2 \equiv 103 \pmod{187} \\
156^{64} &\equiv 103^2 \equiv 137 \pmod{187}.
\end{aligned}
$$

Entschlüsseln durch Potenzieren:

$$156^{107} = 156^{64}156^{32}156^8156^2156$$
$$\equiv 137 \cdot 103 \cdot 135 \cdot 26 \cdot 156 \equiv 7 \,(\mathrm{mod}\,187).$$

12.5.4 RSA in der Praxis

Da $(e_B, (p_B - 1)(q_B - 1)) = 1$, so muss $e_B \neq 2$ gelten. $e_B = 3$ wird hingegen häufig gewählt. Weitere gern gewählte Verschlüsselungsexponenten sind $2^4 + 1 = 17$ und $2^{16} + 1 = 65.537$.

Die Entschlüsselung

$$x \equiv b^d \,(\mathrm{mod}\,m),$$

basiert auf dem Radizieren in $\mathbb{Z}_m^\times$ und funktioniert daher korrekt, wenn $x \in \mathbb{Z}_m^\times$. Muss also Alice erst kontrollieren, ob ihr Klartext diese Eigenschaft hat? Nein, glücklicherweise muss sie dies nicht. Nehmen wir nämlich an, $(x, m) > 1$. Da $m = pq$ und $0 < x < m$, so kann nur entweder $(x, m) = p$ oder $(x, m) = q$. O.B.d.A. sei $(x, m) = p$. Dann ist $(x, q) = 1$ und es gilt $x^{q-1} \equiv 1 \,(\mathrm{mod}\,q)$ also

$$x^{ed} \equiv x \,(\mathrm{mod}\,q),$$

wenn $ed \equiv 1 \,(\mathrm{mod}\,(p - 1)(q - 1))$. Außerdem ist $x \equiv 0 \,(\mathrm{mod}\,p)$, also

$$x^{ed} \equiv 0 \equiv x \,(\mathrm{mod}\,p).$$

Hieraus ergibt sich

$$q|(x^{ed} - x) \quad \text{und} \quad q|(x^{ed} - x),$$

also $pq|(x^{ed} - x$, was gleichbedeutend ist zu

$$x^{ed} \equiv x \,(\mathrm{mod}\,m).$$

RSA verdankt seine Sicherheit dem Umstand, dass man bis heute keine effektive Möglichkeit kennt, die $\varphi(m)$ ohne Kenntnis der Primfaktorzerlegung von m zu ermitteln.

Für RSA werden heute Primzahlen p, q in der Größenordnung von 500 bit gewählt. Die häufig geäußerte Vorstellung, man könne doch eine Liste aller Primzahlen in der Größenordnung von 2^{500} aufstellen und für das Faktorisieren von m_B alle Primzahlen durchprobieren, ist gänzlich unrealistisch. Für die Anzahl $\pi(x)$ der Primzahlen kleiner als x gilt:

$$\pi(x) \sim \frac{x}{ln(x)}, \quad x \to \infty.$$

(Wir werden im Kapitel über Primzahlen näher hierauf eingehen.) Hieraus ergibt sich, dass die Anzahl der Primzahlen dieser Größenordnung größer ist als die geschätzte Anzahl der Atome im Weltall ($\approx 10^{70}$).

Allein zwischen $1.00000000000000000001 \times 10^{50}$ und 10^{50} befinden sich so viele Primzahlen, dass man zu ihrer Speicherung so viele Terrabyte-Platten bräuchte, die übereinandergestapelt von der Erde bis zur Sonne (mitlere Entfernung ca. 150 Mill. km) reichten.

Ein Angriff auf RSA wird möglich, wenn dieselbe Nachricht, etwa ein Serienbrief, immer mit demselben Exponenten e, aber immer zu verschiedenen Moduli verschlüsselt wird. Dieser Angriff funktioniert für kleine e, z. B. $e = 3$.

Verfügt der Angreifer dann über eine Liste verschlüsselter Nachrichten

$$y_i \equiv x^3 \,(\mathrm{mod}\, m_i),$$

so berechnet er mit dem chinesischen Restsatz eine Lösung

$$y \equiv x^3 \,(\mathrm{mod}\, m)$$

mit $m = \prod m_i$. Wenn die Liste umfangreich genug war, so ist der Modul m so groß, dass $y = x^3$ und er kann die Wurzel in $\mathbb{R}$ ziehen.

12.6   Diffie-Hellman-Schlüsseltausch

In der Praxis wird meist eine Mischung aus symmetrischer und asymmetrischer Kryptographie in Form der hybriden Verfahren verwendet. Hierbei wird die eigentliche Nachricht symmetrisch verschlüsselt, der Schlüssel wird vorab asymmetrisch verschlüsselt und zwischen den Kommunikationspartnern ausgetauscht. Dies könnte z.B. in der Weise umgesetzt werden, dass Bob einen Schlüssel vorgibt, den er mit RSA verschlüsselt und an Alice sendet, die diesen dann zur symmetrischen Verschlüsselung benutzt. Natürlich sind auch weitere Varianten denkbar.

Eine dieser Varianten geht auf W. Diffie und M. Hellman [18] zurück. Wenn Alice und Bob ihren geheimen Schlüssel für ein symmetrisches Verfahren austauschen wollen, müssen sie diesmal aber nicht, wie es bei RSA und anderen asymmetrischen Verfahren notwendig ist, zuvor in einer Liste von Kommunikationsteilnehmern mit einem öffentlichen Schlüssel eingetragen sein.

Das Verfahren basiert auf der Exponentialfunktion in einer geeigneten Gruppe G. Alice und Bob einigen sich als erstes auf eine zyklische Gruppe G der Ordnung $o(G)$, für die es keinen effektiven Algorithmus zur Berechnung des diskreten Logarithmus gibt, sowie ein erzeugendes Element $a \in G$. Dies geschieht öffentlich.

Nun wählen Bob und Alice zufällig je eine eine Zahl x und $y \in \{1, ..., o(G) - 1\}$. Bob sendet $b = a^x$ an Alice und Alice ihrerseits $c = a^y$ an Bob. x, y sind geheim, b, c sind öffentlich.

Alice bildet b^y, Bob bildet c^x, was wegen

$$b^y = a^{xy} = c^x$$

das gleiche ist, und benutzen dies als gemeinsamen geheimen Schlüssel.

Die einzige zur Zeit bekannte Möglichkeit, von a^x und a^y auf a^{xy} zu schließen, besteht in der Berechnung des diskreten Logarithmus.

12.7 ElGamal

Wie bei Diffie-Hellman wählen Bob und Alice eine zyklische Gruppe G der Ordnung $o(G)$ mit erzeugendem Element a. Zudem wählen sie zufällig je eine Zahl x und $y \in \{1, ..., o(G) - 1\}$, die sie geheim halten.

Bob berechnet $b = a^x$, Alice berechnet $c = a^y$. Die Nachricht $m \in G$, die Alice versenden will, multipliziert sie mit b^y, also dem Diffie-Hellman-Schlüssel. Sie sendet mb^y an Bob. Bob kennt $b^y = c^x$ und berechnet hiervon mit dem Satz von Euler $(b^y)^{o(G)-1} = e_G$ das inverse Element:

$$(b^y)^{-1} = (b^y)^{o(G)-2}.$$

Damit kann Bob die Nachricht entschlüsseln.

Beispiel: $G = \mathbb{Z}_{13}^{\times}$, $a \equiv 2 \,(\mathrm{mod}\,13)$, $x = 4$, $y = 7$. Der Diffie-Hellman-Schlüssel ist $2^{xy} = 2^{28} \equiv 3 \,(\mathrm{mod}\,13)$ mit inversem Element $3^{-1} \equiv 3^{11} \equiv 9 \,(\mathrm{mod}\,13)$.

Bobs Nachricht ist $m = 5$, er sendet $3m \equiv 2 \,(\mathrm{mod}\,13)$. Alice entschlüsselt: $9 \cdot 2 = 18 \equiv 5 \,(\mathrm{mod}\,13)$.

13

Authentifizierung

Die Authentifizierung von Personen erfolgt im Alltagsleben in der Regel durch den Abgleich biometrischer Merkmale, wie den Fingerabdruck oder das Passfoto. Die Unterschrift unter ein Dokument gilt als Echtheitsbestätigung. Im Zeitalter der elektronischen Datenkommunikation sind diese Formen zur Überprüfung und Bestätigung von Echtheit nicht mehr ausreichend. Mathematische Methoden treten an ihre Stelle.

13.1 Digitale Signatur mit RSA

Ein wichtiges Schema zur digitalen Signatur haben wir bereits kennen gelernt: Der Absender einer Nachricht verschlüsselt diese zuerst mit seinem geheimen Schlüssel und dann mit dem öffentlichen Schlüssel des Empfängers. Der Empfänger benutzt zum Entschlüsseln zuerst den öffentlichen Schlüssel des Absenders und hierauf seinen privaten Schlüssel, vergl. Abb. 13.1. Dazu benutzt man eine asymmetrische Chiffre mit der Eigenschaft, dass Chiffrier- und Dechiffrieralgorithmus übereinstimmen und dass der öffentliche Schlüssel zum Entschlüsseln benutzt werden kann, wenn mit dem geheimen Schlüssel verschlüsselt wurde. RSA genügt diesen Eigenschaften, daher kann RSA für dieses Signaturschema benutzt werden.

13.2 Fiat-Shamir-Algorithmus

Der Fiat-Shamir-Algorithmus, vergl. [22], dient der Authentifizierung von Personen. Alice beweist hierbei Bob gegenüber ihre Identität, indem sie Bob davon überzeugt, dass sie ein Geheimnis kennt, dass nur Alice kennen kann. Und zwar tut sie dies, ohne das Geheimnis preiszugeben. Aus diesem Grund nennt man den Fiat-Shamir-Algorithmus einen **zero-knowledge-Beweis**.

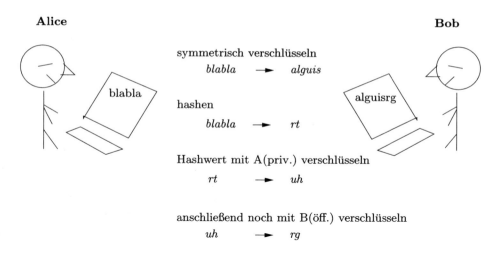

Alice   **Bob**

symmetrisch verschlüsseln

blabla ⟶ *alguis*

hashen

blabla ⟶ *rt*

Hashwert mit A(priv.) verschlüsseln

rt ⟶ *uh*

anschließend noch mit B(öff.) verschlüsseln

uh ⟶ *rg*

A(priv.):Alice's privater Schlüssel, B(öff.): Bobs öffentlicher Schlüssel

Abbildung 13.1: Digitale Signatur mit RSA

Das Geheimnis von Alice ist eine Zahl s. Öffentlich bekannt ist $s^2 \pmod{m}$, wobei $m = pq$, mit $p, q \in \mathbb{P}$. Die Primfaktoren p, q müssen ebenfalls geheim bleiben. Alice muss Bob überzeugen, dass sie s kennt, ohne s zu verraten. Die Zuverlässigkeit dieses Verfahres basiert darauf, dass kein effektiver Faktorisierungsalgorithmus bekannt ist, das Verfahren zur Lösung der Kongruenz

$$x^2 \equiv s^2 \pmod{pq},$$

wie wir es im Kapitel zur Zahlentheorie beschrieben haben, aber auf der Kenntnis der Primfaktoren beruht. Andere Verfahren zum modularen Radizieren sind nicht bekannt.

Wir geben zunächst eine Fassung dieses Algorithmus in Dialogform.

13.2.1 Das Fiat-Shamir-Protokoll in der Praxis (dramatische Fassung)

Alice und Bob sind befreundet. Bob studiert Mathematik, Alice geht noch zur Schule und ist ebenfalls sehr gut in Mathematik. Leider ist da noch Catherine, die Alice auf den Tod nicht leiden kann.

> Alice: *Catherine, dieses gemeine Biest, hat doch tatsächlich Oscars Freund eine fingierte E-Mail geschrieben. Darin hat sie sich als Oscars Freundin ausgegeben und furchtbar über Oscar gelästert.*

Bob: *Und was ist passiert?*

Alice: *Oscar ist jetzt mit Catherine zusammen.*

Bob lacht: *Perfekt!*

Alice empört: *Find ich überhaupt nicht. Stell dir vor, das würde sie mit uns machen!*

Bob: *Das werden wir zu verhindern wissen!*

Alice: *Und wie ?*

Bob: *Du denkst dir eine Zahl s, die du keinem verrätst, auch nicht mir, und bildest s^2 (mod m), wobei $m = pq$, mit $p, q \in \mathbb{P}$. Die Primfaktoren p, q müssen ebenfalls geheim bleiben. $m = pq$ dagegen gibst du öffentlich bekannt, genauso wie die Zahl s^2 (mod m). Es ist wichtig, dass diese Zahl jeder kennt, den Catherine auch kennt. Wenn jemand sich nun in einer E-Mail an einen deiner Bekannten für dich ausgibt, so kann der durch den Fiat-Shamir-Test mit an Sicherheit grenzender Wahrscheinlichkeit feststellen, ob du der Absender bist oder nicht. Mit dem Test kann man fast sicher herausbekommen, ob jemand das Geheimnis s kennt, ohne dies verraten zu müssen. Dass du das Geheimnis nicht verraten musst, ist wichtig, sonst wäre es für Catherine ein Leichtes, selbst an dieses s zu kommen, z.B. wieder durch ein fingiertes E-Mail. Am besten wir machen das an einem Beispiel.*

Alice: *Also gut. Nehmen wir an, du bekommst eine E-Mail, in der 'ich' behaupte, ich will nichts mehr von dir wissen.*

Bob: *Dann würde ich dich bitten, dir eine Zahl r auszudenken und mir r^2 (mod m) zu sagen.*

Alice (amüsiert): *Das ist alles, was dir dazu einfällt? Männer!!*

Bob: *Komm, sei nicht eingeschnappt. Es geht doch nur um den Test.*

Alice: *Na gut, ich sag dir r^2 (mod m). Was jetzt?*

Bob: *Ich werfe eine Münze. Wenn sie 'Kopf' zeigt, sag mir r, wenn sie 'Wappen' zeigt, sag mir rs. Ich überprüfe, ob das, was du mir sagst, richtig ist, indem ich es quadriere. Das kann ich, da ich ja r^2 (mod m) und s^2 (mod m) kenne und damit auch $r^2 s^2$ (mod m). Ist das Ergebnis richtig, hast du den ersten Test bestanden.*

Alice: *Wieso 'erster Test'?*

Bob: *Na ja, wenn du z.B. 'Kopf' geworfen hast, habe ich nur r von dir erfahren, das hat mit deinem Geheimnis s ja gar nichts zu tun.*

Alice: *Da habe ich mich auch schon drüber gewundert. Dass du nicht nach s selber fragst, ist ja klar. Aber warum nicht gleich nach rs?*

Bob: *Nehmen wir an, die E-Mail ist von Catherine. Sie kennt zwar nicht s aber s^2. Da sie die modulare Quadratwurzel ...*

Alice: *Kann man das essen?*

Bob: *... nicht ziehen kann, kann sie s und damit auch rs nicht berechnen. Sie kann aber schummeln, indem sie mir gleich zu Anfang nicht das richtige $r^2 \pmod m$ sondern stattdessen einfach $\rho \equiv r^2/s^2 \pmod m$ sagt.*

Alice: *Das ist aber doch auch nicht so einfach auszurechnen ?*

Bob: *Doch, doch. s^2 kennt sie und kann dann mit Hilfe des euklidischen Algorithmus das Inverse modulo m hiervon bestimmen und anschließend mit r^2 multiplizieren. Wenn ich sie jetzt nach rs frage, sagt sie mir nur r, ich quadriere, erhalte das wahre r^2, und das stimmt mit ρs^2 überein, so dass ich denken muss, sie kennt s, und sie ist du.*

Alice: *Genau, jetzt musst du sie nach r fragen, dann ist sie entlarvt!*

Bob: *Richtig. Würde ich sie jetzt nach r fragen, käme sie in Bedrängnis, da sie mir ja aufgrund ihres ersten Betrugs $r/s \pmod m$ sagen müsste, wozu sie aber s kennen müsste, oder aber die modulare Quadratwurzel aus ρ ziehen müsste ...*

Alice (triumphierend) : *..., was sie natürlich nicht kann!*

Bob: *Trotzdem kann ich das nicht einfach machen. Wärst du nämlich doch der richtige Absender, so würdest du mir aber wahrheitsgemäß rs und anschließend noch r geben. Dann kann ich aber $(rs)/r \equiv s \pmod n$ berechnen und wüsste dein Geheimnis.*

Alice schmunzelnd: *Aber ich habe doch kein Geheimnis vor dir, Liebster!*

Bob: *Ja schon, aber es geht ja darum, dass auch jemand anders, z.B. Oscar den Test machen würde, wenn ihm die E-Mail geschickt worden wäre. Ob das aber so gut ist, wenn er dein s kennt?*

Alice: *Also gut, ich habe verstanden.*

Bob: *Dann hast du also jetzt verstanden, warum ich nach rs oder r, aber nicht nach rs und r frage.*

Alice nickt.

Bob: *Eine von beiden Fragen kann Catherine nicht beantworten. Sie kann nur dann richtig antworten, wenn sie vorher richtig errät, wonach ich fragen werde. Am einfachsten für mich ist es, die Münze entscheiden zu lassen. Das ist dann wirklich zufällig.*

Alice: *Aber was ist, wenn sie richtig geraten hat?*

Bob: *Die Wahrscheinlichkeit dafür ist zugegebenermaßen recht groß. Genau deshalb wiederhole ich jetzt den Test. Du musst dir ein neues r ausdenken. Wärst du Catherine, so müsste sie erneut raten, was die Münze zeigen wird, und dafür, dass sie diesmal wieder richtig rät, also den ersten und den zweiten Test bestehen würde, ist die Wahrscheinlichkeit nur noch 1/4.*

Alice: *Dann machst du den Test eben nochmal und irgendwann wird sie entlarvt.*

Bob: *Ganz sicher wäre ich mir da nicht. Immerhin ist die Wahrscheinlichkeit, dass sie 30 Versuchen widersteht, schon geringer als 6 Richtige im Lotto, aber sie wird nie ganz Null.*

Alice: *Du musst halt unendlich viele Tests machen.*

Bob lacht: *Das geht doch nicht. Aber wärst du zufrieden, dass ich so oft frage, bis die Wahrscheinlichkeit geringer ist, als dass gleich ein Außerirdischer an der Tür klingelt?*

Alice erleichtert: *Na gut, damit kann ich leben.*

Drrrring.

Bob: *?????*

Alice: *?????*

Die Mutter von Alice kommt herein: *Da ist eine gewisse Catherine?!*

13.2.2   Fiat-Shamir in der Theorie (Prosa-Fassung)

Je nach gewünschter Irrtumswahrscheinlichkeit p wird die Rundenzahl k so festgelegt, dass $p > 1/2^k$. Jede Runde besteht aus folgenden Schritten:

- Alice wählt eine geheime Zahl r (in jeder Runde eine andere!) und gibt r^2 (mod m) bekannt.

- Bob bestimmt zufällig ein Bit b.

- $b = 0$: Alice teilt Bob $r \pmod m$ mit,
  $b = 1$: Alice teilt Bob $rs \pmod m$ mit.

- Bob überprüft durch Quadrieren die Korrektheit.

Jemand, der das Geheimnis nicht kennt, nennen wir sie Catherine, kann nur dann richtig antworten, wenn sie *vorher* weiß, wonach gefragt wird.

Wüsste Catherine, dass nach rs gefragt wird, würde sie gleich im ersten Schritt Bob nicht das richtige $r^2 \pmod m$ sondern stattdessen $\rho \equiv r^2/s^2 \pmod m$ mitteilen. Statt rs teilt sie Bob dann r mit, Bob quadriert und erhält $r^2 \equiv \rho s^2 \pmod m$, was er dann als richtig akzeptiert, da er aufgrund des ersten Betruges ρ für r^2 hält.

Wüsste Catherine, dass nach r gefragt wird, würde sie im ersten Schritt Bob wahrheitsgemäß r mitteilen.

Die Wahrscheinlichkeit, die richtige Frage zu erraten, beträgt in jeder Runde 50 %.

13.3 Digitale Signatur mit ElGamal

Das auf ElGamal basierende Schema für die digitale Signatur folgt wieder im Prinzip dem Grundgedanken, die Nachricht mit dem *eigenen* geheimen Schlüssel zu verschlüsseln.

Genau genommen stellt das ElGamal-Verfahren bereits ein spezielles Signaturschema dar. Danach vollziehen Bob und Alice in einem ersten Schritt einen Diffie-Hellman-Schlüsseltausch. Im Unterschied zu RSA und anderen public-key-Verfahren gibt es für Bob und Alice auf diese Weise einen *gemeinsamen* geheimen Schlüssel, den kein anderer kennt, und Bob weiß, dass die Nachricht von Alice kommen muss. Zumindest weiß er, dass die Person mit dem öffentlichen Schlüssel $c = a^y$ den privaten Schlüssel y ebenfalls kennt. Sonst hätte diese Person nicht den gleichen geheimen Schlüssel wie Bob berechnen können, und beim Dechiffrieren der Nachricht wäre nichts Sinnvolles herausgekommen. Alice hat auf diese Weise eine digitale Signatur geleistet.

Der Nachteil bei diesem Verfahren ist der zeitaufwendige Schlüsseltausch. Ein Ausweg besteht darin, dass Alice, wenn sie eine signierte Nachricht an Bob senden will, den zweiten Schlüssel $b = a^x$ für Bob selber generiert und an ihn sendet. Allerdings bleibt nun auch x ihr Geheimnis. Sie veröffentlicht stattdessen den Wert $h_1(x) \in \{1, ..., o(G)\}$ mit einer geeigneten Hashfunktion $h_1 : \{1, ..., o(G)\} \to \{1, ..., o(G)\}$.

Auch unterschreibt sie nicht die Nachricht selbst, sondern wählt eine weitere Hashfunktion $h_2 : G \to \{1, ..., o(G)\}$ und signiert die gehashte Nachricht $a^{h_2(m)}$. (Genau genommen kodieren wir zuvor die Elemente von G als Dualzahlen und wenden hierauf eine der bekannten Hashfunktionen an.)

Bei ElGamal multiplizierte Alice die Nachricht m mit a^{xy}, also dem Diffie-Hellman-Schlüssel, (y ist ihr privater Schlüssel) und sendete ma^{xy} an Bob. Ganz analog berechnet sie jetzt zunächst

$$a^{h_2(m)}a^{h_1(x)y}.$$

Anders als bei ElGamal, wo nur Bob und Alice den Diffie-Hellman-Schlüssel a^{xy} kennen, ist $a^{h_1(x)y}$ öffentlich bekannt, da $h_1(x)$ und a^y ja öffentlich sind. Der Ausdruck $a^{h_2(m)}a^{h_1(x)y}$ reicht also nicht als Signatur der Nachricht m. Sie muss Bob überzeugen, dass sie x und y kennt. Sie berechnet dazu s aus der Gleichung

$$a^{xs} = a^{h_2(m)}a^{h_1(x)y}. \tag{13.1}$$

Dies kann sie ohne Probleme, da sie die Exponenten auf der rechten Seite von (13.1) und x kennt. Die Exponenten sind modulo $o(G)$ eindeutig bestimmt, und s lässt sich daher aus der Kongruenz

$$xs \equiv h_2(m) + h_1(x)y \,(\mathrm{mod}\,o(G)) \tag{13.2}$$

ermitteln. Sie versendet als Signatur das Paar (s, b), und Bob verifiziert die Signatur, indem er feststellt, dass

$$b^s = a^{h_2(m)}c^{h_1(x)},$$

wobei $c = a^y$ der öffentliche Schlüssel von Alice ist. Niemand kennt eine andere Möglichkeit, als die Zahl s über den diskreten Logarithmus zu berechnen. Alice beweist damit, dass sie sowohl x als auch y kennen muss.

Dieses Vorgehen trägt den Namen **ElGamal-Signatur** und der Kern des Verfahrens besteht aus der Berechnung von s in (13.2).

Dieser Kongruenz sieht man ihre Entstehungsgeschichte nicht mehr so ohne weiteres an, doch ich hoffe, die Leser haben gemerkt, dass auch hier das Prinzip der *Verschlüsselung mit dem geheimen Schlüssel* die Leitidee bildete. Als Vorteil kann bei diesem Signaturschema angesehen werden, dass der Empfänger der signierten Nachricht keinen eigenen Schlüssel benötigt.

13.4   DSA

Die ElGamal-Signatur diente als Vorbild für den **digital signature algorithm**, der von der amerikanischen Standardisierungsbehörde NIST zum Standard für digitale Signaturen erhoben wurde.

In diesem Fall wählt man als Gruppe eine zyklische Untergruppe der Ordnung q von $\mathbb{Z}_p^\times$. p und q sind Primzahlen, p eine 512 bis 1024 Bit und q eine ca. 160 Bit lange Zahl. Aus Gründen der perfomance wird für die Länge von p ein Vielfaches von 64 Bit empfohlen. Die Hashfunktion h_2 wird nicht näher spezifiziert. Der Hashwert $h_1(x) \in \{1, .., q\}$ wird ermittelt vermöge

$$h_1(x) \equiv (a^x \,(\mathrm{mod}\, p)) \,(\mathrm{mod}\, q).$$

Beispiel: Wir halten uns nicht an die vorgeschriebene Größe der Moduli. $p = 19$, $q = 3$. $\{1, 7, 11\}$ sind die Reste einer zyklischen Untergruppe der Ordnung 3 von $\mathbb{Z}_1 9^\times$ mit erzeugendem Element $a = 7$. $x = y = 2$ seien die geheimen und $a^y = 11$, $b = a^x = 11$ die öffentlichen Schlüssel. Dann ist $h_1(x) = 11 \equiv 2(\,\mathrm{mod}\, 3)$.

Die Nachricht m besitze den Hashwert $h_2(m) = 1$. Die Kongruenz 13.1 wird zu

$$2s \equiv 1 + 2 \cdot 2 \,(\mathrm{mod}\, 3)$$

und besitzt die Lösung $s \equiv 1 \,(\mathrm{mod}\, 3)$. Die digitale Signatur ist das Paar $(11, 1)$.

13.5   Münzwurf per Telefon

Auf demselben Prinzip wie der Fiat-Shamir-Algorithmus beruht das folgende Spiel. Das Ausgangsproblem besteht darin, für zwei räumlich getrennte Menschen Alice und Bob, einen Münzwurf am Telefon zu simulieren.

Dazu muss Alice ein Zufallsexperiment ausführen, auf dessen Ausgang Bob zuvor tippt.

Wir benutzen hierzu wieder quadratische Kongruenzen modulo einer Zahl m, die das Produkt zweier großer Primzahlen p, q sein soll. Diese Zahl wird von Alice generiert, wobei wir davon ausgehen, dass diese den Abschnitt über Primzahltests bereits gelesen hat.

Bob wählt nun eine Zahl b und sendet $b^2 \pmod{m}$ an Alice. Die Zahl b ist der *Tipp* von Bob und den behält Bob zunächst für sich. Alice kann aus der Kenntnis von $b^2 \pmod{m}$ nicht zweifelsfrei auf b schließen, denn wie wir bereits wissen, besitzt die Kongruenz

$$x^2 \equiv b^2 \pmod{pq}$$

vier Lösungen. Neben den beiden Lösungen $\pm b \pmod{m}$ existieren noch zwei weitere, sagen wir $\pm a \pmod{m}$.

Diese vier Lösungen berechnet Alice, wozu sie die Primfaktorzerlegung $m = pq$ ausnutzt.

Die Faktorzerlegung von m muss vor Bob geheim gehalten werden. Bob hat dann keine Möglichkeit, die Lösungen effektiv zu berechnen.

Nun führt Alice das Zufallsexperiment aus, indem sie eine dieser Lösungen zufällig auswählt. Diese wird mit dem Tipp von Bob, den dieser erst jetzt preisgibt, verglichen. Wir vereinbaren, dass Bob verloren hat, wenn das Ergebnis des Zufallsexperimentes $b \pmod{m}$ oder $-b \pmod{m}$ ergab, also bis aufs Vorzeichen mit dem Tipp von Bob übereinstimmte.

Bob kann nicht mogeln. Natürlich muss er es auch nicht, wenn Alice falsch getippt hat. Dann sagt er Alice einfach die wahre Zahl b.

Alice wird ihm glauben, da er ja hätte b ansonsten berechnen müssen, was er nicht kann, ohne die Primfaktorzerlegung von n zu kennen.

War das Ergebnis aber $\pm b$, so würde er wohl gerne mogeln, kann es aber aus dem genannten Grund nicht.

Beispiel: Alice wählt $p = 19, q = 29 \implies m = 551$. Bob wählt eine Zahl zwischen 1 und 551, und zwar

$$
\begin{aligned}
x &:= 419 \\
x^2 &= 175561 \\
&\equiv 343 \pmod{551}.
\end{aligned}
$$

Alice bildet

$$
\begin{aligned}
343 &\equiv 1 \pmod{19} \\
343 &\equiv 24 \pmod{29}
\end{aligned}
$$

und sucht Lösungen der quadratischen Kongruenzen

$$
\begin{aligned}
1 &\equiv y_1^2 \pmod{19} \\
24 &\equiv y_2^2 \pmod{29}.
\end{aligned}
$$

Sie findet

$$y_1 = 1 \vee y_1 = 19 - 1 = 18$$

und

$$y_2 = 13 \vee y_2 = 29 - 13 = 16$$

Die modulo m eindeutig bestimmte simultane Lösung der Kongruenzen

$$x \equiv y_1 \,(\operatorname{mod} p)$$
$$x \equiv y_2 \,(\operatorname{mod} q).$$

ist gegeben durch

$$x = y_1 \xi_1 + y_2 \xi_2,$$

mit

$$\xi_1 \equiv 0 \,(\operatorname{mod} 29) \quad \wedge \quad \xi_1 \equiv 1 \,(\operatorname{mod} 19)$$
$$\xi_2 \equiv 0 \,(\operatorname{mod} 19) \quad \wedge \quad \xi_2 \equiv 1 \,(\operatorname{mod} 29).$$

Dies ist erfüllt für $\xi_1 = 58, \xi_2 = -57$.
Sie erhält also die vier Lösungen:

$$
\begin{aligned}
x_1 &= 58 \cdot 1 - 57 \cdot 13 = -683 \equiv 419 \,(\operatorname{mod} 551) \\
x_2 &= 58 \cdot 18 - 57 \cdot 16 = 132 \equiv -419 \,(\operatorname{mod} 551) \\
x_3 &= 58 \cdot 18 - 57 \cdot 13 = 303 \\
x_4 &= 58 \cdot 1 - 57 \cdot 16 = -854 \equiv -303 \,(\operatorname{mod} 551).
\end{aligned}
$$

Nun hat Alice die Auswahl zwischen den Paaren ± 419 und ± 303.
Trifft Alice die falsche Wahl 303, so weiß Bob, dass

$$419^2 - 303^2 \equiv 0 \,(\operatorname{mod} 551)$$
$$\Longleftrightarrow (419 + 303) \cdot (419 - 303) \equiv 0 \,(\operatorname{mod} p \cdot q)$$

Also ist o.B.d.A. q ein Teiler von 116.
Bob kann nun die Faktorzerlegung von 551 mit dem euklidischen Algorithmus bestimmen:

$$
\begin{aligned}
551 &= 4 \cdot 116 + 87 \\
116 &= 1 \cdot 87 + 29 \\
87 &= 3 \cdot 29
\end{aligned}
$$

Also gilt $(551, 116) = 29 = q$. Außerdem folgt jetzt natürlich $p = 551 : 29 = 19$.
Damit hat Alice verloren und Bob kann es ihr auch beweisen.

Trifft Alice die richtige Wahl 419, so gilt zwar genauso

$$419^2 - 132^2 \equiv 0 \,(\mathrm{mod}\,551)$$
$$\Longleftrightarrow (419 + 132) \cdot (419 - 132) \equiv 0 \,(\mathrm{mod}\,p \cdot q)$$

Jedoch gilt $419 + 132 = 551 \equiv 0 \,(\mathrm{mod}\,n)$, und damit ist die Faktorzerlegung von 551 nicht herauszubekommen, denn das einzige, was Bob schließen kann, ist:

$$p|551 \wedge q|551$$

und das weiß er sowieso schon.

Damit hat Bob verloren und er hat keine Möglichkeit zu lügen, da er die anderen Lösungen der Kongruenz nicht (effektiv) berechnen kann.

14

Primzahlen

Wegen der Bedeutung der Primzahlen für etliche Verfahren der asymmetrischen Kryptologie widmen wir ihnen ein eigenes Kapitel. Bereits die alten Griechen wussten, dass es unendlich viele Primzahlen geben muss. Unser Beweis des folgenden Satzes geht auf Euklid zurück.

Satz 14.1. *Es gibt unendlich viele Primzahlen in* $\mathbb{Z}$.

Beweis. Angenommen es gibt nur endlich viele Primzahlen, $\mathbb{P} = \{p_1, \ldots, p_n\}$. Wir bilden

$$a := p_1 \cdot \cdots \cdot p_n + 1.$$

a kann keine Primzahl sein, da sie ja von jedem der p_i verschieden ist. Also gibt es ein p_i, $i \in \{1, \ldots, n\}$ mit $p_i | a$.

Aus $p_i | p_1 \cdot \cdots \cdot p_n$ folgt dann $p_i | 1$, Widerspruch. $\qquad\square$

14.1 Statistische Verteilung der Primzahlen

Obwohl es keine offensichtliche Regelmäßigkeit gibt, nach der Primzahlen auftreten, so kann man doch einiges über ihre durchschnittliche Verteilung sagen. Wir bezeichnen mit $\pi(x)$ die Anzahl der Primzahlen, die kleiner oder gleich x sind,

$$\pi(x) = \sharp\{p \in \mathbb{P} \mid p \leq x\}.$$

Der **Primzahlsatz** besagt, dass

$$\lim_{x \to \infty} \frac{\pi(x)}{x/\log x} = 1,$$

was auch in der Form

$$\pi(x) \sim \frac{x}{\log(x)}$$

geschrieben wird. (In der Zahlentheorie ist es allgemein üblich, mit 'log' den natürlichen Logarithmus zu bezeichnen. Wir schließen uns im Folgenden dieser Konvention an.)

Der Primzahlsatz wurde auf funktionentheoretischem Wege bereits 1896 von Jacques Hadamard und Christian d e la Vallée Poussin bewiesen. Der Beweis benötigt tiefer liegende Ergebnisse aus der komplexen Analysis und kann hier nicht besprochen werden. Interessanterweise offenbart sich ein enger Zusammenhang zwischen den Nullstellen einer komplexwertigen Funktion, der **riemannschen Zetafunktion**, und der statistischen Verteilung der Primzahlen.

Lange versuchte man, einen Beweis des Primzahlsatzes zu finden, der keine komplexe Analysis benötigt. Es hat dann tatsächlich bis 1948 gedauert, dass ein solcher elementarer (aber keineswegs einfacher) Beweis von Paul Erdös und Atle Selberg veröffentlicht wurde.

Auch dieser Beweis würde den Rahmen des Buches sprengen. Mit etwas Aufwand können wir aber mit elementaren Methoden die für große x schwächere Abschätzung von Tschebyschew beweisen:

Satz 14.2 (Tschebyschew). *Mit* $c_1 = \frac{\log(2)}{4}$ *und* $c_2 = 8 \cdot \log(2) + 2$ *gilt für alle* $x \geq 4$

$$c_1 \frac{x}{\log(x)} \leq \pi(x) \leq c_2 \frac{x}{\log(x)}.$$

Beweis. Für den gesamten Beweis gelte $p \in \mathbb{P}$. Wir definieren zunächst eine Hilfsfunktion

$$\theta(x) := \sum_{p \leq x} \log(p).$$

Dann gilt

$$\theta(x) \geq \sum_{\sqrt{x} < p \leq x} \log(p) \geq \sum_{\sqrt{x} < p \leq x} \log(\sqrt{x})$$

$$= \log(x^{\frac{1}{2}}) \sum_{\sqrt{x} < p \leq x} 1 = \frac{1}{2} \log(x) \left(\pi(x) - \pi(\sqrt{x})\right)$$

$$\Longrightarrow \pi(x) \leq \frac{2\theta(x)}{\log(x)} + \pi(\sqrt{x}) \leq \frac{2\theta(x)}{\log(x)} + \sqrt{x}.$$

Nun schätzen wir $\theta(x)$ nach oben ab. Sei dazu $n \in \mathbb{N}$. Dann gilt

$$2^{2n} = (1+1)^{2n} \geq \binom{2n}{n} = \frac{(n+1) \cdots \cdots 2n}{n!} \qquad (14.1)$$

Logarithmieren liefert

$$2n \log(2) \geq \log \binom{2n}{n} = \sum_{n<p<2n} \operatorname{ord}_p \binom{2n}{n} \log(p)$$

$$= \sum_{n<p<2n} \left(\operatorname{ord}_p((2n)!) - \operatorname{ord}_p((n!)^2) \right) \log(p) = \sum_{n<p<2p} \operatorname{ord}_p((2n)!).$$

Wir haben hierbei benutzt, dass $\log p^a = a \log p$,

$$\binom{2n}{n} = \prod_{p \in \mathbb{P}} p^{\operatorname{ord}_p \binom{2n}{n}}$$

sowie $\operatorname{ord}_p((n!)^2) = 0$ für $p > n$. Wir zeigen, dass

$$\operatorname{ord}_p(n!) = \sum_{i \geq 1} [\frac{n}{p^i}], \tag{14.2}$$

wobei $[x]$ die größte ganze Zahl, die kleiner oder gleich x ist, bezeichnet. $[x]$ heißt **Gaußklammer** von x. In der Tat: In dem Produkt $1 \cdot 2 \cdot 3 \cdots n$ sind die Zahlen $p, 2p, \ldots, [\frac{n}{p}p]$ durch p teilbar. Von diesen sind die Zahlen $p^2, 2p^2, \ldots, [\frac{n}{p^2}p^2]$ durch p^2 teilbar und allgemein die Zahlen $p^i, 2p^i, \ldots, [\frac{n}{p^i}p^i]$ durch p^i teilbar. Die Summe der Ordnungen aller durch p teilbaren Zahlen zwischen 1 und n ist gerade die Ordnung von $n!$. Die Gleichung (14.2) ergibt sich durch Abzählen.

Man beachte, dass die Summe $\sum_{i \geq 1} [\frac{n}{p^i}]$ nur endlich viele von Null verschiedene Summanden enthält, nämlich die, für die $p^i \leq n$.

Mit diesem Zwischenergebnis gehen wir in unsere Abschätzung:

$$\sum_{n<p<2n} \operatorname{ord}_p((2n)!) \log(p) = \sum_{n<p<2n} \sum_{i \geq 1} [\frac{2n}{p^i}] \log(p),$$

$$= \sum_{n<p<2n} [\frac{2n}{p}] \log(p) (\text{da} \quad p^i > 2n, \quad \text{wenn} \quad i > 1)$$

$$= \sum_{n<p<2n} \log(p) = \sum_{1<p<2n} \log(p) - \sum_{1<p<n} \log(p).$$

Wir erhalten als vorläufiges Ergebnis:

$$2n \log(2) \geq \theta(2n) - \theta(n)$$

Für $2n = 2^\alpha$ mit $\alpha \in \mathbb{N}$ folgt:

$$\theta(2^\alpha) - \theta(1) = \theta(2^\alpha) - \theta(2^{\alpha-1}) + \theta(2^{\alpha-1}) - \theta(2^{\alpha-2}) + - \cdots + \theta(2^1) - \theta(1).$$

Nun gilt für jedes $\alpha \in \mathbb{N}$, $\alpha > 1$ nach dem oben Gezeigten:

$$\theta(2^\alpha) - \theta(2^{\alpha-1}) \leq \log(2) \cdot 2^\alpha$$

Und daher ergibt sich für die gesamte Teleskopsumme:

$$
\begin{aligned}
\theta(2^\alpha) - \theta(1) &\leq \log(2) \cdot (2^\alpha + 2^{\alpha-1} + \cdots + 1) \\
&= \log(2)(2^{\alpha+1} - 1) \\
&\leq 2^{\alpha+1} \log(2),
\end{aligned}
$$

also $\quad \theta(2^\alpha) \leq 2^{\alpha+1} \log(2)$.

Für $x \in \mathbb{R}$, $x > 2$ existiert offensichtlich ein $\alpha \in \mathbb{N}$ derart, dass $2^\alpha \leq x \leq 2^{\alpha+1}$. Damit folgt weiter

$$
\begin{aligned}
\theta(x) &\leq \theta(2^{\alpha+1}) < 2^{\alpha+2} \log(2) \\
&\leq 4x \log(2)
\end{aligned}
$$

Hieraus gewinnen wir nun endlich die gesuchte Abschätzung nach oben für $\pi(x)$:

$$
\begin{aligned}
\pi(x) &\leq \frac{2 \cdot \theta(x)}{\log(x)} + \sqrt{x} \\
&\leq \frac{2 \cdot 4 \cdot \log(2) \cdot x}{\log(x)} + \sqrt{x} \\
&\leq \frac{8 \cdot \log(2) \cdot x}{\log(x)} + \frac{2 \cdot x}{\log(x)}, \quad \text{denn für } x > 2 \text{ gilt } \frac{2 \cdot x}{\log(x)} > \sqrt{x} \\
&= \frac{(8 \cdot \log(2) + 2) \cdot x}{\log(x)}
\end{aligned}
$$

Dies ist die behauptete Abschätzung nach oben. Jetzt geben wir eine Abschätzung für $\pi(x)$ nach unten.

Sei wieder $n \in \mathbb{N}$, $n > 2$.

Es ist :

$$
\binom{2n}{n} = \frac{(n+1) \cdot \cdots \cdot 2n}{n!} > 2^n
$$

Logarithmieren liefert

$$
\begin{aligned}
n \cdot \log(2) &< \log\binom{2n}{n} \\
&= \sum_{1 < p < 2n} \left(\sum_{i \geq 1} \left(\left[\frac{2n}{p^i} \right] - 2 \left[\frac{n}{p^i} \right] \right) \right) \cdot \log(p).
\end{aligned}
$$

$[\frac{2n}{p^i}] - 2[\frac{n}{p^i}]$ kann nur die Werte 0 und 1 annehmen, je nachdem, ob $\frac{n}{p^i} \geq a + \frac{1}{2}$ oder $\frac{n}{p^i} < a + \frac{1}{2}$ für $a \in \mathbb{N}$. Also gilt

$$
n \cdot \log(2) \leq \sum_{1 < p < 2n} \left(\sum_{i=1}^{\alpha_p} 1 \right) \cdot \log(p) \tag{14.3}
$$

mit $\alpha_p := \max\{\alpha \mid p^\alpha \leq 2n\}$. Aus $p^{\alpha_p} \leq 2n$ folgt $\alpha_p \leq \frac{\log(2n)}{\log(p)}$. Setzen wir dies in (14.3) ein, so folgt

$$
\begin{aligned}
n \cdot \log(2) &\leq \sum_{1 < p < 2n} \left(\frac{\log(2n)}{\log(p)} \cdot \log(p) \right) \\
&= \log(2n) \cdot \sum_{1 < p < 2n} 1 \\
&= \log(2n) \cdot \pi(2n)
\end{aligned}
$$

Also gilt für $n > 2$:

$$
\pi(2n) > \frac{\log(2)}{2} \cdot \frac{2n}{\log(2n)}.
$$

Zu gegebenem $x \in \mathbb{R}$, $x \geq 3$ existiert offensichtlich ein $n \in \mathbb{N}$ mit $2(n+1) \geq x \geq 2n$. Für dieses n gilt, wenn $x > 4$:

$$
\begin{aligned}
\pi(x) &\geq \pi(2n) \\
&\geq \frac{\log(2)}{2} \cdot \frac{2n}{\log(2n)} \geq \frac{\log(2)}{2} \cdot \frac{2n}{\log(x)} \\
&\geq \frac{\log(2)}{2} \cdot \left(\frac{x-2}{\log(x)} \right) \\
&\geq \frac{\log(2)}{4} \cdot \frac{x}{\log(x)},
\end{aligned}
$$

denn $2n \geq x - 2 \geq x/2$ für $x \geq 4$.

Schließlich folgt mit $c_1 := \frac{\log(2)}{4}$ die behauptete Abschätzung nach unten. $\qquad\square$

14.2   Wie findet man Primzahlen?

Ein einfacher Algorithmus, um Primzahlen zu finden, ist gegeben durch das **Sieb des Eratosthenes**. Hierbei streicht man aus einer Liste der natürlichen Zahlen von 2 bis n zunächst alle Vielfachen der 2, die 2 selbst aber nicht, danach alle Vielfachen des kleinsten nichtgestrichenen Elements, also der 3, aber nicht die 3 selbst, usw.

Ist die kleinste nichtgestrichene Zahl größer als $\sqrt{n}$, so beendet man das Verfahren. Alle noch nicht gestrichenen Elemente in der Liste sind die Primzahlen $\leq n$. Man muss nur von den Zahlen bis $\sqrt{n}$ die Vielfachen streichen, da ein Vielfaches λk einer Zahl $k > \sqrt{n}$ bereits als Vielfaches der Zahl $\lambda \leq \sqrt{n}$ aufgetreten ist, und damit bereits gestrichen sein muss.

Um Primzahlen zu bestimmen, liegt es nahe, nach einer Funktion zu suchen, die Primzahlen (und im Wesentlichen nur Primzahlen) produziert.

Eine solche Funktion kann aber kein Polynom in einer Variablen sein:

Satz 14.3. *Es gibt kein nichtkonstantes Polynom*

$$f(x) = a_n x^n + a_{n-1} x^{n-1} + \cdots + a_1 x + a_0$$

mit ganzrationalen Koeffizienten $a_i \in \mathbb{Z}$ derart, dass $f(m) \in \mathbb{P}$ für alle $m \in \mathbb{N}$.

Beweis. Angenommen, es gäbe ein solches Polynom. Dann gilt $f(1) = a_n + \ldots + a_0 = p_0 \in \mathbb{P}$.

Berechne nun

$$
\begin{aligned}
f(1 + kp_0) &= f(1) + a_n(1 + kp_0)^n - a_n + \cdots + a_1(1 + kp_0) - a_1 \\
&= p_0 + a_n(1 + kp_0)^n + \cdots + a_1(1 + kp_0) - a_n - \ldots - a_1.
\end{aligned}
$$

Zunächst erkennt man mit Hilfe der binomischen Formel, dass

$$a_i(1 + kp_0)^i - a_i = a_i\left(1 + ikp_0 + \binom{i}{2}(kp_0)^2 + \ldots + (kp_0)^i\right) - a_i$$

durch p_0 teilbar ist. Wir nehmen an, dass es ein k gibt, so dass

$$a_n(1 + kp_0)^n + \cdots + a_1(1 + kp_0) - a_n - \ldots - a_1 \neq 0.$$

Ansonsten verschwindet $a_n x^n + \ldots + a_1 x + (-a_n - \ldots - a_1)$ für unendlich viele x und wäre damit identisch Null. Dann müsste $a_1 = \ldots = a_n = 0$ und f wäre ein konstantes Polynom.

Also folgt entweder $f(1+kp_0) \leq 0$ oder im Fall $f(1+kp_0) > 0$, dass $f(1+kp_0) \neq p_0$ und $p_0 | f(1 + kp_0)$.

Dann ist in jedem Fall $f(1+kp_0)$ keine Primzahl im Widerspruch zur Annahme. $\square$

Nichtsdestotrotz gilt:

Satz 14.4. (1) *Die Menge $\mathbb{P}$ der Primzahlen ist eine Diophantische Menge, d.h. es gibt ein Polynom P in endlich vielen Veränderlichen über $\mathbb{Z}$ derart, dass*

$$t \in \mathbb{P} \Longleftrightarrow P(t, x_1, \ldots, x_n) = 0$$

für geeignete $x_1, \ldots, x_n \in \mathbb{N}_0$.

(2) *[Jones, Sato, Wada, Wiens, 1976] Es gibt ein (explizit angebares) Polynom in 26 Veränderlichen vom Grad 25 mit ganzzahligen Koeffizienten derart, dass die positiven Werte dieses Polynoms für nichtnegative ganze Zahlen genau die Menge der Primzahlen umfasst.*

Für das praktische Umgehen mit und das Finden von Primzahlen sind diese Polynome aber nicht geeignet. Den für die Anwendungen wichtigen Verfahren, zum Aufspüren von Primzahlen, den Primzahltests, werden wir uns im nächsten Kapitel zuwenden.

14.3 Fermatsche und mersennesche Primzahlen

Bestimmte Primzahltests eignen sich für Primzahlen, die eine ganz spezielle Bauart aufweisen. Beispielsweise der Lucas-Test für Zahlen der Gestalt

$$q = 2^r + 1.$$

Eine Primzahl von dieser Gestalt heißt **fermatsche Primzahl**. $2^2 + 1, 2^4 + 1$ sind z.B. fermatsche Primzahlen. Bislang ist unbekannt, ob es unendlich viele fermatsche Primzahlen gibt.

Allgemein heißt $\mathbf{F_i} := 2^{2^i} + 1$ eine **fermatsche Zahl**. Fermat selbst vermutete, dass alle diese Zahlen Primzahlen seien. Bereits Euler zeigt aber 1732, dass $\mathbf{F_5}$ zusammengesetzt ist: $\mathbf{F_5} = 641 \cdot 6700417$.

Verallgemeinerte fermatsche Primzahlen sind Primzahlen von der Form $b^n + 1$, mit einer Basis $b \in 2\mathbb{Z}$.

Der Rekord liegt zur Zeit (Stand: 6/2003) bei $62.722^{131.072} + 1$.

Ein weiterer berühmter Typ von Primzahlen sind solche der Form

$$q = 2^r - 1.$$

Sie heißen **mersennesche** Primzahlen. Auch hier weiß man nicht, ob es unendlich viele gibt. Beispiele sind $2^3 - 1, 2^5 - 1$. Bisher (Stand:6/2003) sind 39 mersennesche Primzahlen bekannt. Die letzte wurde 2001 von M. Cameron gefunden, es ist die Zahl $2^{13.466.917} - 1$ und die größte derzeit bekannte Primzahl überhaupt. Wir haben die folgenden notwendigen Bedingungen:

Satz 14.5. *Damit $2^r + 1$ eine Primzahl ist, folgt notwendig, dass $r = 2^k$. Damit $2^r - 1$ eine Primzahl ist, folgt notwendig, dass r bereits eine Primzahl ist.*

Beweis. Zunächst folgt für eine ungerade Zahl $u = 2k+1$ und eine beliebige natürliche Zahl $a > 1$

$$a^u + 1 = a^{2k+1} - a + (a + 1) = a(a^{2k} - 1) + (a + 1).$$

Da $(a^2 - 1)|(a^{2k} - 1)$ folgt weiter $(a + 1)|(a^{2k} - 1)$ und schließlich $(a + 1)|(a^u + 1)$. Falls $u > 1$, so besitzt demnach $a^u + 1$ einen echten Teiler. Damit folgt aber für einen beliebigen Exponenten r, der keine reine 2er Potenz ist, also $r = 2^k u$, mit $u > 1$ ungerade, dass $2^{2^k u} + 1 = (2^{2^k})^u + 1$ durch $2^{2^k} + 1$ teilbar und damit keine Primzahl ist.

Die zweite Aussage des Satzes ergibt sich aus der Zerlegung

$$2^{ab} - 1 = 2^{a(b-1)} + 2^{a(b-2)} + ... + 1,$$

die wiederum aus der bekannten Gleichung für die geometrische Summe

$$\frac{x^k - 1}{x - 1} = \sum_{l=0}^{k-1} x^l$$

folgt.   □

14.4   Primzahltests

Vor allem für asymmetrische Verschlüsselungen werden große Primzahlen benötigt. Um Primzahlen zu finden, benötigt man Algorithmen, die entscheiden, ob eine vorgegebene natürliche Zahl eine Primzahl ist. Diese Algorithmen heißen **Primzahltests**.

Der einfachste Test, das **Sieb des Eratosthenes**, probiert, ob eine Zahl zwischen 2 und $\sqrt{n}$ ein Teiler von n ist, benötigt also $O(\sqrt{n}) = O(e^{\frac{1}{2}L})$ Divisionen und ist damit exponentiell in der Eingabelänge $L = \log_2 n$ und für praktische Rechnungen mit großen Zahlen nicht geeignet. Viele der heute verwandten Tests sind **probabilistische** Tests, bei denen nicht mit Sicherheit, sondern nur nur bis auf eine geringe Irrtumswahrscheinlichkeit davon ausgegangen werden kann, dass die Zahl, die den Test besteht, eine Primzahl ist. Primzahltests, bei denen Zahlen mit Sicherheit als Primzahlen erkannt werden, heißen **deterministische** Tests.

Bis vor kurzem war kein deterministischer polynomialer Primzahltest bekannt. Im Jahr 1983 veröffentlichten Adleman, Pomerance und Rumely [2] einen deterministischen Primzahltest, mit einer Laufzeit von $O(e^{c \ln L \ln \ln L})$, mit $L = \log_2 n$. (n ist die zu testende Zahl.)

Er ist also 'fast' polynomial. Der Test benötigt tiefer liegende Ergebisse aus der algebraischen Zahlentheorie, auf die wir an dieser Stelle nicht eingehen können. Es gibt weitere ähnlich gute deterministische Tests auf der Basis von elliptischen Kurven und abelschen Varietäten.

Im Jahr 2002 gelang jedoch der Durchbruch und der erste deterministische Test mit polynomialer Laufzeit wurde von den indischen Mathematikern M. Agrawal, N. Kayal und M. Saxena der Öffentlichkeit vorgestellt. Wir werden diesen Test am Ende des Kapitels vorstellen.

14.4.1   Die Sätze von Wilson und Fermat

Die grundsätzliche Idee bei dem Entwurf von Primzahltests ist es, 'einfache' Eigenschaften von Primzahlen zu finden, die algorithmisch leicht zu überprüfen sind und die die meisten zusammengesetzten Zahlen nicht besitzen. Idealerweise würde eine solche Eigenschaft genau für die Primzahlen gelten, wäre also eine charakterisierende Eigenschaft. Ein Kandidat hierfür ergibt sich aus dem Satz von Wilson.

Satz 14.6 (Wilson). *Es gilt*

$$(n - 1)! \equiv -1 \,(\mathrm{mod}\, n)$$

genau dann, wenn n eine Primzahl ist.

Beweis. Dass die obige Kongruenz für zusammengesetzte Zahlen nicht gilt, ist eine leichte Übungsaufgabe. Wir nehmen daher an, dass $n = p$ eine Primzahl ist. Wegen der Nullteilerfreiheit von $\mathbb{Z}_p$ besitzt $x^2 \equiv 1 \,(\mathrm{mod}\,p)$ nur zwei Lösungen, nämlich $x \equiv \pm 1 \,(\mathrm{mod}\,p)$.

In dem Produkt $1 \cdot 2 \cdot \ldots \cdot (p-1)$ erscheint als Faktor mit jedem Rest a auch der modulo p inverse Rest a^{-1}, falls nicht $a = 1$ oder $a = p - 1$. Dies bedeutet

$$(p-1)! \equiv p - 1 \equiv -1 \,(\mathrm{mod}\,p). \qquad \square$$

Die Berechnung von $n!$ ist allerdings zu aufwendig, so dass sich hieraus nur ein theoretischer, aber kein praktisch verwendbarer Test ableiten lässt.

Aussichtsreicher ist dagegen die Bewerbung des folgenden Kandidaten:

Satz 14.7 (Fermat). *Für jede zu einer Primzahl $p \in \mathbb{P}$ teilerfremde Zahl $a \in \mathbb{N}$ gilt*

$$a^{p-1} \equiv 1 \,(\mathrm{mod}\,p)$$

Diese Aussage ist auch als 'der kleine Fermat' bekannt, und ist natürlich ein Spezialfall des Satzes von Euler (Satz 2.4).

14.4.2 Der Fermat-Test

Für die 'meisten' zusammengesetzten Zahlen $n \in \mathbb{N}$ existiert ein Rest $a \,(\mathrm{mod}\,n)$ derart, dass gilt:

$$a^{n-1} \not\equiv 1 \,(\mathrm{mod}\,n).$$

Wir sagen: Die Zahl n hat den **Fermat-Test** zur Basis a bestanden, wenn $a^{n-1} \equiv 1 \,(\mathrm{mod}\,n)$.

Potenzen mit großen Exponenten lassen sich mit dem bereits beschriebenen square-and-multiply-Algorithmus effektiv berechnen.

Beispiel: Teste, ob 15 eine Primzahl ist. Es gilt:

$$2^{14} = 16384 \equiv 4 \,(\mathrm{mod}\,15).$$

Nach dem Satz von Fermat kann 15 somit keine Primzahl sein. Leider gibt es auch zusammengesetzte Zahlen n, die den Test bestehen.

Eine ungerade zusammengesetzte Zahl n, für die $a^{n-1} \equiv 1 \,(\mathrm{mod}\,n)$ heißt eine **Pseudoprimzahl zur Basis** a. Es gibt sogar zusammengesetzte ungerade Zahlen $n \in \mathbb{N}$, die Pseudoprimzahlen zu allen $a \in \mathbb{N}, 1 < a < n$ mit $(a,n) = 1$ sind. Solche Zahlen heißen **absolute Pseudoprimzahlen** oder auch **Carmichael-Zahlen**.

Gäbe es zu einer Basis nur endlich viele Pseudoprimzahlen, so ließe sich der Fermat-Test zu einem deterministischen Test erweitern, indem die endlich vielen Ausnahmen durch Vergleich ausgeschlossen werden könnten. Wie wir heute wissen, gibt es aber unendlich viele Carmichael-Zahlen. Dieses Resultat wurde 1994 in einer bemerkenswerten Arbeit von W.R. Alford, A. Granville, C. Pomerance [4] erzielt.

Beispiel: Die Zahl $n = 561 = 3 \cdot 11 \cdot 17$ ist offensichtlich keine Primzahl, aber für alle $1 < a < 561$ mit $(a, 561) = 1$ gilt

$$a^{560} \equiv 1 \,(\mathrm{mod}\, 561).$$

561 ist die kleinste Carmichael-Zahl.

14.4.3 Erzeugung von Pseudoprimzahlen

Man kann Pseudoprimzahlen erzeugen, etwa mit dem **Verfahren von Cipolla** (von 1904):

Wähle $a \geq 2$ und $p \in \mathbb{P} \setminus \{2\}$ derart, dass

$$p \nmid a, \; p \nmid a + 1, \; p \nmid a - 1.$$

Setze dann

$$n_1 := \frac{a^p - 1}{a - 1}, \quad n_2 := \frac{a^p + 1}{a + 1},$$

und schließlich

$$n := n_1 \cdot n_2 \in \mathbb{N}.$$

Dann ist n eine Pseudoprimzahl zur Basis a, wie man als Übungsaufgabe zeigen kann.

14.4.4 Struktur und Erzeugung von Carmichael-Zahlen

In der Primfaktorzerlegung einer Carmichael-Zahl n kann keine Primzahl zu einer höheren als der ersten Potenz auftreten. Angenommen nämlich $n = p^r m$ mit $p \in \mathbb{P}$ und $r > 1$. Für $a = 1 + p$ gilt

$$a^i \equiv 1 + ip \,(\mathrm{mod}\, p^2).$$

$a = 1 + p$ besitzt daher die Ordnung p in der Gruppe der primen Reste modulo p^2. Es ist $(a, n) = 1$ und da n eine Carmichael-Zahl ist, so folgt $a^{n-1} \equiv 1 \,(\mathrm{mod}\, n)$. Aus der Annahme $p^2 | n$ folgt $a^{n-1} \equiv 1 \,(\mathrm{mod}\, p^2)$. Damit muss gelten $p | (n - 1)$.

Außerdem gibt es einen zu n primen Rest b, der modulo p die Ordnung $p - 1$ besitzt. Dies folgt daraus, dass die primen Reste modulo p eine zyklische Gruppe bilden, vergl. Satz 5.3. Wenn n Carmichael-Zahl ist, so muss dann für dieses b auch

$$b^{n-1} \equiv 1 \,(\mathrm{mod}\, p)$$

gelten, und dies impliziert $(p-1)|(n-1)$. Dies ist aber ein Widerspruch zu $p|(n-1)$, und damit haben wir die Annahme $r > 1$ zu einem Widerspruch geführt.

Eine Carmichael-Zahl muss auch mindestens drei Primfaktoren enthalten: Wir nehmen dazu an, es gäbe eine Carmichael-Zahl n, die das Produkt von nur zwei Primzahlen ist: $n = pq$, $p \neq q$. Wieder können wir wie eben argumentieren, dass ein zu

n primer Rest existiert, der modulo p die Ordnung $p - 1$ sowie ein weiterer, der modulo q die Ordnung $q - 1$ besitzt. Weil n eine Carmichael-Zahl ist, so folgt wie oben $(p - 1)|(n - 1)$ und $(q - 1)|(n - 1)$. Nun ist $n - 1 = pq - 1 = (p - 1)q + q - 1$ und aus $(p - 1)|(n - 1)$ folgt $(p - 1)|(q - 1)$. Umgekehrt folgt genauso $(q - 1)|(p - 1)$ und daraus ergibt sich $p = q$, Widerspruch. Wir haben gezeigt

Satz 14.8. *Wenn n eine Carmichael-Zahl ist, so besitzt n mindestens drei Primfaktoren und in der Primfaktorzerlegung von n gibt es keinen Primfaktor zu einer höheren als der ersten Potenz.*

Besitzt eine Zahl n keinen Primfaktor zu einer höheren als der ersten Potenz, so sagen wir aus naheliegenden Gründen auch, dass n quadratfrei ist. Es gilt dann das hinreichende Kriterium:

Satz 14.9. *Sei n quadratfrei und ungerade mit der Eigenschaft, dass aus $p|n$ auch $(p - 1)|(n - 1)$ für jeden Primfaktor p von n folgt. Dann ist n eine Carmichael-Zahl.*

Beweis. Für jeden Primfaktor p_i von n und jeden zu n primen Rest a gilt

$$a^{p_i - 1} \equiv 1 \, (\mathrm{mod}\, p_i)$$

und damit auch

$$a^{n-1} \equiv 1 \, (\mathrm{mod}\, p_i),$$

da nach Voraussetzung $(p_i - 1)|(n - 1)$. Aus $n = p_1 \cdot \ldots \cdot p_k$ folgt

$$a^{n-1} \equiv 1 \, (\mathrm{mod}\, n),$$

also die Behauptung.   □

Um Carmichael-Zahlen zu erzeugen, suche man $k \geq 3$ ungerade Primzahlen $p_1, p_2, ..., p_k$, für die gilt:

$$(p_i - 1)|(\prod_{i=1}^{k} p_i - 1).$$

Dann ist $n := \prod_{i=1}^{k} p_i$ eine Carmichael-Zahl.

14.4.5 Lucas-Test

Der Fermat-Test wird durch ein zusätzliches Kriterium zu einem deterministischen Test:

Satz 14.10 (Lucas). *Eine natürliche Zahl $n > 1$ ist genau dann eine Primzahl, wenn es ein $a > 1$ gibt, mit*

i) $a^{n-1} \equiv 1 \, (\mathrm{mod}\, n)$,

ii) $a^m \not\equiv 1 (\mathrm{mod}\, n)$ *für jeden Teiler* $0 < m < n - 1$ *von* $n - 1$.

Beweis. Die Notwendigkeit der Bedingungen ist klar. Umgekehrt folgt aus der ersten Bedingung, dass a in $\mathbb{Z}/n\mathbb{Z}^*$ eine Ordnung besitzt, die ein Teiler von $n - 1$ sein muss. Aus der zweiten Bedingung folgt, dass die Ordnung $n - 1$ sein muss. Damit sind alle Potenzen $a^i, 0 \leq i < n$ paarweise modulo n verschiedene prime Reste von n. Also $\varphi(n) = n - 1$. Dies geht aber nur, wenn n eine Primzahl ist. $\square$

Das Überprüfen dieser beiden Bedingungen ist Inhalt des sogenannten **Lucas-Tests**. Da man für diesen Test aber die Faktorisierung von $n - 1$ benötigt, einigt sich dieser Test nur in solchen Fällen, in denen diese bekannt ist. Insbesondere lassen sich Zahlen der Gestalt $n = 2^k + 1$ besonders gut testen, d.h., er eignet sich für fermatsche Primzahlen.

14.4.6 Rabin-Miller-Test

Der **Rabin-Miller-Test** wird heute für die Erzeugung großer Primzahlen in kryptographischen Anwendungen häufig benutzt. Es handelt sich bei ihm um einen probabilistischen Test: Ist bei k-maliger unabängiger Durchführung des Tests die Zusammengesetztheit von n nicht belegt worden, so ist mit einer Irrtumswahrscheinlichkeit von $(\frac{1}{4})^k$ davon auszugehen, dass n eine Primzahl ist.

Für eine Primzahl n gelten für jedes $a \in \mathbb{N}$, $(a, n) = 1$ die folgenden beiden Aussagen:

1. $a^{n-1} \equiv 1 \,(\mathrm{mod}\, n)$.

2. Sei 2^s die höchste in $n - 1$ aufgehende Zweierpotenz, also $n - 1 = 2^s u$, u ungerade. Von den Potenzen $a^u, a^{2u}, a^{4u}, ..., a^{2^{s-1}u}$ sei ferner $a^{2^i u}$ die erste in dieser Liste mit $a^{2^i u} \equiv 1 \,(\mathrm{mod}\, n)$. Dann gilt entweder $i = 0$ oder

$$a^{2^{i-1}u} \equiv -1 \,(\mathrm{mod}\, n).$$

Letzteres folgt aus der Tatsache, dass in einem Körper

$$x^2 = 1 \Longleftrightarrow x = 1 \vee x = -1.$$

Erfüllt eine Zahl n die beiden Bedingungen aus dem Rabin-Miller-Test für ein a, so sagen wir auch, sie besteht für dieses a den Test. Gibt es ein a, für das eines der beiden Kriterien nicht erfüllt ist, so sagen wir, a bezeugt die Zusammengesetztheit von n, oder a ist ein Zeuge für die Zusammengesetztheit von n.

Wir zeigen, dass für eine zusammengesetzte Zahl n mindestens 75 % aller zu n teilerfremden Reste die Zusammengesetztheit von n bezeugen. Anders ausgedrückt: Besteht eine natürliche Zahl den Rabin-Miller-Test für eine Basis a, so ist sie mit einer Irrtumswahrscheinlichkeit von höchstens 25 % eine Primzahl.

Satz 14.11. *Für jede ungerade Zahl $n > 9$, die keine Primzahl ist, existieren mindestens $\frac{3(n-1)}{4}$ prime Reste von n, für die eine der Bedingungen aus dem Rabin-Miller-Test verletzt ist.*

Beweis. Sei hierzu 2^s die höchste in $n-1$ aufgehende Zweierpotenz und $n-1 = 2^s u$. Wenn es zu einem primen Rest a ein $0 \leq g \leq s-1$ gibt mit

$$a^{2^g u} \equiv -1 \,(\mathrm{mod}\, n), \tag{14.4}$$

so erfüllt offensichtlich n den Test für dieses a. In der Liste der Potenzen

$$a^u, \, a^{2u}, \, a^{4u}, ..., a^{2^{s-1}u}$$

ist nämlich $a^{2^{g+1}u}$ das erste, für das $a^{2^i u} \equiv 1 \,(\mathrm{mod}\, n)$.

Falls ein solches a nicht existiert, so ist der Satz bewiesen, dann sind nämlich alle a Zeugen für die Zusammengesetztheit.

Wir gehen im Folgenden also davon aus, dass mindestens ein a existiert, das die Kongruenz (14.4) für ein $g \in \{0, ..., s-1\}$ erfüllt. G sei das Maximum aller dieser Exponenten g. Setze $m := 2^G u$. Die Menge

$$U_G = \{a \in \mathbb{Z}_n^\times \,|\, a^{2^m} \equiv \pm 1 \,(\mathrm{mod}\, n)\}$$

ist eine Untergruppe von $\mathbb{Z}_n^\times$. (Man zeige dies mit dem Untergruppenkriterium.) Hierzu gehören dann insbesondere auch alle a, für die (14.4) für einen kleineren Exponent der Gestalt $2^g u$ gilt.

Alle a, die keine Zeugen für die Zusammengesetztheit sind, gehören demnach zu U_G. Der Satz ist bewiesen, wenn wir zeigen können, dass höchstens $\frac{1}{4}$ aller primen Reste zu dieser Untergruppe gehört, dass also gilt:

$$[\mathbb{Z}_n^\times : U_G] \geq 4.$$

Wir vergleichen hierzu U_G mit der Untergruppe

$$V = \{a \in \mathbb{Z}_n^\times \,|\, a^{n-1} \equiv \pm 1 \,(\mathrm{mod}\, n)\}$$

von $\mathbb{Z}_n^\times$. Wenn n eine Carmichael-Zahl ist, so ist $V = \mathbb{Z}_n^\times$.

Natürlich ist U_G Untergruppe von V. Seien nun α, β Lösungen von

$$\alpha^m \equiv 1 \,(\mathrm{mod}\, n), \quad \beta^m \equiv -1 \,(\mathrm{mod}\, n)$$

und $n = p_1^{\alpha_1} \cdot ... \cdot p_k^{\alpha_k}$ die Primfaktorzerlegung von n. Für die primen Reste $a_i \equiv \alpha \,(\mathrm{mod}\, p_i)$ und $b_i \equiv \beta \,(\mathrm{mod}\, p_i)$ gilt

$$a_i^m \equiv 1 \,(\mathrm{mod}\, p_i^{\alpha_i}), \tag{14.5}$$

$$b_i^m \equiv -1 \,(\mathrm{mod}\, p_i^{\alpha_i}). \tag{14.6}$$

Aufgrund des chinesischen Restsatzes existiert zu jeder der 2^k Kombinationen von k Kongruenzen

$$x \equiv c_i \,(\mathrm{mod}\,p_i^{\alpha_i}), \quad c_i \in \{a_i, b_i\} \tag{14.7}$$

eine modulo n eindeutig bestimmte simultane Lösung. Für jede solche Lösung x gilt dann $x^{n-1} \equiv 1 \,(\mathrm{mod}\,p_i^{\alpha_i})$ und daher

$$x^{n-1} \equiv 1 \,(\mathrm{mod}\,n).$$

Also ist x aus V. Je zwei Elementen α, β aus U_G werden auf diese Weise 2^k Elemente aus V zugeordnet, es ist also

$$[V : U_G] = 2^{k-1}.$$

Der Satz ist damit bewiesen für den Fall, dass n mindestens 3 Primfaktoren enthält. Enthält n zwei Primfaktoren, so ist $[V : U_G] = 2$, n kann aber keine Carmichael-Zahl sein, so dass $[\mathbb{Z}_n^\times : V] \geq 2$ und daher auch in diesem Fall $[\mathbb{Z}_n^\times : U_G] \geq 4$. Bleibt noch der Fall $n = p^r$, $r \geq 2$. Die Gruppe $\mathbb{Z}_{p^r}^\times$ ist zyklisch. Sie besitzt $\varphi(p^r) = (p-1)p^{r-1}$ Elemente.

a sei ein erzeugendes Element. Damit dann für ein Element $b = a^k$ die Kongruenz

$$b^{p^r-1} = a^{k(p^r-1)} \equiv 1 \,(\mathrm{mod}\,p^r)$$

gilt, muss k so gewählt sein, dass für geeignetes $l \in \mathbb{N}$

$$k(p^r - 1) = k(p-1)(p^{r-1} + p^{r-2} + \ldots + 1) = l(p-1)p^{r-1}.$$

Da $p \nmid (p^{r-1} + p^{r-2} + \ldots + 1)$, so muss $p^{r-1}|k$. Damit besteht V nur aus den $p-1$ Elementen $a^{l p^{r-1}}$ Und dies sind $1/p^{r-1}$ von allen. Es ist $1/p^{r-2} \leq 1/4$ außer für $p = 3$ und $r = 2$, damit ist der Satz bewiesen. $\square$

Wie bereits oben erwähnt, wird der Rabin-Miller-Test für eine Zahl n mehrmals zu zufällig ausgewählten Basen durchgeführt. Die Irrtumswahrscheinlichkeit für die Alternative, dass es sich bei n nach k bestandenen Tests um eine Primzahl handelt, liegt dann bei $1/4^k$.

Miller hat gezeigt, dass es bei obigem Test zu jeder zusammengesetzten Zahl n einen 'kleinen' Zeugen a geben muss, wenn die **verallgemeinerte riemannsche Vermutung**. gilt. Man kann zeigen, dass in diesem Fall $a < 2\ln^2(n)$.

Die (verallgemeinerte) riemannsche Vermutung, auf die wir hier nicht näher eingehen wollen, ist eine der bekanntesten und ältesten Vermutungen aus der Zahlentheorie, und ein Beweis oder eine Widerlegung hierfür scheint zur Zeit außer Reichweite. Allerdings glaubt wohl die Mehrheit der Mathematiker, dass sie gilt.

14.4.7 AKS-Primzahltest

Nun folgt der bereits angekündigte deterministische polynomiale Primzahltest von M. Agrawal, N. Kayal und M. Saxena. Wir nennen diesen Test hier nach den Anfangsbuchstaben der Autoren kurz den **AKS-Test**.

Er basiert auf der für jede Primzahl p und $m \in \mathbb{Z}$ im Polynomring $\mathbb{F}_p[x]$ gültigen Identität

$$(x - m)^p = x^p - m. \tag{14.8}$$

Im Folgenden drücken wir dies auch durch die Kongruenzschreibweise

$$(x - m)^p \equiv x^p - m \,(\mathrm{mod}\, p). \tag{14.9}$$

aus.

Diese Gleichheit ist im Unterschied zu der entsprechenden beim Fermat-Test auch charakterisierend für Primzahlen. Wenn n zusammengesetzt ist, so gilt für zu n teilerfremdes m

$$(x - m)^n \not\equiv x^n - m \quad (\mathrm{mod}\, n). \tag{14.10}$$

Ist nämlich p ein Primteiler von n und p^k die höchste p-Potenz, die n teilt. Dann ist für m mit $(m, n) = 1$ der Ausdruck $m^{n-p^k} \begin{pmatrix} n \\ p^k \end{pmatrix}$ nicht durch p teilbar. (Übung!)

Damit ist der Koeffizient vor x^{p^k}, in der Entwicklung von $(x - m)^n$ nicht durch n teilbar und es gilt (14.10).

Um die Eigenschaft (14.9) direkt nachzuprüfen, müssen $\Omega(p)$ Binomialkoeffizienten berechnet werden, was nicht als effektiv ist. Der AKS-Test überprüft daher (14.8) nicht in dem Polynomring selbst, sondern in dem endlichen Ring $\mathbb{F}_p[x]/(x^r - 1)$ bzw. in einem hierin gelegenen Körper.

Hierbei sind p und r von n abhängige Größen, die geeignet gewählt werden müssen. r sollte möglichst klein sein, und (14.8) sollte im Fall einer zusammengesetzten Zahl auch in dem kleinen Ring nachweisbar verletzt sein.

Es wird sich herausstellen, dass man für r eine Primzahl in der Größenordnung $O(L^6)$, $L = \log_2(n)$ wählen kann, die die zusätzliche Eigenschaft besitzt, dass $r - 1$ einen Primfaktor $q \geq 4\sqrt{r}L$ besitzt. Dies wollen wir im Folgenden zeigen.

Reduktion auf einen endlichen Körper

Bevor wir zur Frage der Größenordnung von r kommen, untersuchen wir zuerst, welche arithmetischen Eigenschaften r und p haben müssen, damit (14.10) bei zusammengesetztem n für gewisse a auch in dem Ring $\mathbb{F}_p[x]/(x^r - 1)$ auftritt. Wir werden nicht erwarten können, dass (14.10) für alle zu n teilerfremde m gilt. Wir nehmen im Folgenden stets an, dass $(r, n) = 1$.

Seien $p_1, \ldots, p_k$ die unterschiedlichen Primfaktoren von n. Es bezeichne

d_i: die Gruppenordnung von p_i in $\mathbb{Z}_r^\times$
u: die Gruppenordnung von n in $\mathbb{Z}_r^\times$
$h_i(x)$: einen über $\mathbb{F}_{p_i}$ irreduziblen Faktor von $x^r - 1$.

$h_i(x)$ muss nach Satz 5.11. den Grad d_i besitzen. Ein p_i greifen wir heraus und wählen dies als unser p. Das Kriterium, für welchen Primfaktor wir uns dabei entscheiden, werden wir später diskutieren. $\mathbb{F}_p[x]/(h(x)) = \mathbb{F}_{p^d}$ ist jetzt der Körper, in dem wir arbeiten. Im Folgenden ist a eine Nullstelle von $h(x)$ und wir realisieren $\mathbb{F}_{p^d}$ als $\mathbb{F}_p(a)$. Wir beachten bereits jetzt, dass

$$a^r = 1$$

in $\mathbb{F}_p(a)$, da $h(x)$ ein Teiler von $x^r - 1$ ist. Damit ist a auch Nullstelle von $x^r - 1$.

Invarianzexponenten

Nun nehmen wir an, dass für alle Elemente $0 < m \leq \ell$ von $\mathbb{F}_p$ unterhalb einer Schranke $\ell < p$

$$(a - m)^n = a^n - m \tag{14.11}$$

in $\mathbb{F}_p(a)$ gilt. Dies ist die Gleichung, von der wir gerade erwarten, dass sie bei zusammengesetztem n in $\mathbb{F}_p(a)$ nicht für alle $m \in \mathbb{F}_p$ erfüllt ist. Da in diesem Körper

$$(a - m)^p = a^p - m \tag{14.12}$$

aber in jedem Fall gilt, so folgt weiter

$$(a - m)^{n^i p^j} = a^{n^i p^j} - m \tag{14.13}$$

für alle $i, j \in \mathbb{N}$ und $0 < m \leq \ell$.
Die ℓ Binome $(a - m)$, $0 < m \leq \ell$ erzeugen eine Untergruppe G von $\mathbb{F}_p(a)^\times$, die als Untergruppe einer zyklischen Gruppe wieder zyklisch sein muss.
Für ein erzeugendes Element $g(a)$, $g(x) \in \mathbb{F}_p[x]$, gilt naürlich wegen (14.13)

$$g(a)^{n^i p^j} = g(a^{n^i p^j}) \tag{14.14}$$

Wir nennen nun e einen **Invarianzexponenten** für G, wenn $g(a)^e = g(a^e)$.

Struktur der Invarianzexponenten

Wir wollen zeigen, dass für hinreichend großes G alle Invarianzexponenten eine Potenz von p sein müssen. Es gilt:

Satz 14.12. *Falls*

$$|G| > (np)^{[\sqrt{r}]}, \tag{14.15}$$

so ist n genau dann ein Invarianzexponent von G, wenn $n = p^k$, $k \in \mathbb{N}$.

Zum Beweis benötigen wir entscheidend das folgende

Lemma 14.1. *Wenn zwei Invarianzexponenten modulo r übereinstimmen, so müssen sie auch modulo $|G|$ übereinstimmen.*

Beweis. e_1, e_2 seien zwei Invarianzexponenten mit $e_1 \equiv e_2 \pmod{r}$. In $\mathbb{F}_p(a)$ gilt wegen $a^r = 1$

$$g(a)^{e_1} = g(a^{e_1}) = g(a^{e_2}) = g(a)^{e_2}.$$

Daraus folgt

$$g(a)^{e_1 - e_2} = 1.$$

Da $g(a)$ erzeugendes Element ist, muss $e_1 - e_2$ ein Vielfaches der Gruppenordnung sein. □

Beweis von Satz 14.12. Angenommen, n ist Invarianzexponent, dann sind, wie wir gesehen haben, alle Produkte $n^i p^j$ ebenfalls Invarianzexponenten. Wir bilden für $0 \le i, j \le [\sqrt{r}]$ die Invarianzexponenten $n^i p^j$. Da dies mindestens r sind, so müssen mindestens zwei von ihnen modulo r übereinstimmen, also etwa $n^{i_1} p^{j_1} \equiv n^{i_2} p^{j_2} \pmod{r}$. Das Lemma liefert

$$n^{i_1} p^{j_1} \equiv n^{i_2} p^{j_2} \pmod{|G|}.$$

Unter unserer Annahme $|G| > (np)^{[\sqrt{r}]}$ sind alle Potenzen $n^i p^j$ kleiner sind als $|G|$, also muss gelten

$$n^{i_1} p^{j_1} = n^{i_2} p^{j_2}.$$

Durch Umstellen ergibt sich $n^{i_1 - i_2} = p^{j_2 - j_1}$, was nur möglich ist, wenn

$$n = p^k$$

für ein geeignetes k. □

Die Ordnung von G

Die Größe von G wird entscheidend durch die Parameter ℓ und d gesteuert. d wiederum hängt von dem gewählten Primteiler p von n ab.

Wegen $\ell < p$ sind alle Binome, die G erzeugen, paarweise verschieden. Alle Produkte hieraus mit höchstens $d-1$ Faktoren führen zu Polynomen in a vom Grad kleiner als d und stellen daher unterschiedliche Elemente in $\mathbb{F}_p(a)$ dar. (Man erinnere sich daran, dass der Grad von $h(x)$ gleich d ist.)

Aus der bekannten kombinatorischen Formel für das ungeordnete Ziehen mit Zurücklegen ($d-1$-faches Ziehen aus der Menge $\{1, (x-1), \ldots, (x-\ell)\}$) folgt, dass es $\begin{pmatrix} \ell + d - 1 \\ d - 1 \end{pmatrix} = \begin{pmatrix} \ell + d - 1 \\ \ell \end{pmatrix}$ derartige Produkte gibt. Weiter gilt

$$\begin{pmatrix} \ell + d - 1 \\ \ell \end{pmatrix} = \frac{(\ell + d - 1)!}{\ell!(d-1)!} = \frac{(\ell + d - 1) \cdot \ldots \cdot d}{\ell!} > \left(\frac{d}{\ell} \right)^{\ell}.$$

Die Ordnung $|G|$ von G ist damit mindestens $(d/\ell)^{\ell}$. Wir beginnen nun mit unseren Bedingungen an die beteiligten Parameter.

1. Bedingung:
$$\frac{d}{\ell} \geq 2.$$

2. Bedingung:
$$2[\sqrt{r}] \log_2 n \leq \ell \leq 2\sqrt{r} \log_2 n.$$

Damit folgt

$$|G| > \left(\frac{d}{\ell} \right)^{\ell} \geq 2^{2[\sqrt{r}] \log n} = n^{2[\sqrt{r}]} \geq (np)^{[\sqrt{r}]}.$$

Ungleichung (14.15) ist erfüllt.

Die Wahl von p

Wir kommen zu dem Kriterium für die Wahl von p. p ist einer der Primfaktoren p_i von n, für dessen Exponent d_i wegen Bedingung 1 und 2 die Ungleichung

$$d_i \geq 4\sqrt{r} \log_2 n$$

gelten muss. d_i ist die Ordnung von p_i in $\mathbb{Z}_r^{\times}$ und wird daher durch die Wahl von r bestimmt. d_i muss aufgrund des Satzes von Lagrange ein Teiler von $r-1$ sein. Aus dem gleichen Grund muss auch u, die Guppenordnung von n in $\mathbb{Z}_r^{\times}$, ein Teiler von $r-1$ sein. Setze $v := \text{kgV}(d_1, d_2, ..., d_k)$. Dann ist $p_i^v \equiv 1 \pmod{r}$ und damit auch $n^v \equiv 1 \pmod{r}$. Es folgt $u|v$.

Wir fassen zusammen: $d_i|r-1$, $\quad u|r-1$, $\quad u|\text{kgV}(d_1, d_2, ..., d_k)$.

Hieraus schließen wir: Die Primfaktoren von u sind auch Primfaktoren von $r-1$ und jeder Primfaktor von u muss Primfaktor von einem der d_i sein. Wir formulieren die

3. Bedingung: Wenn q der größte Primfaktor von $r-1$ ist, so soll q auch Primfaktor von u sein.

In diesem Fall haben wir das Kriterium für die Wahl von p gefunden: Es ist unter den Primfaktoren p_i mit $q|d_i$ derjenige mit dem größten Exponenten d_i.

Die Wahl von r muss nun sicherstellen, dass solch ein q mit $q \geq 4\sqrt{r} \log_2 n$ existiert.

Bedingungen für r

Wir stellen daher an r die

4. Bedingung:

$$q \geq 4\sqrt{r}\log_2 n.$$

Im Hinblick auf die nötige Effektivität ergibt sich als

5. Bedingung:

$$r = O(L^f),$$

mit $L = \log_2(n)$ und einem geeigneten Exponenten f.

Den Grund für diese letzte Bedingung erkennen wir später. Als Konsequenz aus der 5. Bedingung ist, wie wir auch erst später sehen werden, folgende Annahme unbedenklich.

Annahme: $p > r$.

Unter dieser Annahme können wir ein ℓ, das der 2. Bedingung genügt, immer finden. Da sich die 1. Bedingung dann auch als Konsequenz von Bedingung 4 ergibt, richten wir unser Augenmerk auf die Bedingungen 3 bis 5. Folgende Situation liegt vor, wenn diese Bedingungen erfüllt sind:

$$O(L^4) \;=\; 2\sqrt{r}\log n \leq \ell \leq 4\sqrt{r}\log_2 n \qquad (14.16)$$

$$\leq \; q \leq \begin{cases} r-1 < p \\ d \end{cases} \qquad (14.17)$$

Existenz eines geeigneten $r \in \mathbb{P}$

Um die Existenz eines r, das diesen Anforderungen genügt, zu beweisen, benutzen wir zwei Ergebnisse aus der analytischen Zahlentheorie. Bei den im Folgenden auftretenden Logarithmen lassen wir die Basis in der Notation fort. Wenn nichts anderes gesagt wird, handelt es sich dann, wie in der analytischen Zahlentheorie üblich, um den *natürlichen Logarithmus*. Bei O-Aussagen ist es ohnehin unerheblich, welcher Logarithmus gewählt wird, da bekanntlich $\log_a(x) = \log_a(b)\log_b(x)$.

Das erste Resultat ist der Satz 14.2 von Tschebyschew:

$$c_1 \frac{x}{\log(x)} \leq \pi(x) \leq c_2 \frac{x}{\log(x)},$$

wobei $c_1 := \frac{\log(2)}{4}$ und $c_2 := 8 \cdot \log(2) + 2$ gewählt werden können.

Für das zweite Resultat verweisen wir auf [23] und [7]:

Satz 14.13. *Es sei* $P(n)$ *der größte Primfaktor von* n. *Dann existieren Konstanten* $n_0 \in \mathbb{N}$ *und* $c > 0$, *so dass für alle* $x \geq n_0$

$$\pi_1(x) := \sharp\{p \,|\, p \in \mathbb{P}, p \leq x, P(p-1) > x^{2/3}\} \geq c\frac{x}{\log x}.$$

$\pi_1(x)$ zählt also die Primzahlen p kleiner als x, so dass der größte Primfaktor von $p-1$ größer als $x^{2/3}$ ist. Die Bedingung, dass die Aussage erst ab einem gewissen n_0 gilt, ist für theoretische Komplexitätsbetrachtungen unerheblich. Das feste n_0, so groß es auch sein mag, ist $O(1)$ und ein Primzahltest ist immer noch polynomial, auch wenn er für die ersten n_0 Zahlen noch nicht anwendbar ist, und man hier auf andere Algorithmen ausweichen müsste. Dies gilt auch für die Konstante c.

Für die Praxis ist es allerdings alles andere als unerheblich, wie groß diese Konstanten tatsächlich sind. Darauf wollen wir hier aber nicht eingehen. Im Folgenden nehmen wir stets an, dass $n > n_0$. Wir erhalten nun das Lemma, das uns die Existenz des gesuchten r sichert.

Lemma 14.2. *Es existiert eine von n unabhängige Konstante $k > 0$, so dass im Intervall $[(4\log n)^6, k(\log n)^6]$ eine Primzahl r existiert, für die $r - 1$ einen Primfaktor $q \geq 4\sqrt{r}\log_2 n$ enthält mit $q|u$.*

Beweis. Wir schreiben zur Abkürzung $L := \log n$. Zunächst gibt es im Intervall $[(4\log n)^6, k(\log n)^6]$ mindestens $\pi_1(kL^6) - \pi((4L)^6)$ Primzahlen r mit $P(r-1) \geq (k(\log n)^6)^{2/3}$.

Man wähle k so groß, dass $6ck - 7 \cdot 4^6 c_2 =: c_3 > 0$ aber kleiner als L. Für hinreichend großes n lässt sich das immer erreichen. Dann gilt:

$$
\begin{aligned}
\pi_1(kL^6) - \pi((4L)^6) &\geq \frac{ckL^6}{\log k + 6\log L} - \frac{c_2(4L)^6}{\log c_2 + 6\log 4L} \\
&\geq \frac{ckL^6}{7\log L} - \frac{c_2(4L)^6}{6\log L} \\
&= \frac{c_3 L^6}{42\log L}.
\end{aligned}
$$

Wir setzen für die rechte Intervallgrenze $x = kL^6$. Die Zahl $n^{x^{1/3}}$ besitzt höchstens $\log_2(n^{x^{1/3}}) = x^{1/3}\log_2 n$ Primfaktoren, und das Produkt besitzt

$$
\Pi = (n-1)(n^2-1)\cdots(n^{x^{1/3}}-1)
$$

dann höchstens $x^{1/3}x^{1/3}\log_2 n = x^{2/3}\log_2 n$ Primfaktoren.

Nun ist $x^{2/3}\log_2 n = O(L^5)$ und somit für hinreichend großes n kleiner als

$$
\frac{c_3 L^6}{\log L}.
$$

Es gibt also im betrachteten Intervall eine Primzahl r, die einen Primfaktor $q \geq r^{2/3}$ besitzt und die das Produkt Π nicht teilt. Das hat zur Konsequenz, dass

$$
n^v \not\equiv 1\,(\mathrm{mod}\,r)
$$

für alle $1 \leq v \leq x^{1/3}$. Würde der Primfaktor q die Ordnung u von n nicht teilen, so würde gelten

$$u \leq \frac{r-1}{q} \leq r^{1/3} \leq x^{1/3},$$

da u ja ein Teiler von $r - 1$ sein muss. Dann aber hätte für ein $1 \leq v \leq x^{1/3}$

$$n^v \equiv 1 \,(\mathrm{mod}\,r)$$

gelten müssen. Da dies für unser r nicht zutrifft, teilt q die Ordnung von u. Wir beachten noch, dass wegen

$$q \geq r^{2/3} = r^{1/2} r^{1/6} \geq r^{1/2} 4L$$

die Forderung an q erfüllt ist. Das Lemma ist bewiesen. $\qquad\qquad\qquad\square$

Der Algorithmus

Das Lemma garantiert uns jetzt, dass wir eine Primzahl r finden, mit der wir alle obigen Bedingungen erfüllen können.

Für dieses r gilt $(a - m)^n \neq a^m - n$ im Körper $\mathbb{F}_p(a)$ für mindestens ein $m \leq 2\sqrt{r} \log_2 n$, wenn

- n nur Primteiler besitzt, die größer als r oder

- n keine reine Primzahlpotenz ist.

Nach spätestens $\ell = O(L^4)$ zu überprüfenden Gleichungen $(a - m)^n = (a^n - m)$ erhält man in also einen Beweis für die Zusammengesetztheit von n. Von Bedeutung für den Algorithmus ist hierbei, dass wir die Gleichung nicht wirklich in $\mathbb{F}_p(a)$ durchführen, sondern die doppelte Kongruenz

$$(x - m)^n \equiv x^n - m\,(\mathrm{mod}\,x^r - 1, n)$$

überprüfen. Da aber sowohl $h(x)$ ein Teiler von $x^r - 1$ als auch p ein Teiler von n ist, so impliziert $(a - m)^n \neq (a^n - m)$ in $\mathbb{F}_p(a)$, dass

$$(x - m)^n \not\equiv x^n - m\,(\mathrm{mod}\,x^r - 1, n).$$

Gelten alle ℓ Gleichungen, so ist n entweder eine Primzahl p oder eine Primzahlpotenz p^k, $k \geq 2$ oder n enthält einen Primfaktor kleiner als r. Um festzustellen, ob n einen Primfaktor kleiner als r enthält, berechnen wir für $1 < t < r$ den größten gemeinsamen Teiler (t, n). Hierfür benötigt man höchstens $O(L^3)$ Operationen, vergl. Satz 8.1.

Eine reine Potenz $n = p^k$ erkennt man auf folgende Weise: Zunächst ist klar, dass $k \leq \log_2 n$. Es genügt also zu überprüfen, ob eine der $O(L)$ Wurzeln $\sqrt[k]{n}$,

$2 \leq f \leq \log_2 n$ eine ganze Zahl ist. Mit dem Intervallhalbierungsverfahren lässt sich dies für jedes f in höchstens $O(L)$ Halbierungsschritten durchführen. Bei jedem der Halbierungsschritte wiederum wird eine Kontrollpotenzierung $m \to m^f$ durchgeführt, was selbst ohne square-and-multiply-Algorithmus höchstens $O(L^3)$ Bit-Operationen benötigt. Durch einen polynomialen Algorithmus, lässt sich also erkennen, ob n eine reine Potenz ist.

Wir betrachten den folgenden Algorithmus, der aus der Originalarbeit [5] wörtlich übernommen wurde:

Input: integer $n > 1$

1. if (n is of the form $a^b, b > 1$) output COMPOSITE;

2. $r = 2$;

3. while($r < n$)   {

4.   if ($\mathrm{ggT}(n,r) \neq 1$) output COMPOSITE;

5.   if (r is prime)

6.   let q be the largest prime factor of $r - 1$;

7.   if ($q \geq 4\sqrt{r}\log n$) and ($n^{\frac{r-1}{q}} \not\equiv 1 \pmod r$)

8.   break;

9. $r \leftarrow r + 1$;

10. }

11. for $a = 1$ to $2\sqrt{r}\log n$

12.   if ($(x - a)^n \not\equiv (x^n - a)(\bmod\, x^r - 1, n)$) output COMPOSITE;

13. output PRIME;

Die while-Schleife sucht ein passendes r. Das r ist dann geeignet, wenn $(n, r) = 1$ und der größte Primfaktor q von $r - 1$ größer als $4\sqrt{r}\log n$ ist und die Ordnung u (in $\mathbb{Z}_r^\times$) von n teilt. Da $q^2 > r$, so kann q nur zur ersten Potenz in $r - 1$ auftreten. Dann ist $n^{\frac{r-1}{q}} \equiv 1 \pmod r$, wenn q kein Teiler von u ist und $n^{\frac{r-1}{q}} \not\equiv 1 \pmod r$, wenn $q|u$. Das leistet die while-Schleife. Obiges Lemma garantiert, dass sie höchstens $O(L)$-mal durchlaufen wird.

Die for-Schleife testet, ob n Invarianzexponent für hinreichend viele a ist. Trifft dies nicht zu, dann ist n definitiv zusammengesetzt.

Ein zusammengesetztes n kann die Invarianzbedingung nur bestehen, wenn es eine Primzahlpotenz ist oder wenn es einen Primteiler kleiner als r besitzt. Der erste Fall wird gleich zu Beginn des Algorithmus ausgeschlossen, der zweite wird durch die Abfrage ($\mathrm{ggT}(n,r) \neq 1$) erfasst. Es gilt daher:

Satz 14.14 (Agrawal, Kayal, Saxena). *Der obige Algorithmus ist ein polynomialer deterministischer Primzahltest.*

Eine genauere Komplexitätsanalyse in [5] ergibt eine Laufzeit von $O(L^{12+\varepsilon})$, $\varepsilon > 0$ beliebig.

14.5   Aufgaben

14.5.1 Beweisen Sie die Gültigkeit des Verfahrens von Cipolla.

14.5.2 Zeigen Sie die eine Richtung im Satz von Wilson:

$$(n-1)! \equiv -1 \,(\mathrm{mod}\, n)$$

gilt **nicht**, wenn n keine Primzahl ist. Zeigen Sie genauer: Wenn $n \notin \mathbb{P}$ und $n \neq 4$, dann gilt

$$(n-1)! \equiv 0 \,(\mathrm{mod}\, n).$$

14.5.3 Sei $(3^k + 1)|_2 = \frac{3^k+1}{2^t}$, wo 2^t die höchste in $3^k + 1$ aufgehende Zweierpotenz ist. Geben Sie ein notwendiges Kriterium dafür, dass $(3^k + 1)|_2$ eine Primzahl ist.

14.5.4 Bestimmen Sie eine Primzahl p, so dass $2^p - 1$ keine Primzahl ist.

14.5.5 Bestimmen Sie Primzahlen der Gestalt $p_i = 3^i + 2$.

14.5.6 Sei $p \in \mathbb{P}$ und $(a, p) = 1$. Zeigen Sie:

$$a + a^2 + \ldots + a^{p-1} \equiv 0 \,(\mathrm{mod}\, p).$$

14.5.7 Sei $p = 2^m + 1$ eine fermatsche Primzahl. Zeigen Sie, dass 3 ein erzeugendes Element von $\mathbb{Z}_p^\times$ ist.

15

Grundbegriffe der Kodierungstheorie

Während es Verschlüsselungsalgorithmen wahrscheinlich schon so lange gibt, wie Menschen miteinander kommunizieren, handelt es sich bei der Kodierungstheorie um eine ausgesprochen junge Wissenschaft. Ausgangspunkt war die Pionierarbeit von Claude E. Shannon aus dem Jahr 1948: 'A mathematical Theory of Communication' [47]. Auch die Kodierungstheorie beschreibt als ihr Hauptziel die Erhöhung der Zuverlässigkeit im (elektronischen) Datenverkehr, anders als bei der Kryptologie sollen die hier angewandten Methoden aber einen Schutz des Datentransports bei physikalisch ungewollten Einflüssen gewährleisten und weniger dem Schutz der Vertraulichkeit dienen.

Fehler bei der elektronischen Datenübermittlung wie das Knacken und Rauschen in der Telefonleitung, unscharfe Satellitenbilder, oder Kratzer auf einer CD, in all diesen Fällen stellt die Kodierungstheorie Methoden bereit, die bei der Übertragung aufgetretenen Fehler zu entdecken und zu korrigieren. Das Telefonieren mit Handys, der Musikgenuss auf CD oder Satellitenbilder vom Mars sind ohne Kodierungstheorie schlichtweg undenkbar. Das Prinzip fehlerkorrigierender Kodes basiert auf dem Einfügen von Zusatzinformationen, deren Einsatz verursacht daher eine Dateninflation.

Beim Telefonieren oder bei Videokonferenzen müssen Daten jedoch nicht nur zuverlässig, sondern zudem auch noch schnell und ohne große Verzögerungen übertragen werden. Hier gilt es, Redundanzen im Informationsgehalt geschickt für eine Kompression der Daten zu nutzen.

Einen optimalen Ausgleich zu finden zwischen der zum Zweck der Fehlerkorrektur nötigen Inflation und der für die schnelle Übertragung gewünschten Datenkompression macht gerade einen Reiz der Kodierungstheorie aus.

15.1   Einige Grundbegriffe aus der Nachrichtentechnik

Beschreiben wir zunächst die Ausgangssituation. Gegeben ist ein **Datenkanal** mit einer **Datenquelle**, von der Nachrichten ausgehen und einer **Datensenke**, zu der sie geleitet werden.

Die Nachrichten bestehen aus Wörtern über einem endlichen Alphabet A. Die Elemente von A nennen wir **Symbole**. Wie üblich bezeichnen wir mit A^* die Menge aller Wörter über dem Alphabet A. Der Datenkanal besitzt ein eigenes Alphabet Σ. Bei einer **Kodierung** wird zum Zwecke der Übertragung eine Nachricht $N(A)$ in eine Nachricht $N'(\Sigma)$ transformiert.

Es bietet sich an, die Kodierung nur auf A festzulegen und durch Konkatenation der kodierten Buchstaben auf den Wörtern von A zu erklären.

Definition 15.1. *Eine Kodierung C ist eine injektive Abbildung*

$$C : A \to \Sigma^*.$$

Das Bild $C(A)$ heißt der zur Kodierung C gehörende **Kode**. *Die Elemente des Kodes sind die* **Kodewörter**. *Wenn Missverständnisse auszuschließen sind, bezeichnen wir den Kode ebenfalls mit C.*

C heißt **Blockkode** der Länge n, wenn alle Kodewörter die gleiche Länge n besitzen, d.h. wenn $C(A) \subset \Sigma^n$.

Bei einem Blockkode muss man sich nicht auf Trennzeichen zwischen einzelnen Wörtern einigen. Dies ist immer dann möglich, wenn kein Kodewort das Präfix eines anderen ist. Solch ein Kode heißt **Präfixkode**. Jeder Blockkode ist insbesondere auch ein Präfixkode.

Das Alphabet des Datenkanals ist im Falle der elektronischen Datenkommunikation meist die Menge $\Sigma = \{0, 1\}$. In diesem Fall sprechen wir von einem binären Datenkanal. Als mathematische Strukturen zur Beschreibung dieser Situation bieten sich der Vektorraum $\mathbb{F}_2^n$ oder der Körper $\mathbb{F}_{2^n}$ an.

Aber auch physikalische Datenkanäle mit mehr als nur zwei Zuständen sind denkbar. Wir werden allgemein endliche Körper $\mathbb{F}_q$ als Alphabet des Datenkanals betrachten. Insbesondere $q = 3^n$ ist für Anwendungen interessant.

Beispiele: $A = \{a, b, c\}, \Sigma = \{0, 1\}$. Eine Kodierung ist

$$C(a) = 0, \quad C(b) = 10, \quad C(c) = 11.$$

Fortsetzung auf Wörter:

$$C(ab) = 010, \quad C(ac) = 011, \quad C(abba) = 010100,$$

usw. Es handelt sich um einen Präfixkode.

Für das Umwandeln von Buchstaben in Bytes existiert als internationaler Standard der ASCII-Kode (*American Standard Code for Information Interchange.*)

Das ASCII-Zeichen von A ist beispielsweise 01000001 ($= 65$), das von B ist 01000010 ($= 66$). Es handelt sich um einen Blockkode der Länge 8 über $\Sigma = \mathbb{F}_2$. Das Wort *ABBA* ergibt dann die Bitfolge

$$01000001010000100100000100001001000001.$$

15.2 Fehler entdecken

Kodierungen können aber weit mehr leisten als die bloße Anpassung einer Nachricht an das Alphabet des Datenkanals. Sie können Übertragungsfehler erkennen und korrigieren.

Fehler in einer Nachricht zu entdecken, ist der erste Schritt. Möglichkeiten hierzu sind u.a.

- die mehrfache Wiederholung der Nachricht oder einzelner Buchstaben in der Nachricht

- die Verwendung von Prüfziffern.

Nehmen wir an, die Nachricht *ABBA* soll verschickt werden. Wir wählen die Kodierung $C(A) = 00, C(B) = 11$, m.a.W. wir verdoppeln jedes Bit. Erhält der Empfänger statt 00111100 die Nachricht 00011100, so muss ein Fehler aufgetreten sein.

Wir können als weitere Möglichkeit eine Prüfziffer, etwa die Quersumme, anhängen.

Bei der **ISBN** (International Standard Book Number), die Büchern größerer Verlage zugeordnet wird, handelt es sich um eine Prüfziffern-Kodierung. Sie enthält Informationen über Land, Buch und Verlag. Die ISBN ist 10-stellig und hat die Gestalt

$$a_1 - a_2a_3a_4 - a_5a_6a_7a_8a_9 - a_{10}, \quad a_i \in \{0, 1, ..., 9, X\}.$$

a_1 kodiert das Land, $a_2a_3a_4$ den Verlag, $a_5a_6a_7a_8a_9$ das Buch und die zehnte Ziffer dient als Prüfziffer,

$$a_{10} \equiv \sum_{i=1}^{9} ia_i \pmod{11}.$$

Die Berechnung der Prüfziffer erfolgt also im Körper $\mathbb{F}_{11}$, und aus $ka_k = 0$ folgt $a_k = 0$. Ein einzelner Fehler wird damit entdeckt. Außerdem wird die Vertauschung von zwei Ziffern bemerkt. (Übung!)

15.3   Fehler korrigieren

Beide Strategien, sowohl das Wiederholen von Bits als auch die Verwendung von Prüfziffern können wir derart modifizieren, dass Fehler auch korrigiert werden können.

Der binäre **Wiederholungskode** der Länge 3 besteht aus den zwei Kodewörtern 000 und 111. Wir kodieren die Symbole A und B vermöge $C(A) = 000, C(B) = 111$. Statt wie oben jedes Bit zu verdoppeln, verdreifachen wir es also nun. Unter der Annahme, dass bei der Übertragung höchstens bei einem Bit ein Fehler aufgetreten ist, so können wir diesen nun verbessern. Unter dieser Kodierung wird die Nachricht $ABBA$ transformiert in die Bitfolge

$$000111111000.$$

Der Fehler in

$$000110111000$$

wird sofort erkannt und kann korrigiert werden. Bei zwei Fehlern in aufeinander folgenden Bits ist eine Verbesserung nicht mehr möglich. Wollten wir zwei Fehler sicher korrigieren, müssten wir die Bits verfünffachen, wir gelangen zum Wiederholungskode der Länge 5. Für die Verbesserung von e Fehlern benötigen wir die Länge $2e + 1$.

Binäre Wiederholungskodes besitzen nur zwei Kodewörter. Haben wir eine Datenquelle mit mehr als zwei Symbolen, so können wir den Wiederholungskode nur benutzen, wenn wir auch für den Datenkanal ein größeres Alphabet zur Verfügung haben. Bei einem binären Datenkanal bedeutet dies, mehrere Bits zu einem Buchstaben des Datenkanals zusammen zu fassen. Mathematisch ausgedrückt: Wir gehen von $\Sigma = \{0,1\}$ zu $\Sigma = \{0,1\}^n$ über. Auch hier gilt: Der Wiederholungskode der Länge $2e + 1$ kann bis zu e Fehler verbessern.

Prüfsummen lassen sich ebenfalls so einsetzen, dass man Fehler nicht nur erkennen, sondern auch verbessern kann. Eine Denksportaufgabe zeigt das Prinzip hierbei auf.

Aufgabe: Angenommen in einer Fabrik stellen 100 Maschinen Schokoladentafeln zu je 101 g her. Wir wissen, dass genau eine Maschine fehlerhaft ist und Tafeln mit einem anderen Gewicht $G = (101 + x)$ g produziert. Für einen Kontrolleur, der die defekte Maschine ausfindig machen will, wird die Produktion angehalten und er kann jeder Maschine eine beliebige Anzahl von Tafeln entnehmen. Die Aufgabe besteht darin, die defekte Maschine mit zwei Wägungen zu ermitteln.

Lösung. Der Kontrolleur entnimmt zunächst jeweils i Tafeln von der i-ten Maschine. Mit der ersten Wägung bestimmt er das Gesamtgewicht G_1 all dieser Tafeln und erhält

$$G_1 \equiv sx \,(\mathrm{mod}\,101),$$

wobei s die Nummer der defekten Maschine ist. Nun nimmt er eine Tafel von jeder Maschine weg, und es ergibt sich bei der zweiten Wägung das Gewicht

$$G_2 \equiv sx - x \,(\mathrm{mod}\,101).$$

$G_1 - G_2$ ergibt nun das Fehlgewicht x modulo 101. Da 101 eine Primzahl ist, so ist die Kongruenz $G_1 \equiv sx \,(\mathrm{mod}\,101)$ eindeutig nach s auflösbar. $\qquad\square$

Das Prinzip dieser Aufgabe lässt sich für eine Prüfziffernkodierung nutzen: Die letzten zwei Buchstaben eines Kodeworts der Länge n bestehen dabei aus den Prüfziffern $b_1 \equiv \sum_{i=1}^{n-2} i a_i \,(\mathrm{mod}\,p)$ und $b_2 \equiv \sum_{i=1}^{n-2} (i-1)a_i \,(\mathrm{mod}\,p)$ mit einer hinreichend großen Primzahl p. Mit dieser Kodierung lässt sich dann ein Fehler sogar korrigieren; vorausgesetzt, es gab nur den einen, und er betraf nicht gerade die Prüfziffer selbst. Das Letztere lässt sich dadurch umgehen, dass statt b_1 und b_2 zwei Zahlen a_{n-1} und a_n bestimmt werden, so dass die beiden Kongruenzen

$$\sum_{i=1}^{n} i a_i \equiv 0 \,(\mathrm{mod}\,p)$$

und

$$\sum_{i=1}^{n} (i-1)a_i \equiv 0 \,(\mathrm{mod}\,p)$$

erfüllt sind.

15.4 Das Prinzip des minimalen Abstands

Die eben angesprochenen Strategien folgen letztendlich einem gemeinsamen Prinzip. Nicht alle möglichen Wörter aus Σ^* dürfen als Kodewörter zulässig sein, sondern nur solche einer bestimmten Struktur. Weicht ein übertragenes Wort von dieser Bauart ab, wird es durch dasjenige Kodewort ersetzt, das dem übertragenen Wort am nächsten kommt. Diese Art der Fehlerkorrektur ist eine **maximum-likelihood-Methode**.

Wir stellen uns den Kode als Gitter in einem sehr viel größeren Raum vor, wobei die Gitterpunkte möglichst weit auseinander liegen, vergl. Abb. 15.1.

Diese Gitterpunkte sind die Kodewörter. Tritt bei der Übertragung eines solchen Kodewortes ein Fehler auf und wird ein Wort empfangen, das nicht wieder ein Kodewort ist, so wird das diesem Wort nächst gelegene Kodewort als das wahrscheinlich gesendete angenommen und durch dieses ersetzt. In Abb. 15.1 wird das eingerahmte (empfangene) Wort durch c_1 ersetzt. Um von 'nächst gelegen' sprechen zu können, benötigen wir einen Abstandsbegriff. Ein möglicher Abstand ist der **Hamming-Abstand**. Er ist für Blockkodes definiert und zwar als die Anzahl unterschiedlicher Buchstaben zweier Wörter. Wir werden diese Überlegungen später präzisieren.

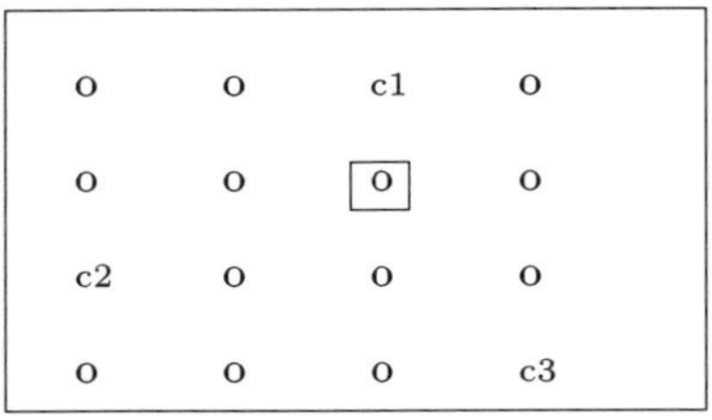

```
o        o        c1       o

o        o       [o]       o

c2       o        o        o

o        o        o        c3
```

Abbildung 15.1: Der Kode als Gitter

15.5   Kodierung und Verschlüsselung

Im elektronischen Datenverkehr wird eine Nachricht meist kodiert und verschlüsselt. Die Reihenfolge, in der diese Operationen angewandt werden, ist hierbei von Bedeutung. Damit eine übermittelte Nachricht korrekt entschlüsselt werden kann, muss sie fehlerfrei übermittelt worden sein. Eventuelle Fehler können bei einer verschlüsselten Nachricht nicht durch Erraten beseitigt werden. Verschlüsselungsalgorithmen haben ja gerade die Eigenschaft, dass geringe Abweichungen in verschlüsselten Nachrichten nicht auf geringe Abweichungen der Originalnachricht schließen lassen sollten.

Eine Nachricht muss also zuerst chiffriert und danach mit einem fehlerkorrigierenden Kode kodiert werden. Die empfangene Nachricht kann dann zunächst von eventuellen Übermitlungsfehlern befreit werden, um sie anschließend korrekt zu entschlüsseln, vergl. Abb. 15.2.

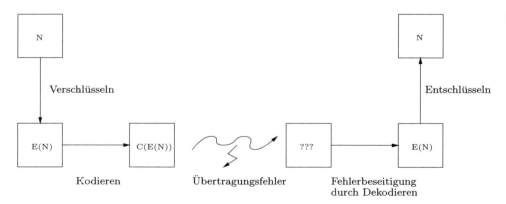

Abbildung 15.2: Erst verschlüsseln, dann kodieren!

16

Informationsgehalt und Kodierungsaufwand

Im Folgenden beschäftigen wir uns mit der Möglichkeit, Daten durch geschickte Kodierung zu komprimieren, beschränken unsere Betrachtung hierbei aber auf Präfixkodes. Wir werden die Huffman-Kodierung als eine in dieser Hinsicht optimale Kodierung kennen lernen.

16.1 Binäre Präfixkodes und die kraftsche Ungleichung

Ein binärer Präfixkode ist ein Präfixkode über dem Alphabet $\{0, 1\}$. Wir wollen die Beziehung zwischen binären Wurzelbäumen und binären Kodes genauer untersuchen. Ein **binärer Wurzelbaum** ist hierbei ein Baum (also ein zusammenhängender kreisfreier Graph) mit einer ausgezeichneten Ecke, der Wurzel, bei dem jeder Elternknoten maximal zwei Kinderknoten besitzt. Besitzt jeder Elternknoten genau zwei Kinderknoten, so heißt der binäre Baum **regulär**.

Jedem binären Wurzelbaum, bei dem die von einem Knoten abgehenden (max. zwei) Kanten die Gewichte 0 und 1 tragen, entspricht in eindeutiger Weise ein binärer Kode.

Dabei wird einem Weg von der Wurzel bis zu einem Blatt in eineindeutiger Weise das dem Kantenweg entsprechende Wort $b_1 b_2 ... b_n$ zugeordnet.

Die Eineindeutigkeit bei dieser Art der Kodierung ergibt sich aus der einfachen Tatsache, dass in einem Baum der Weg von der Wurzel zu jedem Blatt eindeutig bestimmt ist. Im anderen Fall enthielte der Graph einen Kreis und wäre definitionsgemäß kein Baum.

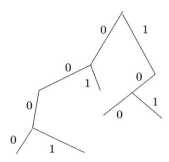

Abbildung 16.1: Präfixkode als binärer Baum, Kodewörter: $0000, 0001, 01, 100, 101$

Die Blätter eines binären Baumes repräsentieren also die Kodewörter. Außerdem hat dieser Kode offensichtlich die Eigenschaft, ein Präfixkode zu sein: Wäre ein Kodewort das Präfix eines anderen, so entspräche diesen beiden Wörtern derselbe Anfangsweg in dem binären Baum. Das kann aber nicht sein, da wir bei dem kürzeren Kodewort, also dem Präfix des anderen, ja bei unserem Weg bereits in einem Blatt angekommen sein müssten, von dem dann kein Zweig mehr abgeht.

Umgekehrt ist klar, dass jedem binären Präfixkode ein binärer Baum mit Kantengewichten 0 und 1 entspricht: Wir wählen eine beliebige Ecke als Wurzel. Zu jedem Wort bilden wir den zugehörigen Kantenweg. Alle diese Kantenwege bilden dann den Baum. Weil es sich um einen Präfixkode handelt, entsprechen die Enden der Kantenwege in eindeutiger Weise den Blättern des Baumes, siehe Abb. 16.1. Wir haben also gezeigt:

Satz 16.1. *Es gibt eine umkehrbar eindeutige Entsprechung zwischen binären Wurzelbäumen mit der oben beschriebenen Kantengewichtung und binären Präfixkodes.*

Ein binärer Präfixkode heißt **regulär**, wenn er zu einem regulären binären Baum gehört. Für einen binären Baum gilt die Ungleichung von Kraft.

Satz 16.2 (Kraft). *Bei einem binären Wurzelbaum mit n Blättern seien $d_1, ..., d_n$ die Entfernungen der Blätter von der Wurzel. Dann gilt*

$$\sum_{i=1}^{n} \frac{1}{2^{d_i}} \leq 1.$$

Für einen regulären binären Wurzelbaum gilt die Gleichheit.

Beweis. Es ist klar, dass wir die Aussage nur für reguläre Bäume zeigen müssen: Zu jedem binären Baum gibt es nämlich einen kleinsten regulären Baum, der dadurch entsteht, dass an die Knoten, die nur einen Kinderknoten besitzen, eine weitere Kante angefügt wird. Angenommen, die Aussage des Satzes gilt für diesen regulären

Baum, so gilt sie erst recht für den kleineren Ausgangsbaum, da bei diesem einige Summanden auf der linken Seite der obigen Ungleichung wegfallen, und zwar gerade diejenigen, die den neu hinzugefügten Blättern entsprechen.

Sei nun also ein regulärer Baum gegeben. Wir ordnen jeder Ecke E des Baumes das Gewicht 2^{d_E} zu, wobei d_E der Abstand der Ecke von der Wurzel bezeichne, vergl. Abb. 16.2.

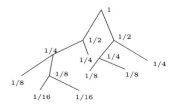

Abbildung 16.2: Binärer Wurzelbaum

Nun gilt für jeden Knoten, dass sein Gewicht gerade die Summe der beiden Kinderknoten ist. Und mehr noch, es ist somit die Summe der Gewichte aller unter ihm liegenden Blätter. Damit gilt speziell für die Wurzel:

$$1 = \sum_{i=1}^{n} \frac{1}{2^{d_i}} \qquad \square$$

Als Folgerung erhalten wir sofort:

Korollar 16.1. *Für einen binären Präfixkode mit n Wörtern bezeichne l_i die Länge des i-ten Kodewortes. Dann gilt*

$$\sum_{i=1}^{n} \frac{1}{2^{l_i}} \leq 1.$$

Für einen regulären binären Präfixkode gilt die Gleichheit.

Dieses Korollar gibt ein Kriterium für die Existenz von Präfixkodes bei gegebenen Kodewortlängen.

16.2 Entropie

Der ursprünglich aus der Thermodynamik stammende Begriff der Entropie wurde von Shannon in die Informationstheorie eingeführt. In diesem Zusammenhang dient er als Maß für den mittleren Informationsgehalt einer Datenquelle.

Wir gehen im Folgenden von einer Datenquelle aus, bei der das Auftreten der Symbole unabhängige Ereignisse darstellen, die Auftrittswahrscheinlichkeit für ein

Symbol also nicht durch das vorherige Auftreten eines anderen (oder desselben) beeinflusst wird. Die Datenquelle heißt in diesem Fall eine **Quelle ohne Gedächtnis**.
Den Informationsgehalt eines Symbols setzt Shannon in direkten Zusammenhang
zu der Häufigkeit seines Auftretens. Je seltener ein Symbol, um so höher sein Informationsgehalt.

Nehmen wir an, ein Symbol tritt in einer längeren Nachricht mit der statistischen
Wahrscheinlichkeit von 1/2 auf. In dem idealisierten Fall, dass dieses Symbol auch
tatsächlich an jeder zweiten Stelle auftritt (Varianz = 0), so ist die einzige Information, die dieses Symbol enthält, diejenige, ob die Nachricht mit diesem Symbol
begonnen hat oder nicht. Entsprechend ist für ein Symbol, das mit der Wahrscheinlichkeit $1/2^m$ periodisch auftritt, d.h. jede 2^m-te Stelle wird von ihm belegt, die
für uns relevante Information lediglich, an welcher der ersten 2^m Positionen es
steht. Dieses Symbol trägt auf diese Weise m Bit an Information. Die allgemeine
Definition von Shannon lautet:

Definition 16.1. *Sei $a \in A$ und $p_Q(a)$ seine Auftrittswahrscheinlichkeit bei einer
Datenquelle Q ohne Gedächtnis mit Symbolmenge A. Der* **Informationsgehalt**
von a in Bezug auf Q ist festgelegt als der Wert

$$R_Q(a) := \log_2 \frac{1}{p_Q(a)} = -\log_2 p_Q(a).$$

Der Erwartungswert für den Informationsgehalt einer Datenquelle Q

$$E(Q) := E(R_Q) = \sum_{a \in \Sigma} p_Q(a) R_Q(a)$$

heißt **Entropie** *von Q.*

Nehmen wir an, unsere Datenquelle produziert n Symbole a_i, alle mit der gleichen
Auftrittswahrscheinlichkeit $p(a_i) = 1/n$. Dann gilt für die Entropie

$$E(Q) = \log_2(n).$$

Für den Spezialfall einer binären Datenquelle ergibt sich $E(Q) = 1$.

Man kann zeigen, dass die Entropie einer Datenquelle mit n Symbolen tatsächlich
am größten ist, wenn alle Auftrittswahrscheinlichkeiten gleich sind. (Übung!)

Wir kommen nun zu dem oben angesprochenen Aspekt, über eine geeignete Kodierung die Länge der kodierten Nachricht unter Beibehaltung ihrer Entropie zu
minimieren.

16.3   Huffman-Kodierung

Das folgende Verfahren zur Kodierung einer Datenquelle mit n Symbolen heißt
Huffman-Kodierung und erzeugt einen binären Präfixkode, den **Huffman-Kode**.

Wir ordnen die Symbole der Datenquelle entsprechend ihrer Auftrittswahrscheinlichkeiten, beginnend mit dem kleinsten: $s_1 \leq s_2 \leq s_3 ... \leq s_n$. Falls zwei Wahrscheinlichkeiten gleich sein sollten, ist die Reihenfolge dieser Symbole unerheblich. Das weitere Vorgehen besteht im sukzessiven Verschmelzen von je zwei Symbolen. Verschmelzen soll hierbei bedeuten, dass die zu verschmelzenden Symbole aus der Liste der Symbole gestrichen werden und hierfür ein neues Symbol eingeführt wird. In der Notation machen wir dies dadurch kenntlich, dass als Index des neuen Symbols die Konkatenation der Indizes der verschmolzenen Symbole dient. s_i und s_j werden z.B. zu s_{ij} verschmolzen, s_i und s_{kl} zu s_{ikl}.

Dem neuen Symbol wird die Summe der Wahrscheinlichkeit der alten zugeordnet,

$$p(s_{ij}) := p(s_i) + p(s_j).$$

Als erstes verschmelzen wir die beiden letzten Symbole der Liste zu s_{12} mit der Wahrscheinlichkeit $p(s_{12}) = p(s_1) + p(s_2)$. Anschließend sortieren wir die Liste der $n - 1$ Symbole $s_{12}, s_3, ..., s_n$ entsprechend ihrer Wahrscheinlichkeiten neu. Wieder verschmelzen wir die beiden letzten dieser Liste, sortieren um, verschmelzen und wiederholen dieses Verfahren so lange, bis nach $n - 1$ Schritten eine Liste entsteht, die nur noch aus einem Symbol $s_{i_1 i_2 ... i_n}$ besteht.

Dieser Prozess lässt sich durch einen binären Baum beschreiben. Die Ausgangssymbole bilden die Blätter dieses Baumes. Werden beim Sortieren zwei Symbole verschmolzen, so fügen wir diese in einem Knoten zusammen.

Dieser binäre Baum ist sogar regulär. Dies ist eine unmittelbare Konsequenz aus der Konstruktionsvorschrift, wonach immer aus zwei Symbolen, die verschmolzen werden, ein Knoten entsteht. Die Huffman-Kodierung C_H ist die zu diesem Baum gehörende binäre Präfixkodierung. Wir haben damit gezeigt:

Satz 16.3. *Die Huffman-Kodierung ergibt einen regulären binären Präfixkode.*

Beispiel: Wir legen vier Symbole $s_1, ..., s_4$ mit den Wahrscheinlichkeiten $p(s_1) = 0.1, p(s_2) = 0.2, p(s_3) = 0.3, p(s_4) = 0.4$ zugrunde. Im ersten Schritt verschmelzen s_1 und s_2 zu s_{12} mit $p(s_{12}) = 0.3$. Anschließend ordnen wir die neue Liste

$$s_3, s_{12}, s_4.$$

Nun verschmelzen wir s_3 und s_{12} zu s_{312} mit $p(s_{312})=0.6$. Die neue sortierte Liste lautet

$$s_4, s_{312}.$$

Im letzten Schritt entsteht s_{4312}. Der zugehörige Baum ist in Abb. 16.3 zu sehen. Die Huffman-Kodierung ergibt:

$$C_H(s_4) = 0, \quad C_H(s_3) = 10, \quad C_H(s_2) = 110, \quad C_H(s_3) = 111.$$

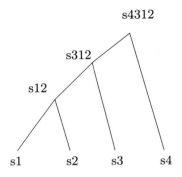

Abbildung 16.3: Beispiel

Als erstes erkennt man, dass bei dieser Art der Kodierung den häufigeren Symbolen kürzere Kodewörter zugeordnet werden. Dies lässt sich dadurch erklären, dass Symbole mit kleinen Wahrscheinlichkeiten mehr Verschmelzungen mitmachen als die mit höherer Wahrscheinlichkeit. Diese unterschiedliche Kodewortlänge ist natürlich im Sinne einer Datenkompression. Es lässt sich noch mehr zeigen: Der Huffman-Kode ist optimal im Hinblick auf die mittlere Wortlänge der kodierten Nachricht. Genauer gilt

Satz 16.4. *Es sei $l_i(C)$ die Länge von $C(s_i)$ bei einer Präfixkodierung C der Symbole einer Datenquelle und*

$$E(l, C) = \sum_i p(s_i) l_i(C)$$

die mittlere Kodewortlänge. Es bezeichne C_H die Huffman-Kodierung. Dann gilt

$$E(l, C_H) = \min E(l, C),$$

wobei das Minimium über alle Präfixkodierungen zu nehmen ist.

Beweis. Wir beweisen dies induktiv über die Anzahl der Symbole einer Datenquelle. Für $n = 1$ liefert die Huffman-Kodierung die Länge $l_1(C_H) = 1$ und ist damit optimal. Wir nehmen nun als Induktionsvoraussetzung an, für Datenquellen mit n Symbolen sei der Huffman-Kode optimal.

Angenommen nun, wir haben eine Datenquelle mit $n+1$ Symbolen und hierfür sei D eine Präfixkodierung mit kürzerer mittlerer Wortlänge als die Huffman-Kodierung

$$E(l, D) < E(l, C_H).$$

Wenn wir dies zum Widerspruch führen, haben wir unsere Behauptung bewiesen.

Wir treffen noch folgende Annahmen zu der Kodierung D:

1. Für zwei Symbole s_k und s_l mit $p(s_k) < p(s_l)$ sei auch $l_k(D) \geq l_l(D)$.

Ansonsten tauschen wir die beiden zugehörigen Kodewörter aus und erhalten einen neuen Kode mit noch kürzerer mittlerer Wortlänge.

2. D ist eine *reguläre* Präfixkodierung.

Im anderen Fall können wir nämlich den zugehörigen binären Baum durch die folgenden zwei Operationen in einen regulären Baum mit der gleichen Blätterzahl umwandeln. Die erste Operation ist das Abschneiden von Ästen und Ankleben dieser Äste an höher gelegene Knoten mit nur einem Kinderknoten. Falls sich diese Operation nicht mehr durchführen lässt, so ist der entstandene Graph entweder regulär oder aber an den Knoten, die nur *einen* Kinderknoten besitzen, hängen nur Blätter. Die zweite Operation besteht aus dem Entfernen dieser Blätter. Hierbei werden die darüber liegenden Knoten zu Blättern und die alten Kodewörter werden durch die zu den neuen Blättern gehörigen ersetzt. Der so entstandene Baum ist regulär. Außerdem ist die Entfernung der Blätter zur Wurzel geringer geworden. Daher ist der auf diese Weise entstandene neue Präfixkode wieder ein Kode auf $n + 1$ Symbolen, aber mit einer kürzeren mittleren Wortlänge.

Wir erzeugen im Folgenden aus D einen Kode D^* auf n Symbolen mit kürzerer mittlerer Wortlänge als der des Huffman-Kodes auf n Symbolen. Dies ist dann der Widerspruch zur Induktionsvoraussetzung.

Wir verschmelzen hierzu die zwei Symbole mit den geringsten Wahrscheinlichkeiten und erhalten dadurch eine Datenquelle mit n Symbolen.

Diese beiden unwahrscheinlichsten Symbole besitzen sowohl im Huffman-Kode als auch in D dieselbe Länge.

Dies liegt einfach daran, dass es sich bei den Kodes um reguläre Präfixkodes handelt. Da bei dem zugehörigen Baum aber mit einem Blatt noch ein zweites an einem Knoten hängen muss, so bedeutet dies für den zugehörigen Kode, dass es immer mindestens zwei Wörter der gleichen Länge geben muss. Das unwahrscheinlichste Wort ist bei unseren Kodes C_H und D aber auch mindestens so lang wie das zweitunwahrscheinlichste. Bei dem Kode D haben wir dies explizit vorausgesetzt, für C_H folgt es nach Konstruktion, da im ersten Schritt das unwahrscheinlichste mit dem zweitunwahrscheinlichsten verschmolzen wurde. Bei C_H hängen die zugehörigen Blätter daher auch am selben Knoten, bei D können wir dies durch ein Umsortieren der Wörter gleicher Länge erreichen. Das ändert die mittlere Kodewortlänge nicht.

Die beiden unwahrscheinlichsten Wörter unterscheiden sich dann nur im letzten Bit. Wir schneiden dieses Bit ab und ordnen dem neuen Symbol das so erhaltene kürzere Kodewort zu. Es ensteht hierdurch aus C_H und aus D jeweils eine Kodierung C_H^* und D^* auf den neuen n Symbolen. C_H^* ist der Huffman-Kode auf diesen n

Symbolen. Dies liegt an der iterativen Konstruktion dieses Kodes. Es gilt

$$E(l, C_H^*) = (p(s_1) + p(s_2))(l_2 - 1) + p(s_3)l_3 + \ldots + p(s_{n+1})l_{n+1}$$
$$= E(l, C_H) - p(s_1) - p(s_2)$$

und weiter

$$E(l, D^*) = E(l, D) - p(s_1) - p(s_2) < E(l, C_H) - p(s_1) - p(s_2) = E(l, C_H^*).$$

Die Ungleichung

$$E(l, D^*) < E(l, C_H^*)$$

ist aber der gesuchte Widerspruch zur Voraussetzung.   □

Wie bereits zu Beginn des Abschnitts bemerkt, sollte die Huffman-Kodierung die
Entropie nicht verändern. Dies tut sie natürlich nicht, da die Zuordnung der Symbole der Datenquelle zu den Kodewörtern bijektiv ist, und damit stimmt die Häufigkeit von Originalsymbol und kodiertem Symbol überein.

16.4   Fehlerkorrektur und Informationsrate

Im Folgenden untersuchen wir das Verhältnis von Fehlerkorrekturleistung und Informationsrate. Sei Σ das Alphabet des Datenkanals und $\Sigma = \{1, 2, ..., q\}$. Die
Menge $W_n = \{111..1, 222...2, ..., qqq...q\}$ von Wörtern der Länge n ist der bereits
angesprochene **Wiederholungskode** der Länge n. Mit ihm haben wir eine Kodierung zur Verfügung, die rein theoretisch beliebig viele Fehler korrigiert, wenn man
nur die Länge n entsprechend erhöht. Dies geht aber auf Kosten einer schnellen
Datenübertragung. Wir suchen nach Kodes, die eine möglichst schnelle Datenübertragung bei möglichst hoher Fehlerkorrekturleistung bieten.

In Zukunft betrachten wir ausschließlich Blockkodes. Definitionsgemäß besitzen alle
Kodewörter eines Blockkodes dieselbe Länge n. Die Wörter der Länge n über dem
Alphabet Σ des Datenkanals lassen sich als (Spalten)-Vektoren auffassen. Damit
es sich wirklich um einen Vektorraum handelt, werden wir später $\Sigma = \mathbb{F}_q$ wählen.
Wer will, kann sich bereits jetzt bei einem Alphabet mit q Elementen stets den
Körper $\mathbb{F}_q$ vorstellen.

Ein Kode kann um so mehr Fehler korrigieren je weiter seine Kodewörter auseinander liegen. Wann Kodewörter weit oder nah voneinander entfernt sind, wird für
Blockkodes über den Hamming-Abstand erklärt:

Definition 16.2. *Seien $a = a_1...a_n$ und $b = b_1...b_n$ zwei Wörter der Länge n über
einem Alphabet Σ. Dann ist*

$$d(a, b) = \sharp\{i | a_i \neq b_i\}$$

der **Hamming-Abstand** *der Wörter a und b.*

Der Hamming-Abstand zählt also die Stellen, an denen sich zwei Wörter unterscheiden. Dass der Begriff Abstand berechtigt ist, besagt das folgende

Lemma 16.1. *Der Hamming-Abstand ist eine Metrik.*

Beweis. Zu zeigen sind die drei Metrikaxiome:

(i) $d(a, b) = 0 \Longleftrightarrow a = b$.

Dies folgt, da zwei Wörter natürlich genau dann gleich sind, wenn sie in jedem Buchstaben übereinstimmen.

(ii) $d(a, b) = d(b, a)$.

Dies ist offensichtlich.

(iii)[Dreiecksungleichung] $d(a, c) \leq d(a, b) + d(b, c)$. Das Wort a unterscheide sich von b an k Stellen, das Wort b seinerseits von c an l Stellen. Das Wort a kann sich dann von c an höchstens $k + l$ Stellen unterscheiden. $\qquad\square$

Es sei a ein Wort der Länge n über Σ und $|\Sigma| = q$. Die Kugel $K_r(a)$ mit Radius r um a ist definiert als

$$K_r(a) := \{w \in \Sigma^n \mid d(w, a) \leq r\}.$$

Sie besteht also aus allen Wörtern, die sich an höchstens r Stellen von a unterscheiden. Zu einem vorgegebenen Wort a der Länge n gibt es genau $\binom{n}{l}(q-1)^l$ Wörter der gleichen Länge n, die sich an genau l Stellen von a unterscheiden. Für die Auswahl der l Stellen existieren nämlich $\binom{n}{l}$ Möglichkeiten und an jeder dieser l Stellen können $q - 1$ Buchstaben stehen.

Damit folgt

$$|K_r(a)| = \sum_{l=0}^{r} \binom{n}{l}(q-1)^l.$$

In jeder dieser Kugeln sind also auch gleich viele Elemente enthalten. Wir setzen

$$k_r := |K_r(a)|.$$

Ein (n, A, d)-**Kode** C ist ein Blockkode der Länge n mit $|C| = A$ und Mindestabstand $d(C) = d$, d.h.

$$d(C) = \min\{d(x, y) \mid x, y \in C, x \neq y\}.$$

Das Prinzip der Fehlerkorrektur haben wir bereits angesprochen: Ist ein übermitteltes Wort kein Kodewort, so sucht man sich dasjenige Kodewort, das zu dem übermittelten Wort den kleinsten Hamming-Abstand besitzt. Dieses Vorgehen geht davon aus, dass dies mit großer Wahrscheinlichkeit das gesendete Wort war. Es handelt sich daher hierbei um eine **maximum-likelihood-Methode**.

Bei einem Blockkode C mit Mindestabstand $d(C) = 2e + 1$ werden offensichtlich alle Wörter, bei deren Übertragung sich höchstens e Fehler eingeschlichen haben, auf diese Weise korrekt dekodiert. Einen $(n, M, 2e+1)$-Kode nennen wir daher auch einen **e-Fehler-korrigierenden-Kode**.

Je mehr Fehler ein Kode korrigieren soll, um so größer müssen die Abstände der Kodewörter sein. Mit anderen Worten: Der Kode wird aufgebläht und der relative Informationsgehalt wird geringer. Wir führen den Begriff der Informationsrate ein:

Definition 16.3. *Für einen Blockkode C der Länge n über einem Alphabet Σ mit $|\Sigma| = q$ heißt*

$$R(C) := \frac{\log_2(|C|)}{\log_2(q^n)}$$

*die **Informationsrate** des Kodes.*

Der Grund für den in der Informationstechnik üblichen Übergang zum Logarithmus ist begründet durch den Umstand, dass nicht die wirkliche Anzahl der Wörter, sondern die zu ihrer Darstellung erforderliche Bitzahl relevant ist.

Für den Wiederholungskode W_n der Länge n ergibt dies die Informationsrate

$$R(W_n) = \frac{1}{n}.$$

Wir nehmen an, ein gegebener binärer Datenkanal besitze die **Fehlerwahrscheinlichkeit** p, d.h. jedes Bit werde mit der Wahrscheinlichkeit p falsch übertragen. Wir fragen uns, ob wir bei relativ großer Informationsrate noch Kodes mit hoher Fehlerkorrekturleistung erwarten können.

Eine Antwort darauf gibt ein berühmter Satz von Shannon, den wir hier aber nur ohne mathematischen Formalismus in vereinfachter Form wiedergeben wollen.

Satz 16.5 (Shannon). *Gegeben sei ein binärer Datenkanal mit Fehlerwahrscheinlichkeit p. Dann existiert zu jedem R zwischen 0 und $1 + p \log_2(p) + (1-p) \log_2(1-p)$ eine Folge C_n von Blockkodes der Länge n und Informationsrate R, so dass die Wahrscheinlichkeit dafür, dass der Kode C_n alle Fehler korrigiert, bei wachsendem n gegen 1 strebt.*

Wem das zu mathematisch ist: Wenn man nur die Blocklänge groß genug wählt, kann man Kodes finden, die bei relativ hoher Informationsrate nahezu alle Fehler beseitigen.

16.5 Perfekte Kodes

Eine besondere Rolle spielen Blockkodes, bei denen jedes Wort aus Σ^n dekodiert werden kann.

Definition 16.4. *Ein* $(n, M, 2e + 1)$*-Kode* C *heißt* **perfekt,** *wenn die Kugeln* $K_e(a)$, $a \in C$ *die Menge* Σ^n *überdecken, oder anders ausgedrückt, wenn zu jedem Wort aus* Σ^n *ein (und wegen des Mindestabstands dann auch nur ein) Kodewort mit Abstand* $\leq e$ *existiert.*

Man beachte, dass aufgrund der Definition nur Kodes mit einem ungeraden Mindestabstand perfekt sein können. Perfekt zu sein ist sicher eine wünschenswerte Eigenschaft, aber nicht in jeder Situation benötigt man wirklich perfekte Kodes. Wir werden im folgenden Abschnitt den etwas schwächeren Begriff eines optimalen Kodes einführen und im Kapitel über lineare Kodes stellen wir den perfekten Kodes die MDS-Kodes an die Seite.

Beispiel: Der binäre Wiederholungskodeder Länge $n = 2e + 1$ ist perfekt. Man mache sich hierzu klar, dass der binäre Wiederholungskodeder Länge $n = 2e + 1$ aus den Wörtern $(xxx...x)$ mit $x \in \{0, 1\}$ besteht und damit jedes binäre Wort der Länge $2e + 1$ durch das Ändern von höchstens e Bits zu einem Kodewort wird. (Wenn das Wort mehr Nullen als Einsen enthält, so kann es höchstens e Einsen enthalten, und die werden abgeändert, bzw umgekehrt.)

Man kann zeigen, siehe [27], dass es für $e > 1$ außer dem Wiederholungskodenur noch einen binären perfekten Kode gibt, den binären **Golay-Kode.** Perfekte Kodes sind von Interesse im Zusammenhang mit **designs.** Wir wollen auf diese kombinatorische Anwendung nicht näher eingehen, sondern lediglich ein hiemit verwandtes Beispiel behandeln.

Bei Gewinn- oder Garantiesystemen in der 11er-Wette, geht es um die Frage, wie viele Tippreihen man höchstens abgeben muss, um mindestens k Richtige zu haben. Eine Ziehung in der 11er-Wette entspricht einer geordneten Ziehung mit Rücklegen vom Umfang 11 der Zahlen 0, 1, 2, also einem Element des $\mathbb{F}_3^{11}$. 10 Richtige hat man dann sicher, wenn es zu jeder der möglichen Ziehungen unter den abgegebenen Tippreihen eine gibt, die sich an höchstens einer Stelle von der Ziehung unterscheidet, von dieser also höchstens den Hamming-Abstand eins besitzt.

Die Anzahl der abzugebenden Tippreihen bei garantierten 10 Richtigen ist minimal, wenn es zu jeder möglichen Ziehung genau eine Tippreihe gibt, die von dieser den Abstand eins hat. Das ist aber nur eine andere Formulierung dafür, dass die ausgewählten Tippreihen einen perfekten Kode bilden.

16.6 Optimale Kodes

Das Folgende bezieht sich durchweg auf ein (Kanal-)Alphabet Σ mit $|\Sigma| = q$.

Es ist offensichtlich, dass bei festem n die Parameter d und A entgegengesetzt wirken. Besitzt ein Kode viele Wörter, so muss der Abstand zwischen diesen kleiner sein als bei einem Kode mit weniger Wörtern. Daher ist es natürlich, bei vorgegebenem Mindestabstand d unter allen Blockkodes fester Länge n nach denjenigen zu fragen, deren Kodewortanzahl maximal ist. Wir definieren:

$$A_n(d) := \max\{|C| : d(C) = d\}$$

und bezeichnen einen $(n, A_n(d), d)$-Kode als **optimalen** Kode. Wir wollen für $A_n(d)$ drei einfache Ungleichungen herleiten.

Sei dazu $C \subset \Sigma^n$ ein Kode mit Mindestabstand d. Wenn wir um jedes Wort des Kodes eine Kugel mit Radius $d - 1$ legen, so enthält diese Kugel natürlich kein weiteres Kodewort. Nehmen wir ferner an, es existiert ein Wort $w \in \Sigma^n$, das in keiner dieser Kugeln vom Radius $d - 1$ enthalten ist. Dieses Wort hat dann von jedem Kodewort mindestens den Abstand d und könnte damit zum Kode hinzugenommen werden, ohne den Mindestabstand des Kodes zu verändern. Für einen optimalen Kode kann diese Situation nicht auftreten. Wir haben gezeigt:

Lemma 16.2. *Sei $C \subset \Sigma^n$ ein optimaler Kode mit $d(C) = d$. Dann bilden die Kugeln $K_{d-1}(a)$ um die Kodewörter $a \in C$ eine Überdeckung von Σ^n.*

Hieraus ergibt sich unmittelbar die folgende Ungleichung, die auch **Gilbert-Varshamov-Schranke** genannt wird.

Satz 16.6 (Gilbert, Varshamov).

$$A_n(d)k_{d-1} \geq q^n,$$

mit $k_{d-1} = |K_{d-1}(a)|$, $a \in \Sigma$.

Beweis. Die Anzahl der Kodewörter eines optimalen Kodes ist $A_n(d)$, jeder Kreis um ein solches Wort enthält k_{d-1} Elemente und alle diese überdecken die q^n Elemente von Σ^n. Daher folgt die obige Ungleichung durch einfaches Abzählen. $\square$

Es folgen Abschätzungen für $A_n(d)$ nach oben.

Die erste ist die **Hamming-Schranke**. Hierzu betrachten wir einen (n, M, d)-Kode C mit ungeradem Mindestabstand, $d = 2e + 1$. Die Kugeln $K_e(a)$ sind dann alle disjunkt und es ergibt sich mit den Argumenten wie eben die Ungleichung

$$M \cdot k_e \leq q^n.$$

Da dies für einen beliebigen Kode gilt, gilt dies speziell auch für einen optimalen und wir erhalten

Satz 16.7 (Hamming-Schranke). *Für ungerade d, $d = 2e + 1$ gilt*

$$A_n(d) \leq \frac{q^n}{k_e}.$$

Korollar 16.2. *Ein perfekter Kode ist auch optimal.*

Beweis. Für einen perfekten (n, M, d)-Kode C mit $d(C) = 2e + 1$ gilt nach Definition

$$M = \frac{q^n}{k_e}.$$

Ein perfekter Kode nimmt also die Hamming-Schranke an und muss daher optimal sein.   □

Zwei Kodewörter eines (n, M, d)-Kodes unterscheiden sich mindestens an d Stellen. Wenn wir die Blocklänge durch Abschneiden eines Buchstabens an jedem Wort um eins verringern, so haben die Wörter des resultierenden Kodes immer noch einen Mindestabstand $\geq d - 1$. Führen wir dieses Abschneiden insgesamt $d - 1$-mal durch, so haben die Kodewörter immer noch mindestens den Anstand 1, d.h. sie unterscheiden sich noch. Die Wörter haben dann die Länge $n - d + 1$, insgesamt gibt es hiervon q^{n-d+1} viele. Wir haben damit die folgende Ungleichung gezeigt, die auch die **Singleton-Schranke** heißt.

Satz 16.8 (Singleton-Schranke). *Sei C ein (n, M, d)-Kode über Σ. Dann gilt*

$$M \leq q^{n-d+1},$$

also speziell

$$A_n(d) \leq q^{n-d+1}.$$

Beispiel: Wir betrachten den Fall $n = d$. Aus der Singleton-Schranke folgt

$$A_n(n) \leq q.$$

Der Wiederholungskode W_n über Σ besitzt q Wörter und wir haben damit das folgende Ergebnis:

Satz 16.9. *Der Wiederholungskode ist optimal und es ist $A_n(n) = q$ für ein Alphabet Σ mit q Buchstaben.*

Im Allgemeinen ist es ein schwieriges kombinatorisches Problem, die Zahlen $A_n(d)$ zu ermitteln. Dies ist eines der Hauptanliegen der **kombinatorischen Kodierungstheorie**.

16.7 Informationsrate optimaler Kodes

Der Wiederholungskode W_n ist ein optimaler Kode, allerdings gilt für seine Informationsrate R_n

$$\lim_{n \to \infty} R_n(W_n) = \lim_{n \to \infty} \frac{1}{n} = 0. \tag{16.1}$$

Blocklänge und Mindestabstand sind beim Wiederholungskode gleich. Wir untersuchen nun allgemein die Informationsrate optimaler Kodes

$$R(n, d) := \frac{\log_q(A_n(d))}{n}$$

bei festem Verhältnis von $n : d$ und wachsendem n. Uns interessiert die Zahl

$$\alpha(k) := \limsup_{n \to \infty} R(kn, n), \quad k \in \mathbb{Q}.$$

Hierbei setzen wir $R(kn, n) := 0$ (und ebenso $A_{kn}(d) = 0$), wenn $kn \notin \mathbb{N}$.

lim sup ist der größte Häufungspunkt, einen Grenzwert können wir nicht unbedingt erwarten. Aus (16.1) folgt, dass

$$\alpha(1) = 0.$$

Gibt es $k \in \mathbb{Q}$ mit $\alpha(k) > 0$? Wenn ja, wie groß kann $\alpha(k)$ werden? Diesen Fragen wollen wir nachgehen. Um ein nichttriviales Ergebnis zu erzielen, betrachten wir $k > q/(q-1)$.

Wir benutzen die Gilbert-Varshamov-Schranke:

$$
\begin{aligned}
\alpha(k) &= \overline{\lim}_{n \to \infty} R(kn, n) = \overline{\lim}_{n \to \infty} \frac{\log_q(A_{kn}(n))}{kn} \\
&\geq \overline{\lim}_{n \to \infty} \frac{\log_q \frac{q^{kn}}{k_{n-1}}}{kn} \\
&= \overline{\lim}_{n \to \infty} \left(1 - \frac{\log_q k_{n-1}}{kn}\right).
\end{aligned}
\tag{16.2}
$$

Man erinnere sich, dass

$$k_{n-1} = \sum_{l=0}^{n-1} \binom{kn}{l} (q-1)^l. \tag{16.3}$$

Beachte ferner, dass

$$\frac{\binom{N}{l+1}(q-1)^{l+1}}{\binom{N}{l}(q-1)^l} = \frac{(q-1)(N-l)}{l+1}.$$

Dieser Quotient ist größer als 1, wenn $lq/(q-1) \leq (N-1)$ und er ist kleiner als 1, wenn $lq/(q-1) \geq N$. Für $k > q/(q-1)$ ist dann der letzte Summand in (16.3) auch der größte und es gilt

$$\binom{kn}{n-1}(q-1)^{n-1} \leq k_{n-1} \leq n \binom{kn}{n-1}(q-1)^{n-1}.$$

Logarithmieren ergibt

$$\log_q \binom{kn}{n-1} + (n-1)\log_q(q-1)$$

$$\leq \log_q k_{n-1} \leq \log_q n + \log_q \binom{kn}{n-1} + (n-1)\log_q(q-1).$$

Nach Division durch kn erhalten wir hieraus:

$$\lim_{n\to\infty} \frac{\log_q k_{n-1}}{kn} = \lim_{n\to\infty} \frac{\log_q \binom{kn}{n-1}}{kn} + \frac{1}{k}\log_q(q-1), \qquad (16.4)$$

falls der Grenzwert auf der rechten Seite existiert.

Es ist

$$\log_q \binom{kn}{n-1} = \log_q \binom{kn}{n} + \log_q n - \log_q(kn-n+1)$$

und daher

$$\lim_{n\to\infty} \frac{\log_q \binom{kn}{n-1}}{kn} = \lim_{n\to\infty} \frac{\log_q \binom{kn}{n}}{kn}$$

Für den Nachweis, dass der Grenzwert

$$\lim_{n\to\infty} \frac{\log_q \binom{kn}{n}}{kn} = \lim_{n\to\infty} \left(\frac{\log_q(kn)!}{kn} - \frac{\log_q((k-1)n)!}{kn} - \frac{\log_q n!}{kn} \right) \qquad (16.5)$$

existiert, benutzen wir die **Stirlingsche Formel** in der Form

$$\lim_{n\to\infty} \left(\frac{\ln n!}{n} - \ln n \right) = -1$$

bzw. wegen $\ln a = \log_q a \ln q$

$$\lim_{n\to\infty} \left(\frac{\log_q n!}{n} - \log_q n \right) = -\frac{1}{\ln q}.$$

Im Hinblick hierauf formen wir den Ausdruck auf der rechten Seite von (16.5) um in

$$\frac{\log_q(kn)!}{kn} - \log_q(kn) + \log_q(kn)$$

$$- \left(\frac{\log_q((k-1)n)!}{(k-1)n} - \log_q((k-1)n) \right) \left(1 - \frac{1}{k}\right) - \log_q((k-1)n)\left(1 - \frac{1}{k}\right)$$

$$- \left(\frac{\log_q n!}{n} - \log_q n \right) \frac{1}{k} - \log_q n \frac{1}{k}$$

$$= \frac{\log_q(kn)!}{kn} - \log_q(kn)$$

$$- \left(\frac{\log_q((k-1)n)!}{(k-1)n} - \log_q((k-1)n) \right) \left(1 - \frac{1}{k}\right)$$

$$- \left(\frac{\log_q n!}{n} - \log_q n \right) \frac{1}{k} + \log_q k - \left(1 - \frac{1}{k}\right) \log_q(k-1).$$

Damit erhalten wir aus der Stirlingschen Formel:

$$\lim_{n\to\infty} \frac{\log_q \binom{kn}{n}}{kn} = \log_q k - (1 - \frac{1}{k})\log_q(k - 1).$$

Setzen wir dies in (16.4) ein, so folgt aus (16.2) die folgende asymptotische Abschätzung:

Satz 16.10 (Asymptotische Gilbert-Varshamov-Schranke).

$$\alpha(k) \geq 1 - \left(\log_q k - (1 - \frac{1}{k})\log_q(k - 1) + \frac{1}{k}\log_q(q - 1)\right).$$

Lange Zeit hatte man geglaubt, dass die Gilbert-Varashamov-Schranke die bestmögliche sei, dass also in der obigen Ungleichung das Gleichheitszeichen gelten würde. 1982 haben Tsfasman, Vladut und Zink [52] eine Folge algebraisch-geometrischer Kodes konstruiert, die für $q > 49$ die Gilbert-Varshamov-Schranke verbesserten.

16.8 Aufgaben

16.8.1 Zeigen Sie, dass die Entropie einer Datenquelle mit n Symbolen tatsächlich am größten ist, wenn alle Auftrittswahrscheinlichkeiten gleich sind.

16.8.2 Zeigen Sie, dass beim ISBN-Kode die Vertauschung von zwei Ziffern bemerkt wird.

16.8.3 Geben Sie auf Grund der folgenden Häufigkeitstabelle eine Huffman-Kodierung für die deutsche Sprache.

Buchstabe	Häufigkeit	Buchstabe	Häufigkeit
a	0.0651	n	0.0978
b	0.0189	o	0.0251
c	0.0306	p	0.0079
d	0.0508	q	0.0002
e	0.1740	r	0.07
f	0.0166	s	0.0727
g	0.0301	t	0.0615
h	0.0476	u	0.0435
i	0.0755	v	0.0067
j	0.0027	w	0.0189
k	0.0121	x	0.0003
l	0.0344	y	0.0004
m	0.0253	z	0.0113

17

Lineare Codes

Die Wörter der Länge n über einem Alphabet Σ mit q Buchstaben sind Elemente von Σ^n. Im Fall eines binären Datenkanals liegt es nahe, Σ mit dem Körper $\mathbb{F}_2$ zu identifizieren, wodurch $\Sigma^n = \mathbb{F}_2^n$ in natürlicher Weise mit einer Vektorraumstruktur versehen werden kann. Es liegt nahe, für einen Kode C einen Unterraum hiervon zu wählen. Wir verallgemeinern diese Situation auf Kanalalphabete $\Sigma = FF_q$.

17.1   Definition und Darstellung linearer Kodes

Definition 17.1. *Sei $q = p^f$ eine Primzahlpotenz, und $\mathbb{F}_q$ der endliche Körper mit q Elementen. Ein **linearer Kode** C ist ein Untervektorraum von $\mathbb{F}_q^n$.*

Ein endlich-dimensionaler Vektorraum über einem endlichen Körper besitzt auch nur endlich viele Elemente. Genauer gilt:

Lemma 17.1. *Sei V ein k-dimensionaler Vektorraum über $\mathbb{F}_q$. V besitzt dann q^k Elemente.*

Beweis. Dies folgt, da jedes Element $v \in V$ eine eindeutige Darstellung $v = \lambda_1 \mathbf{b}_1 + \ldots + \lambda_k \mathbf{b}_k$ besitzt, wenn $\mathbf{b}_1, ..., \mathbf{b}_k$ eine Basis von V ist. $\qquad\square$

Jeder lineare Kode $C \subset \mathbb{F}_q^n$ ist offensichtlich ein Blockkode der Länge n und wenn $\dim C = k$, so ist C ein $(n, q^k, d(C))$-Kode.

Für einen linearen Kode der Länge n und der Dimension k benutzen wir auch die Schreibweise $[n, k]$-Kode oder, wenn wir den Minimalabstand in die Notation einbeziehen wollen, einen $[n, k, d]$-Kode.

Die eigentliche Kodierung vollzieht sich in zwei Schritten:

Im ersten Schritt wird jedem Symbol in Form eines table-look-up und in eineindeutiger Weise ein Vektor $(\alpha_1, \alpha_2, ..., \alpha_k)^T \in \mathbb{F}_q^k$ zugeordnet. Dies kann zufällig erfolgen und idealerweise sollte die Dimension k der Größe der Symbolmenge angepasst sein, also $q^{k-1} < |S(A)| \leq q^k$.

Diese Vektoren $(\alpha_1, \alpha_2, ..., \alpha_k)^T \in \mathbb{F}_q^k$ identifizieren wir von nun an mit den Originalsymbolen.

Im zweiten Schritt folgt die Zuordnung der Symbole aus $\mathbb{F}_q^k$ zu den Elementen des Kodes $C \subset \mathbb{F}_q^n$. Ist $\mathbf{c_1}, \mathbf{c_2}, ... \mathbf{c_k}$ eine Basis von C, so ordnen wir dem Symbol $\alpha := (\alpha_1 ..., \alpha_k)^T \in \mathbb{F}_q^k$ das Kodewort

$$\mathbf{w} = \alpha_1 \mathbf{c_1} + ... + \alpha_k \mathbf{c_k} \qquad (17.1)$$

zu. (17.1) lässt sich auch als Vektorgleichung

$$\mathbf{w} = C\alpha$$

mit der **Generatormatrix**

$$C = (\mathbf{c_1}, ..., \mathbf{c_k}) = \begin{pmatrix} c_{11} & \cdots & c_{1k} \\ \vdots & & \vdots \\ c_{n1} & \cdots & c_{nk} \end{pmatrix}$$

schreiben. In der Literatur werden Kodewörter auch häufig als Zeilenvektoren geschrieben:

$$\mathbf{w^T} = (\mathbf{w_1}, ..., \mathbf{w_n}) = \alpha^\mathbf{T} \mathbf{C^T}.$$

Wir bezeichnen hierbei die Generatormatrix mit dem gleichen Buchstaben C wie den eigentlichen Kode. Allerdings ist die Generatormatrix eines Kodes nicht eindeutig bestimmt. Der Übergang zu einer anderen Basis des Unterraums C liefert eine andere Generatormatrix. Sollte es deswegen zu Missverständnissen in der Notation führen, werden wir von dieser Vereinbarung abweichen.

Elementare Spaltenoperationen, also Multiplikation einer Spalte der Generatormatrix mit einem Skalar $\neq 0$ und Addition des Vielfachen einer Spalte zu einer anderen, führen zum gleichen Kode, da sie lediglich einen Basiswechsel induzieren.

Mithilfe der elementaren Spaltenoperationen und eventuell anschließender Permutation der Zeilen lässt sich bekanntermaßen die Generatormatrix mithilfe des Gauß-Algorithmus auf die Gestalt

$$\tilde{C} = \begin{pmatrix} 1 & 0 & \cdots & 0 \\ 0 & 1 & & 0 \\ \vdots & & \ddots & \vdots \\ 0 & 0 & & 1 \\ r_{(k+1)1} & r_{(k+1)2} & \cdots & r_{(k+1)k} \\ \vdots & & & \vdots \\ r_{n1} & r_{n2} & \cdots & r_{nk} \end{pmatrix}$$

bringen. Hierbei haben die Spaltentransformationen den Kode nicht verändert. Die Zeilenpermutation bewirkt allerdings, dass der so entstandene Kode $\tilde{C}$ aus C durch eine entsprechende Permuation der Komponenten hervorgeht.

Dies führt uns zum Begriff der Äquivalenz von Kodes.

Definition 17.2. *Zwei Blockkodes heißen* **äquivalent**, *wenn der eine aus dem anderen durch eine Permutation der Blockkomponenten hervorgeht.*

Diese Definition ist natürlich nicht auf lineare Kodes beschränkt. Die Darstellung eines $[n, k]$-Kodes durch eine Generatormatrix, die in k Zeilen die Standardeinheitsvektoren $\mathbf{e_1} = (1, ..., 0), ..., \mathbf{e_k} = (0, ..., 1)$ enthält, heißt **systematisch** in den betreffenden k Komponenten.

Wir nennen eine Generatormatrix, die in den ersten k Komponenten systematisch ist, eine Generatormatrix in **Standardform**. Bis auf eine Permutation der Zeilen lässt sich jede Generatormatrix in Standardform bringen. Wir haben gezeigt:

Satz 17.1. *Jeder $[n, k]$-Kode besitzt eine in k Komponenten systematische Darstellung. Zu jedem Kode C gibt es einen äquivalenten Kode $\tilde{C}$, der eine Generatormatrix in Standardform besitzt.*

Ausgehend von einer Generatormatrix in Standardform lassen sich die Originalsymbole $(\alpha_1, ..., \alpha_k)^T$ aus den kodierten besonders einfach zurückgewinnen, es sind nämlich gerade die letzten k Koordinaten des Kodewortes $(w_1, ..., w_n)^T$. Diese Koordinaten heißen dann **Informationsstellen**, die restlichen **Prüfstellen**.

Wir müssen folgende Feinheit beachten: Der Übergang zu einer anderen Basis und damit zu einer anderen Generatormatrix verändert natürlich nicht den Kode, **aber** es verändert die Vorschrift, wie ein Klartextvektor in ein Kodewort abgebildet wird. Wir sprechen in diesem Fall aber nicht davon, dass der Kode sich geändert hätte. Lediglich die Kodierungsvorschrift hat sich geändert.

Beispiel 1: Der Wiederholungskode der Länge n über $\mathbb{F}_q$ ist ein linearer Kode und besitzt die Generatormatrix
$$C = (1, 1, ..., 1)^T.$$

Beispiel 2: $\Sigma = \mathbb{F}_2$, $n = 4$. Kodiert werden sollen die Symbole a, b, c, d. Im ersten Schritt ordnen wir diesen Symbolen Elemente aus dem $\mathbb{F}_2^2$ zu:

$$a \rightarrow \begin{pmatrix} 0 \\ 0 \end{pmatrix}, \quad b \rightarrow \begin{pmatrix} 1 \\ 0 \end{pmatrix}, \quad c \rightarrow \begin{pmatrix} 0 \\ 1 \end{pmatrix} \quad d \rightarrow \begin{pmatrix} 1 \\ 1 \end{pmatrix}.$$

Wir wählen als Kode C den Unterraum des $\mathbb{F}_2^4$, der von $\mathbf{c_1} = (1, 1, 0, 0)^T$ und $\mathbf{c_2} = (0, 0, 1, 1)^T$ aufgespannt wird:

$$C = \begin{pmatrix} 1 & 0 \\ 1 & 0 \\ 0 & 1 \\ 0 & 1 \end{pmatrix}.$$

Vertauschung von 2. und 3. Zeile ergibt eine Matrix in Standardform

$$\tilde{C} = \begin{pmatrix} 1 & 0 \\ 0 & 1 \\ 1 & 0 \\ 0 & 1 \end{pmatrix}.$$

17.2 Abstand und Gewicht

Sind C ud D zwei Unterräume derselben Dimension k von $\mathbb{F}_q^n$, so sind sie als Vektorräume bereits isomorph. Unter dem Gesichtspunkt der Kodierungstheorie können sie aber doch sehr unterschiedlich sein. Ein wichtiges Vergleichsmerkmal ist der Abstand ihrer Kodewörter. Mathematisch gesprochen sollten C und D, damit sie als Kodes gleichwertig sind, auch **isometrisch** bez. des Hamming-Abstands sein. Wir definieren daher

Definition 17.3. *Zwei lineare Kodes C und D heißen* **isometrisch,** *wenn es einen Vektorraumhomomorphismus ϕ zwischen ihnen gibt, der die Abstände zwischen den Wörtern erhält, d.h. wenn*

$$d(x,y) = d(\phi(x), \phi(y)).$$

Man zeige zur Übung, dass zwei isometrische Kodes als Vektorräume isomorph sein müssen.

Zeilenoperationen in der Generatormatrix können, anders als Spaltenoperationen, den Kode verändern. Permutationen von Zeilen führen zu äquivalenten Kodes. Hierbei ändert sich der Abstand der Kodewörter natürlich nicht. Multiplikation einer Zeile mit einem Skalar $\gamma \in \mathbb{F}_q^\times$ führt zu einem isometrischen Kode: Falls nämlich zwei Kodewörter

$$\sum_{i=1}^k \alpha_i \begin{pmatrix} c_{1i} \\ \cdot \\ \cdot \\ c_{ni} \end{pmatrix}, \quad \sum_{i=1}^k \beta_i \begin{pmatrix} c_{1i} \\ \cdot \\ \cdot \\ c_{ni} \end{pmatrix}$$

sich an d Stellen unterscheiden, so tun dies die Wörter

$$\sum_{i=1}^k \alpha_i \begin{pmatrix} c_{1i} \\ \cdot \\ \gamma c_{ki} \\ \cdot \\ c_{ni} \end{pmatrix}, \quad \sum_{i=1}^k \beta_i \begin{pmatrix} c_{1i} \\ \cdot \\ \gamma c_{ki} \\ \cdot \\ c_{ni} \end{pmatrix}$$

ebenfalls. Beachte, dass $\gamma \neq 0$.

Addiert man jedoch eine Zeile der Generatormatrix zu einer anderen, so führt dies nicht zwangsläufig zu einem isometrischen Kode. (Übung!)

Das **Gewicht** $w(\mathbf{w})$ eines beliebigen Kodeworts $\mathbf{w} \in C \subset \mathbb{F}_q^n$ ist die Anzahl seiner von Null verschiedenen Komponenten. Das Minimalgewicht $w(C)$ eines Kodes ist das Minimum aller Gewichte von Kodewörtern $\mathbf{w} \neq 0$ aus C. Für einen linearen Kode gilt nun:

Lemma 17.2. $w(C) = d(C)$.

Beweis. Offensichtlich gilt $d(x, y) = w(x - y)$. Hieraus folgt die Behauptung. $\qquad \square$

Für das Folgende benötigen wir den Begriff des dualen Vektorraums oder Lotraums.

17.3 Inneres Produkt, Lotraum

Wir erinnern an die Definition des Skalarproduktes im Anschauungsraum: Für zwei Vektoren $\mathbf{u} = (u_1, u_2, u_3)^T, \mathbf{v} = (v_1, v_2, v_3)^T \in \mathbb{R}^3$, ist das **Skalarprodukt** definiert als

$$\langle \mathbf{u}, \mathbf{v} \rangle := \sum_{i=1}^{3} u_i v_i$$

und man erhält den Kosinussatz

$$\langle \mathbf{u}, \mathbf{v} \rangle = |\mathbf{u}||\mathbf{v}| \cos \alpha,$$

wo α den von $\mathbf{u}$ und $\mathbf{v}$ eingeschlossenen Winkel bezeichnet.

Dieses Skalarprodukt besitzt vier wesentliche Struktureigenschaften, die wir zur Definition des Begriffes in allgemeinen reellen Vektorräumen heranziehen.

Definition 17.4. *Sei V ein Vektorraum über $\mathbb{R}$. Eine Abbildung $\langle \cdot, \cdot \rangle : V \times V \to K$ heißt* **inneres Produkt** *oder* **Skalarprodukt***, wenn für alle $\mathbf{u}, \mathbf{v}, \mathbf{w} \in V$, $\lambda \in K$ gilt:*

i) $\langle \mathbf{u}, \mathbf{v} \rangle = \langle v, \mathbf{u} \rangle$

ii) $\langle \mathbf{u} + \mathbf{v}, \mathbf{w} \rangle = \langle \mathbf{u}, \mathbf{w} \rangle + \langle v, \mathbf{w} \rangle$

iii) $\langle \lambda \mathbf{u}, v \rangle = \lambda \langle \mathbf{u}, v \rangle$

iv) $\langle \mathbf{u}, \mathbf{u} \rangle \geq 0$ *und* $\mathbf{u} \neq 0 \implies \langle \mathbf{u}, \mathbf{u} \rangle \neq 0$.

Die Eigenschaft i) heißt **Symmetrie**, ii) und iii) **Linearität** und iv) ist die **Positiv-Definitheit**.

Für beliebige Körper K und $\mathbf{u}, \mathbf{v} \in K^n$ ist das Produkt

$$\langle \mathbf{u}, \mathbf{v} \rangle = \sum_{i=1}^{n} u_i v_i$$

nach wie vor symmetrisch und linear.

Die Forderung nach Positivität macht natürlich nur in geordneten Körpern Sinn, die Definitheit $\mathbf{u} \neq \mathbf{0} \implies \langle \mathbf{u}, \mathbf{u} \rangle \neq \mathbf{0}$ ist in Körpern der Charakteristik p generell verletzt. Beispielsweise gilt für $K = \mathbb{F}_2$ und $V = K^2$

$$\left\langle \begin{pmatrix} 1 \\ 1 \end{pmatrix}, \begin{pmatrix} 1 \\ 1 \end{pmatrix} \right\rangle = 0.$$

Das hat auch die unangenehme Folge, dass sich mithilfe dieses Produktes dann für diese Körper keine Metrik und kein Winkel in dem Vektorraum $V = K^n$ einführen lassen.

Dennoch nennen wir auch im allgemeinen Fall zu einem Unterraum $U \subset K^n$ den Raum

$$U^\perp = \{ \mathbf{v} \in K^n \mid \mathbf{u} \in U \implies \langle \mathbf{v}, \mathbf{u} \rangle = 0 \}$$

den **Lotraum** von U. Keinesfalls sollte man dann nach dem eben Gesagten hierbei an das orthogonale Komplement denken. In jedem Fall gilt aber der wichtige

Satz 17.2. *Sei U ein k-dimensionaler Unterraum von K^n. Dann ist $U^\perp$ ein Untervektorraum der Dimension $n - k$.*

Beweis. Wenn $\mathbf{u} \in U$, $\mathbf{v}, \mathbf{w} \in U^\perp$, so folgt $\langle \mathbf{v} + \mathbf{w}, \mathbf{u} \rangle = \langle \mathbf{v}, \mathbf{u} \rangle + \langle \mathbf{w}, \mathbf{u} \rangle = 0$ und außerdem $\langle \lambda \mathbf{v}, \mathbf{u} \rangle = \lambda \langle \mathbf{v}, \mathbf{u} \rangle = 0$, und daher ist $U^\perp$ tatsächlich ein Unterraum. Sei $c_1, ..., c_k$ eine Basis von C und $c_j = \sum_{i=1}^n \gamma_{ij} v_i$. Dann gilt für die Elemente $v = \sum_{i=1}^n \alpha_i v_i$ des Lotraums

$$\begin{pmatrix} \gamma_{11} & \cdots & \gamma_{1n} \\ \vdots & & \vdots \\ \gamma_{k1} & \cdots & \gamma_{kn} \end{pmatrix} \begin{pmatrix} \alpha_1 \\ \vdots \\ \alpha_n \end{pmatrix} = \mathbf{0}$$

d.h., $C^\perp$ ist isomorph zum Kern von (γ_{ij}) und der besitzt nach dem Homomorphiesatz bzw. einer Folgerung hieraus, die Dimension $n - k$. □

Wir sind nun in der Lage, lineare Kodes mit vorgegebenem Abstand zu konstruieren. Wir beginnen mit einem Beispiel.

17.4   Ein $[7, 4, 3]$-**Kode**

Die Generatormatrix des Kodes C sei gegeben durch die Matrix

$$C = \begin{pmatrix} 1 & 0 & 0 & 0 \\ 0 & 1 & 0 & 0 \\ 0 & 0 & 1 & 0 \\ 0 & 0 & 0 & 1 \\ 1 & 0 & 1 & 1 \\ 0 & 1 & 1 & 1 \\ 1 & 1 & 0 & 1 \end{pmatrix}.$$

Offensichtlich wird hierdurch ein $[7, 4, d]$-Kode erzeugt. Wir wollen zeigen, dass $d(C) = 3$. Mittlerweile wissen wir, dass es reicht, $w(C) = 3$ zu zeigen. Dies ist in der Tat einfacher. Wir sehen zunächst, dass alle Spalten der Generatormatrix, also die Basisvektoren des Kodes, das Gewicht 3 oder 4 besitzen. Also folgt $w(C) \leq 3$.

Wir betrachten zu C den **Lotraum** $C^{\perp}$. Es gilt: $\mathbf{v} \in C^{\perp}$, wenn für alle Spalten $\mathbf{c_i}$ der Generatormatrix

$$\langle \mathbf{v}, \mathbf{c_i} \rangle = \sum_{k=1}^{7} v_k c_{ik} = 0. \tag{17.2}$$

Die Bedingung 17.2 ist gleichbedeutend zu der Matrix-Gleichung

$$C^T \mathbf{v} = 0,$$

was in unserem Beispiel dem folgenden Gleichungssystem mit 4 Gleichungen in 7 Unbestimmten entspricht:

$$\begin{array}{rcrcrcrcl} v_1 & & & +v_5 & & & +v_7 & = & 0 \\ & v_2 & & & +v_6 & +v_7 & & = & 0 \\ & & v_3 & +v_5 & +v_6 & & & = & 0 \\ & & v_4 & +v_5 & +a_6 & +v_7 & & = & 0 \end{array}$$

Wir berechnen die 3 Grundlösungen $\mathbf{g_1}, \mathbf{g_2}, \mathbf{g_3}$ dieses Systems durch die Wahl $v_5 = 1, v_6 = 0, v_7 = 0$, bzw. $v_5 = 0, v_6 = 1, v_7 = 0$, bzw. $v_5 = 0, v_6 = 0, v_7 = 1$. Dies ergibt

$$\mathbf{g_1} = \begin{pmatrix} 1 \\ 0 \\ 1 \\ 1 \\ 1 \\ 0 \\ 0 \end{pmatrix}, \quad \mathbf{g_2} = \begin{pmatrix} 0 \\ 1 \\ 1 \\ 1 \\ 0 \\ 1 \\ 0 \end{pmatrix}, \quad \mathbf{g_3} = \begin{pmatrix} 1 \\ 1 \\ 0 \\ 1 \\ 0 \\ 0 \\ 1 \end{pmatrix}.$$

Diese drei Grundlösungen sind eine Basis von $C^{\perp}$. $C^{\perp}$ ist selbst wieder ein Kode mit Generatormatrix

$$C^{\perp} = (\mathbf{g_1}, \mathbf{g_2}, \mathbf{g_3}).$$

Nun ist der Lotraum des Lotraums natürlich wieder C selbst. Ein Wort $\mathbf{w}$ ist daher genau dann ein Kodewort, wenn es auf den Basisvektoren $\mathbf{g_i}$ des Lotraums senkrecht steht, d.h. wenn

$$C^{\perp T}\mathbf{w} = \begin{pmatrix} 1 & 0 & 1 & 1 & 1 & 0 & 0 \\ 0 & 1 & 1 & 1 & 0 & 1 & 0 \\ 1 & 1 & 0 & 1 & 0 & 0 & 1 \end{pmatrix} \begin{pmatrix} w_1 \\ w_2 \\ \vdots \\ w_7 \end{pmatrix} = 0$$

was gleichbedeutend ist zu

$$w_1\mathbf{h_1} + ...w_7\mathbf{h_7} = 0,$$

wenn $\mathbf{h_i}$ die Spalten von $C^{\perp T}$ bezeichnen.

Nun kommen wir zum eigentlichen Thema zurück, nämlich der Berechnung von $w(C)$. Da die Vektoren $\mathbf{h_i}$, wie unschwer zu erkennen ist, paarweise linear unabhängig sind, so müssen, damit die obige Relation gilt, entweder alle $w_i = 0$ sein oder aber mindestens drei müssen von 0 verschieden sein. (Die Relation $w_i\mathbf{h_i} + w_k\mathbf{h_k} = 0$ stünde im Widerspruch zu der linearen Unabhängigkeit von $\mathbf{h_i}$ und $\mathbf{h_k}$.) Das bedeutet aber, dass $w(C) \geq 3$ sein muss. Da es Kodewörter mit Gewicht 3 gibt, so ist $w(C) = 3$ sein, und wir haben gezeigt, dass C ein $[7, 4, 3]$-Kode ist.

17.5   Duale Kodes

Die in dem Beispiel durchgeführte Methode soll nun systematisiert werden. Dazu definieren wir

Definition 17.5. *Sei C ein linearer Kode. Der Lotraum $C^{\perp}$ heißt der zu C duale Kode.*

Der duale Kode ist ein $[n, n-k]$-Kode. Für die Matrixdarstellung dieses Kodes ergeben die gleichen Rechnungen wie im Beispiel den folgenden

Satz 17.3. *Sei $C = \begin{pmatrix} E_k \\ \tilde{C} \end{pmatrix}$ die Matrix eines linearen $[n, k]$-Kodes in Standardform. Dann ist die Matrix des Dualkodes gegeben durch*

$$C^{\perp} = \begin{pmatrix} -\tilde{C}^T \\ E_{n-k} \end{pmatrix}.$$

Hierbei ist E_k die k-dimensionale Einheitsmatrix und $\tilde{C}$ eine $(n-k) \times k$-Matrix.

Ein Wort $\mathbf{w}$ ist genau dann ein Kodewort, wenn

$$C^{\perp T}\mathbf{w} = \mathbf{0}.$$

Dies ist gleichbedeutend zu

$$\sum_{i=1}^{n-k} w_i \mathbf{h_i} = 0,$$

wobei $\mathbf{h_i}$ die Spalten von $C^{\perp T}$ also die Zeilen von $C^{\perp}$ bezeichnen.

Satz 17.4. *Sei C ein $[n, k, d(C)]$-Kode und $C^{\perp}$ sein dualer Kode. Genau dann ist $d(C) \geq d$, wenn je $d - 1$ Zeilen der Matrix $C^{\perp}$ linear unabhängig sind.*

Beweis. Wenn je $d - 1$ Spalten der Matrix $C^{\perp T}$ linear unabhängig sind, so kann $\sum_{i=1}^{n-k} w_i \mathbf{h_i} = 0$ nur gelten, wenn alle Koeffizienten w_i verschwinden oder aber mindestens d von ihnen nicht verschwinden, also $w(C) \geq d$. Gibt es dagegen $d-1$ linear abhängige Spalten, $\mathbf{h_{i-1}}, ..., \mathbf{h_{i_{d-1}}}$, so existiert eine nichttriviale Linearkombination $\sum_{k=1}^{d-1} w_k \mathbf{h_{i_k}} = 0$ und damit ein Wort des Kodes, dass höchstens an den $d - 1$ Komponeneten $i_1, ..., i_{d-1}$ nicht verschwindet. In diesem Fall ist $w(C) \leq d-1$. $\square$

Die Gleichung

$$C^{\perp T} \mathbf{w} = \mathbf{0}$$

kann auch als eine Kontroll- oder Prüfgleichung aufgefasst werden. Aus diesem Grund heißt $C^{\perp T}$ auch **Kontroll-** oder **Prüfmatrix** zu C. Allgemeiner bezeichnen wir jede Matrix H_C über $\mathbb{F}_q$ als Prüfmatrix zu C, wenn $C = \ker(H_C)$, wenn also C aus genau den Wörtern $\mathbf{w}$ besteht, für die $H_C \mathbf{w} = \mathbf{0}$.

17.6 Hamming-Kodes

Wir benutzen Satz 17.4 zur Konstruktion von Kodes mit vorgegebenem Mindestabstand d. Dazu bilden wir zunächst den dualen Kode $C^{\perp}$ und wählen für diesen eine Generatormatrix mit m linear unabhängigen Spalten und n Zeilen, so dass je $d-1$ Zeilen linear unabhängig sind, es aber auch d linear abhängige gibt.

Der duale Kode $(C^{\perp})^{\perp} = C$ des dualen Kodes besitzt dann den Abstand d. Die Dimension von $C^{\perp}$ ist nach Konstruktion gleich m, die Dimension von C ist also gleich $n - m$. Die Blocklänge n ergibt sich aus der Bedingung an die Zeilen der Matrix von $C^{\perp}$.

Für $d = 3$ sind die so entstehenden Kodes sogar perfekt: Um dies zu zeigen, ermitteln wir zunächst die Blocklänge n.

Wenn $C^{\perp}$ die Dimension m hat, so ist $|C^{\perp}| = q^m$.

Zu jedem Vektor $c \in C^{\perp}$, $c \neq 0$ existieren q linear abhängige, nämlich die Vektoren λc mit $\lambda \in \mathbb{F}_q$. Diese Vektoren repräsentieren den durch c bestimmten eindimensionalen Unterraum. Je zwei dieser Unterräume besitzen nur den Nullvektor als gemeinsames Element.

Es gibt mithin $(q^m - 1)/(q - 1)$ unterschiedliche eindimensionale Unterräume. Dies ist dann ebenso die maximale Anzahl paarweise linear unabhängiger Vektoren und entspricht dadurch der Zeilenanzahl von $C^\perp$.

$n = (q^m - 1)/(q - 1)$ ist damit die Länge von C, und die Kugeln um die Kodewörter mit Radius 1 enthalten

$$|K_1(a)| = 1 + n(q - 1) = q^m$$

Wörter. Da $\dim(C) = n - m$, so gibt es insgesamt q^{n-m} Kodewörter, deren umgebende Kugeln vom Radius eins aufgrund des Mindestabstands $d = 3$ disjunkt sind. Also überdecken diese Kugeln $q^{n-m}q^m = q^n$ Wörter und damit den ganzen Q^n. Also ist C perfekt.

Definition 17.6. *Jeder $[n, n - m, 3]$-Kode über $\mathbb{F}_q$ mit $n = (q^m - 1)/(q - 1)$ heißt* **Hamming-Kode**.

Wir haben damit oben gezeigt:

Satz 17.5. *Hamming-Kodes sind perfekte Kodes.*

Die Hamming-Kodes mit $q = 2$ heißen auch **binäre Hamming-Kodes**.

Satz 17.6. *Zu $n = (q^m - 1)/(q - 1)$ existiert bis auf Äquivalenz genau ein $[n, n - m, 3]$-Kode über $\mathbb{F}_q$. Mit anderen Worten, Hamming-Kodes sind bis auf Äquivalenz eindeutig bestimmt.*

Beweis. Wenn $\dim(C) = n - m$, so ist $\dim(C^\perp) = m$. Damit $d(C) \geq 3$ gilt, müssen je zwei Zeilen von $C^\perp$ linear unabhängig sein. Diese Zeilen sind Elemente von $\mathbb{F}_q^m$. Da $C^\perp$ aber nach Voraussetzung $n = (q^m - 1)/(q - 1)$ Zeilen besitzt und es nach unseren gerade angestellten Überlegungen ebenso viele eindimensionale Unterräume des $\mathbb{F}_q^m$ gibt, so müssen die Zeilen $\mathbf{h_i}$ von $C^\perp$ in eineindeutiger Weise diesen Unterräumen entsprechen. Ist D ein weiterer $[n, n - m, 3]$ Hamming-Kode, so müssen demnach die Zeilen der Matrix zu $D^\perp$ bis auf die Reihenfolge Vielfache der Zeilen von $C^\perp$ sein. Dann gilt aber

$$C^{\perp T}\mathbf{w} = \mathbf{0} \Longleftrightarrow \mathbf{D}^{\perp T}\tilde{\mathbf{w}} = \mathbf{0},$$

wobei $\tilde{\mathbf{w}}$ durch eine entsprechenden Permutation der Komponenten aus $\mathbf{w}$ hervorgeht. Damit sind C und D äquivalent. □

17.7 MDS-Kodes

Wir greifen die Frage nach Optimalität für lineare Kodes auf. Wir haben bereits gezeigt, dass jeder Kode die (Singleton-)Ungleichung

$$M \leq q^{n-d+1}$$

erfüllt. Für einen $[n, k, d]$-Kode über $\mathbb{F}_q$ bedeutet dies

$$q^k \leq q^{n-d+1}.$$

Dies hat zur Konsequenz, dass für den Minimalabstand die Ungleichung

$$d \leq n - k + 1$$

gelten muss.

Ein linearer $[n, k, d]$-Kode mit $d = n - k + 1$, wenn es ihn denn überhaupt gibt, heißt ein **maximum distance separable** Kode oder auch kurz **MDS-Kode**. Natürlich ist ein MDS-Kode wegen der Singleton-Schranke ein optimaler Kode. Das Umgekehrte muss nicht gelten. Beispielsweise ist der $[7, 4, 3]$-Kode zwar als Hamming-Kode ein perfekter und damit auch optimaler Kode, aber offensichtlich kein MDS-Kode.

Damit ein $[n, n-m, 3]$-Kode ein MDS-Kode ist, muss $3 = n - (n-m) + 1$ also $m = 2$ sein. Die einzigen MDS-Hamming-Kodes über $\mathbb{F}_q$ sind daher die $[q + 1, q - 1, 3]$-Kodes. Für $q = 2$ führt dies auf den $[3, 1, 3]$-Kode, der nur aus dem Nullvektor und dem Vektor (111) besteht. Dies ist der Wiederholungskode W_3 der Länge 3. Immerhin gibt es also MDS-Kodes, und zwar auch für $q > 2$.

Wir wollen untersuchen, wie die Begriffe MDS-Kode und perfekter Kode sich zueinander verhalten. Für einen Kode mit $d(C) = 2e + 1$ gilt, wie bereits mehrfach erwähnt,

$$q^k \cdot k_e \leq q^n,$$

also

$$k_e \leq q^{n-k}.$$

Hierbei ist k_e wieder die Anzahl der Vektoren aus $\mathbb{F}_q^n$ in einer Kugel vom Radius e. Da für einen MDS-Kode $k = n - d + 1 = n - 2e$ gilt, so folgt hieraus für einen MDS-Kode

$$k_e \leq q^{2e}.$$

Nun ist $k_e = \sum_{l=0}^{e} \binom{n}{l} (q-1)^l$ und wir erhalten beispielsweise für $q = 2$, $n = 3$ und $e = 1$

$$k_1 = \sum_{l=0}^{1} \binom{3}{l} = 4 = 2^2$$

und für $q = 2$, $n > 3$ und $e = 1$

$$k_1 = \sum_{l=0}^{1} \binom{n}{l} = 1 + n > 2^2.$$

Hieran erkennen wir, dass es außer dem $[3, 1, 3]$-Hamming-Kode auch keinen weiteren binären MDS-Kode mit $d = 3$ geben kann.

Jeder 1-dimensionale Untervektorraum $C \subset \mathbb{F}_q^3$ mit $d(C) = 3$ ergibt einen $[3, 1, 3]$-MDS-Kode. Wegen

$$k_1 = \sum_{l=0}^{1} \binom{3}{l} (q-1)^l = 1 + 3(q-1) = 3q - 2 < q^2$$

kann dieser Kode für $q \geq 3$ nicht perfekt sein kann.

Ein solcher Kode ist der Wiederholungskode W_3, bestehend aus den q Kodewörtern $(0, 0, 0), (1, 1, 1), ..., (q-1, q-1, q-1)$. Die Beziehung zwischen optimalen, perfekten und MDS-Kodes mit ungeradem Minimalabstand haben wir in Abb. 17.1 verdeutlicht. Eine nützliche Eigenschaft von MDS-Kodes ist die folgende:

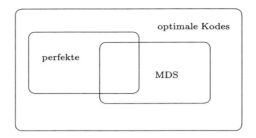

Abbildung 17.1: Optimale, perfekte und MDS-Kodes mit $d = 2e + 1$

Satz 17.7. *Der duale Kode eines* $[n, k, n-k+1]$*-MDS-Kodes ist ein* $[n, n-k, k+1]$*-MDS-Kode.*

Beweis. Sei C ein MDS-Kode der Länge n und Dimension k. Es ist dann $d = n - k + 1$. In der Matrix des dualen Kodes $C^\perp$ sind daher je $n - k$ Zeilen linear unabhängig. Die Kodewörter von $C^\perp$ sind die Wörter

$$\beta = C^\perp \begin{pmatrix} \alpha_1 \\ \alpha_2 \\ \vdots \\ \alpha_{n-k} \end{pmatrix} = C^\perp \alpha,$$

mit $\alpha = (\alpha_1, ..., \alpha_{n-k})^T \in \mathbb{F}_q^{n-k}$. Wir bezeichnen wieder mit $\mathbf{h_i} \in \mathbb{F}_q^{n-k}$ die Zeilen von $C^\perp$. Besitzt das Kodewort $\beta = C^\perp \alpha$ mindestens $n - k$ Nullen, so muss für $(n - k)$ Zeilen $\mathbf{h_{i_j}}$

$$\langle \mathbf{h_{i_j}}, \alpha \rangle = 0,$$

d.h. α ist aus dem Lotraum $\langle \mathbf{h_{i_j}} \rangle^\perp$ für alle $\mathbf{h_{i_j}}$.

Sei H der von den $\mathbf{h_{i_j}}$ aufgespannte Unterraum. Wegen der linearen Unabhängigkeit von je $(n - k)$ Vektoren $\mathbf{h_i}$ muss dann $\dim H = n - k$ und daher $H = \mathbb{F}_q^{n-k}$ sein.

Also ist $H^\perp$ der Nullraum und α der Nullvektor. Das zugehörige Kodewort β ist dann ebenfalls der Nullvektor.

Wir haben somit gezeigt, dass jedes Wort des dualen Kodes weniger als $n - k$ verschwindende Komponenten besitzt und daher mindestens das Gewicht $w(C) \geq k + 1$ besitzt. Wegen der Singleton-Schranke $w(C) = d(C) \leq n - (n - k) + 1 = k + 1$ folgt insgesamt

$$d(C) = k + 1.$$

Damit ist $C^\perp$ ein MDS-Kode. □

Beispiele: Der duale Kode des $[3, 1, 3]$-Wiederholungskodes über $\mathbb{F}_3$ ist ein $[3, 2, 2]$-Kode und damit nicht mehr fehlerkorrigierend.

Der duale Kode zu dem $[q + 1, q - 1, 3]$-MDS-Hamming-Kode über $\mathbb{F}_q$ ist ein $[q + 1, 2, q]$-Kode.

17.8 Erweitern und Punktieren von Kodes

Um den Minimalabstand eines Kodes zu vergrößern, kann man einen vorhandenen Kode in folgender Weise erweitern:

Definition 17.7. *Sei C ein $[n, k, d]$-Kode über $\mathbb{F}_q$. Der erweiterte Kode C_{ext} ist der Kode*

$$C_{ext} = \{(c_1, c_2, \ldots, c_n, -c_1 - c_2 - \cdots - c_n)^T \mid (c_1, \ldots, c_n)^T \in C\}.$$

Die letzte Koordinate hat den Charakter einer Prüfziffer. Für die Prüfmatrix $C_{ext}^\perp$ ergibt dies die folgende Erweiterung zu einer $(n + 1) \times (n - k + 1)$-Matrix

$$C_{ext}^\perp = \left(\begin{array}{c|c} & \begin{matrix} 1 \\ \vdots \\ 1 \end{matrix} \\ \hline 0 \quad \cdots \quad 0 & 1 \end{array} \right).$$

Der Minimalabstand des erweiterten Kodes muss nicht notwendig größer sein. Für ein Wort mit geradem Gewicht ist die Prüfziffer nämlich 0. Für einen binären Kode mit ungeradem Minimalgewicht allerdings gilt für jedes Wort $\mathbf{w}$ mit $w(\mathbf{w}) = w(C)$ im erweiterten Kode

$$w\left((w_1, \ldots, w_n, \sum_{i=1}^{n} w_i) \right) = w(\mathbf{w}) + 1$$

und C_{ext} besitzt in diesem Fall das minimale Gewicht $w(C_{ext}) = w(C) + 1$. Wir haben gezeigt:

Satz 17.8. *Falls C ein binärer Kode ist und $d(C)$ ist ungerade, so besitzt der Kode C_{ext} den Mindestabstand $d(C_{ext}) = d(C) + 1$.*

Natürlich ist auch der umgekehrte Prozess denkbar: Entfernen wir in jedem Kodewort eine (feste) Koordinate, so sprechen wir von einer **Punktierung** des Kodes. Handelt es sich hierbei um eine Koordinate, in der alle Kodewörter den gleichen Wert besitzen, so wird der Minimalabstand dadurch natürlich nicht verändert. Bei linearen Kodes kann eine solche Koordinate natürlich nur konstant Null sein.

Besitzt eine Teilmenge D eines Kodes C in einer Komponente das gleiche Symbol, so entsteht ein **verkürzter** Kode, wenn wir D in dieser Komponente punktieren. Die punktierte Teilmenge D' ist der verkürzte Kode und ist i.Allg. nicht mehr linear.

Beispiel: Der binäre $[2^k - 1, 2^k - 1 - k, 3]$ -Hamming-Kode ist ein binärer Kode mit ungeradem Minimalgewicht. Daher ist der erweiterte Kode ein $(2^k, 2^{2^k-1-k}, 4)$-Kode. Die Matrix des dualen Kodes lautet:

$$C_{ext}^{\perp} = \begin{pmatrix} 1 & 0 & 1 & 1 \\ 0 & 1 & 1 & 1 \\ 1 & 1 & 0 & 1 \\ 1 & 1 & 1 & 1 \\ 1 & 0 & 0 & 1 \\ 0 & 1 & 0 & 1 \\ 0 & 0 & 1 & 1 \\ 0 & 0 & 0 & 1 \end{pmatrix}.$$

17.9 Dekodieren und Fehlerkorrektur

Jedes Wort $\mathbf{w}$ eines linearen Kodes C erfüllt die Prüfgleichung

$$C^{\perp T} \mathbf{w} = 0.$$

Hat sich an einer Stelle bei der Übertragung ein Fehler eingeschlichen, ist also statt $\mathbf{w}$ das Wort $\mathbf{w} + \lambda \mathbf{e_i}$ mit dem i-ten Einheitsvektor $\mathbf{e_i}$ übertragen worden, so ergibt die Prüfgleichung

$$C^{\perp T} c + \lambda \mathbf{e_i} = C^{\perp T} \lambda \mathbf{e_i} = \lambda C^{\perp T} \mathbf{e_i}.$$

17.9.1 Syndrome

Der Vektor $C^{\perp T} \mathbf{e_i}$ ist die i-te Spalte von $C^{\perp T}$ und heißt das i-te **Basisfehlersyndrom** $\mathbf{h_i}$. Die Basisfehlersyndrome sind also gerade die Zeilen von $C^{\perp}$.

Allgemein nennt man zu einem Wort $\mathbf{w} \in \mathbb{F}_q^n$ den Vektor $\mathbf{s_w} = C^{\perp T} \mathbf{w}$ das **Syndrom** von $\mathbf{w}$. Wir zeigen an einem kleinen Beispiel, wie Syndrome zur Fehlerkorrektur konkret benutzt werden.

Beispiel: Wir wählen, um nötige Rechnungen zu vermeiden, den ternären (d.h. über $\mathbb{F}_3$) $[4, 2, 3]$-Hamming-Kode. Für diesen Kode können wir als Prüfmatrix

$$C^{\perp} = \begin{pmatrix} 1 & 0 \\ 0 & 1 \\ 1 & 1 \\ -1 & 1 \end{pmatrix}$$

wählen. Hieraus folgen für die Kodewörter $\mathbf{w} = (w_1, w_2, w_3, w_4)^T$ die Gleichungen

$$\begin{array}{rcl} w_1 +w_3 -w_4 &=& 0 \\ w_2 +w_3 +w_4 &=& 0 \end{array}$$

Wir erhalten $C = \{(0,0,0,0)^T, (-1,-1,1,0)^T, (1,1,-1,0)^T, (1,-1,0,1)^T,$ $(-1,1,0,-1)^T, (1,0,1,-1)^T, (-1,0,-1,1)^T, (0,1,1,1)^T, (0,-1,-1,-1)^T\}$. Die Basisfehlersyndrome sind die Zeilen von $C^{\perp}$, also

$$\mathbf{h_1} = \begin{pmatrix} 1 \\ 0 \end{pmatrix}, \quad \mathbf{h_2} = \begin{pmatrix} 0 \\ 1 \end{pmatrix},$$

$$\mathbf{h_3} = \begin{pmatrix} 1 \\ 1 \end{pmatrix}, \quad \mathbf{h_4} = \begin{pmatrix} -1 \\ 1 \end{pmatrix}.$$

Angenommen, wir empfangen das Wort $\mathbf{w} = (-1, -1, -1, 0)$. Für das Syndrom gilt $\mathbf{s_w} = C^{\perp T}\mathbf{w} = (1, 1) = \mathbf{h_3}$. Der Fehler, der bei der Übermittlung aufgetreten ist, (angenommen es gab nur einen) war demnach $(0, 0, 1, 0)^T$, wir ziehen diesen von w ab und erhalten das korrigierte Wort $(-1, -1, 1, 0)^T$.

17.9.2 Die Syndromabbildung

Algebraisch gesprochen ist C der Kern der Syndromabbildung

$$\mathbf{w} \to C^{\perp T}\mathbf{w}.$$

Hierdurch erhalten wir einen Isomorphismus

$$\mathbb{F}_q^n / C \cong \text{Bild}(C^{\perp T}).$$

Zur Fehlerkorrektur wählen wir dann zu jedem $\mathbf{s_w} \in \text{Bild}(C^{\perp T})$ dasjenige Urbild $\mathbf{v}$ aus der Klasse $\mathbf{w} + C$ mit dem geringsten Gewicht und ersetzen das übertragene Wort $\mathbf{w}$ durch $\mathbf{w} - \mathbf{v}$.

17.10 Die Mac-Williams-Gleichung

Eines der wichtigsten Merkmale eines Kodes sind sein Minimalabstand und, was bei linearen Kodes dasselbe ist, sein Minimalgewicht. Die Gewichtsverteilung in einem

Kode lässt sich durch das **Gewichtsverteilungspolynom** beschreiben. Für einen festgewählten Kode C bezeichne $a(k)$ die Anzahl seiner Wörter vom Gewicht k. Sei ferner $w = w(C)$ das Gewicht des Kodes. w ist natürlich immer durch die Länge n des Kodes nach oben beschränkt. Das Gewichtsverteilungspolynom zum Kode C ist dann das Polynom

$$G_C(x) = \sum_{k=0}^{w} a(k)x^k.$$

Ein Gewichtsverteilungspolynom eines linearen Kodes erfüllt stets die Bedingung $a(0) = 1$, da der Nullvektor immer zu einem linearen Kode gehört.

Falls C binär ist und der Vektor $\mathbf{1} = (1, 1, ..., 1)^T \in C$, so folgt zudem, dass mit $\mathbf{c}$ auch $\mathbf{c} + \mathbf{1} \in C$ und wegen $w(\mathbf{c} + \mathbf{1}) = n - w(\mathbf{c})$ ist dann $a(k) = a(n - k)$. Dies ist immer der Fall, wenn $C^\perp$ nur Wörter mit geradem Gewicht enthält. (Übung!)

Insbesondere gilt dies für jeden binären Hamming-Kode: Die Zeilen von $C^\perp$ bestehen in diesem Fall gerade aus den $2^k - 1$ Binäräquivalenten der Zahlen zwischen 1 und $2^k - 1$. Die Anzahl der Einsen in der ersten Spalte von $C^\perp$ entspricht dann der Anzahl der k-stelligen Binärzahlen $2^k - 1$ mit führender Ziffer 1. Die Anzahl der Einsen in der zweiten Spalte von $C^\perp$ entspricht dann der Anzahl der k-stelligen Binärzahlen $2^k - 1$ mit zweiter Ziffer 1, usw. und dies sind jeweils genau $2^k - 2$.

Also besitzt $C^\perp$ eine Basis aus Wörtern von geradem Gewicht. Man überlege sich, dass bei einem binären Kode alle Wörter gerades Gewicht haben müssen, wenn dies für eine Basis gilt.

Durch diese Bedingungen ist das Gewichtsverteilungspolynom des $[7, 4, 3]$-Hamming-Kodes bereits eindeutig bestimmt. Man beachte nämlich, dass wegen $d(C) = w(C) = 3$, die Koeffizienten $a(1)$ und $a(2)$ verschwinden müssen. Damit folgt:

$$a(0) = a(7) = 1, \ a(1) = a(2) = a(6) = a(5) = 0, \ a(3) = a(4).$$

Da es insgesamt 16 Kodeworte gibt, so muss $a(3) = a(4) = 7$ sein und

$$G_C(x) = x^7 + 7x^4 + 7x^3 + 1.$$

Das obige Beispiel deutet bereits an, wie sich die Gewichte der Wörter eines Kodes und seines dualen Kodes beeinflussen. Den genauen Zusammenhang gibt der folgende Satz wieder.

Satz 17.9 (Mac Williams(1963)). *Sei C ein $[n, q^k, d]$-Kode. Dann gilt*

$$q^k G_{C^\perp} = (1 + (q - 1)x)^n G_C \left(\frac{1 - x}{1 + (q - 1)x} \right).$$

Beweis: Wir benutzen im Beweis die q-ten Einheitswurzeln

$$e_q(h) = e^{2\pi i h/q}$$

und die Tatsache, dass für jede additive Untergruppe C von $\mathbb{F}_q^n$

$$\sum_{\mathbf{c} \in C} e_q(\langle \mathbf{c}, \mathbf{v} \rangle) = \begin{cases} |C| & \mathbf{v} \in C^\perp \\ 0 & \text{sonst} \end{cases} \qquad (17.3)$$

mit dem Skalarprodukt

$$\langle \mathbf{c}, \mathbf{v} \rangle = \sum_{i=1}^{n} c_i v_i.$$

Für $\mathbf{v} \in C^\perp$ ist $e_q(\langle \mathbf{c}, \mathbf{v} \rangle) = 1$ und die Gültigkeit von (17.3) ist offensichtlich. Für $\mathbf{v} \notin C^\perp$ ergibt sie sich folgendermaßen: Es existiert dann ein $\mathbf{c}_0 \in C$ mit $\langle \mathbf{c}_0, \mathbf{v} \rangle \neq 0$. (Im anderen Fall wäre ja $\mathbf{v} \in C^\perp$.) Hierfür gilt dann

$$(1 - e_q(\mathbf{c}_0)) \sum_{\mathbf{c} \in C} e_q(\langle \mathbf{c}, \mathbf{v} \rangle) = \sum_{\mathbf{c} \in C} e_q(\langle \mathbf{c}, \mathbf{v} \rangle) - \sum_{\mathbf{c} \in C} e_q(\langle \mathbf{c} + \mathbf{c}_0, \mathbf{v} \rangle) = 0,$$

da mit $\mathbf{c}$ auch $\mathbf{c} + \mathbf{c}_0$ die Gruppe C durchläuft und daher

$$\sum_{\mathbf{c} \in C} e_q(\langle \mathbf{c}, \mathbf{v} \rangle) = \sum_{\mathbf{c} \in C} e_q(\langle \mathbf{c} + \mathbf{c}_0, \mathbf{v} \rangle).$$

Mathematisch gesehen sind die Abbildungen $\chi_{\mathbf{c}} : \mathbb{F}_q^n \to \mathbb{C}, \mathbf{v} \to e_q(\langle \mathbf{c}, \mathbf{v} \rangle)$ **Charaktere**, d.h. Gruppenhomomorphismen in die komplexen Zahlen.
Wir bilden hiermit die endliche **Fourierreihe** zur Funktion $p(\mathbf{v}) = x^{w(\mathbf{v})}$

$$\hat{p}(\mathbf{c}) = \sum_{\mathbf{v} \in \mathbb{F}_q^n} e_q(\langle \mathbf{c}, \mathbf{v} \rangle) x^{w(\mathbf{v})}.$$

Summation über alle $\mathbf{c} \in C$ und die Zerlegung eines Vektors $\mathbf{v} \in \mathbb{F}_q^n$ in zwei Komponenten $\mathbf{v} = \mathbf{v}' + \mathbf{v}''$ mit $\mathbf{v}'' \in C^\perp$ und $\mathbf{v}' \in D$, wobei $C^\perp \oplus D = \mathbb{F}_q^n$, ergibt mit Hilfe von (17.3)

$$\begin{aligned} \sum_{\mathbf{c} \in C} \hat{p}(\mathbf{c}) &= \sum_{\mathbf{v} \in \mathbb{F}_q^n} x^{w(\mathbf{v})} \sum_{\mathbf{c} \in C} e_q(\langle \mathbf{c}, \mathbf{v} \rangle) \\ &= \sum_{\mathbf{v}' \in D} x^{w(\mathbf{v}')} \sum_{\mathbf{c} \in C} e_q(\langle \mathbf{c}, \mathbf{v}' \rangle) + \sum_{\mathbf{v}'' \in C^\perp} x^{w(\mathbf{v}'')} \sum_{\mathbf{c} \in C} e_q(\langle \mathbf{c}, \mathbf{v}'' \rangle) \\ &= \sum_{\mathbf{v}'' \in C^\perp} x^{w(\mathbf{v}'')} |C| \qquad (17.4) \\ &= |C| G_{C^\perp}(x). \qquad (17.5) \end{aligned}$$

Man kann $\hat{p}$ auch direkt berechnen:

$$
\begin{aligned}
\sum_{\mathbf{v} \in \mathbb{F}_q^n} e_q(\langle \mathbf{c}, \mathbf{v} \rangle) x^{w(\mathbf{v})} &= \sum_{\mathbf{v} \in \mathbb{F}_q^n} e_q(c_1 v_1 + \ldots + c_n v_n) x^{w(v_1 \mathbf{e_1} + \ldots + v_n \mathbf{e_n})} \\
&= \sum_{v_1 \in \mathbb{F}_q} \ldots \sum_{v_n \in \mathbb{F}_q} e_q(c_1 v_1) x^{w(v_1 \mathbf{e_1})} \cdot \ldots \cdot e_q(c_n v_n) x^{w(v_n \mathbf{e_n})} \\
&= \sum_{v_1 \in \mathbb{F}_q} e_q(c_1 v_1) x^{w(v_1 \mathbf{e_1})} \cdot \ldots \cdot \sum_{v_n \in \mathbb{F}_q} e_q(c_n v_n) x^{w(v_n \mathbf{e_n})}.
\end{aligned}
$$

Für die auftretenden Faktoren gilt, falls $c_i = 0$

$$
\begin{aligned}
\sum_{v_i \in \mathbb{F}_q} e_q(c_i v_i) x^{w(v_i \mathbf{e_i})} &= \sum_{v_i \in \mathbb{F}_q} x^{w(v_i \mathbf{e_i})} \\
&= 1 + (q-1)x,
\end{aligned}
$$

da $w(v_i \mathbf{e_i}) = 1$ für $v_i \neq 0$ und 0 für $v_i = 0$. Wenn $c_i \neq 0$, so gilt:

$$
\begin{aligned}
\sum_{v_i \in \mathbb{F}_q} e_q(c_i v_i) x^{w(v_i \mathbf{e_i})} &= 1 + x \sum_{l=1}^{q-1} e_q(c_i l) \\
&= 1 - x,
\end{aligned}
$$

da $\sum_{l=1}^{q-1} e_q(c_i l) = \sum_{l=0}^{q-1} e_q(c_i l) - 1$ und $\sum_{l=0}^{q-1} e_q(c_i l) = 0$. Letzteres folgt wie die Relation zu Beginn des Beweises oder direkt durch die Formel für die geometrische Summe:

$$
\sum_{l=0}^{q-1} e_q(c_i l) = \sum_{l=0}^{q-1} e_q^l(c_i) = \frac{1 - e_q(c_i)^q}{1 - e_q(c_i)} = 0.
$$

Insgesamt haben wir

$$
\hat{p}(\mathbf{c}) = (1 + (q-1)x)^{n - w(\mathbf{c})} (1 + x)^{w(\mathbf{c})}
$$

und damit

$$
\sum_{\mathbf{c} \in C} \hat{p}(\mathbf{c}) = (1 + (q-1)x)^n G_C \left(\frac{1 - x}{1 + (q-1)x} \right). \tag{17.6}
$$

Vergleich von (17.5) mit (17.6) ergibt die Behauptung. □

17.11   Anwendungen der Mac-Williams-Gleichung

17.11.1   Ein dualer Hamming-Kode

Wir betrachten wieder das Gewichtsverteilungspolynom des $[7,4,3]$-Hamming-Kodes

$$
G_C(x) = x^7 + 7x^4 + 7x^3 + 1
$$

und wollen hieraus $G_{C^\perp}$ berechnen.

Es ist

$$(1+x)^7 \left(\frac{(1-x)^7}{(1+x)^7} + 7\frac{(1-x)^4}{(1+x)^4} + 7\frac{(1-x)^3}{(1+x)^3} + 1 \right)$$

$$= (1-x)^7 + 7(1-x)^4(1+x)^3 + 7(1-x)^3(1+x)^4 + (1+x)^7$$

$$= 2 + 2 \binom{7}{2} x^2 + 2 \binom{7}{4} x^4 + 2 \binom{7}{6} x^6$$

$$+ 7(1-x^2)^3(1-x) + 7(1-x^2)^3(1+x)$$

$$= 2 + 2 \binom{7}{2} x^2 + 2 \binom{7}{4} x^4 + 2 \binom{7}{6} x^6 + 14(1-x^2)^3$$

$$= 16 + (2 \binom{7}{2} - 42)x^2 + (2 \binom{7}{4} + 42)x^4 + (2 \binom{7}{6} - 14)x^6$$

$$= 16 + 112x^4.$$

Wir erhalten aus der Mac-Williams-Gleichung also

$$G_{C^\perp} = 1 + 7x^4.$$

Wir erkennen, dass $C^\perp$ den Mindestabstand 4 und 7 Kodeworte vom Gewicht 4 besitzt.

17.11.2 Ein selbstdualer Kode

Wir konstruieren zu $q = 2$ einen selbstdualen Kode der Länge $n = 4$. Ein Kode ist selbstdual, wenn $C = C^\perp$. Für die Mac-Williams-Gleichung hat dies zur Folge, dass

$$2^k G_C(x) = (1+x)^4 G_C(\frac{1-x}{1+x}).$$

Hieraus ergeben sich nach einer kurzen Rechnung die folgenden Gleichungen für die Koeffizienten des Gewichtsverteilungspolynoms $G_C(x) = \sum_{i=0}^{4} a(i)x^i$

$$a(0) + a(1) + a(2) + a(3) + a(4) = 2^k a(0)$$

$$4a(0) + 2a(1) - 2a(3) - 4a(4) = 2^k a(1)$$

$$6a(0) - 2a(2) + 6a(4) = 2^k a(2)$$

$$4a(0) - 2a(1) + 2a(3) - 4a(4) = 2^k a(3)$$

$$a(0) - a(1) + a(2) - a(3) + a(4) = 2^k a(4).$$

Dies ist offensichtlich eine Eigenwertgleichung

$$\begin{pmatrix} 1 & 1 & 1 & 1 & 1 \\ 4 & 2 & 0 & -2 & -4 \\ 6 & 0 & -2 & 0 & 6 \\ 4 & -2 & 0 & 2 & -4 \\ 1 & -1 & 1 & -1 & 1 \end{pmatrix} \begin{pmatrix} a(0) \\ a(1) \\ a(2) \\ a(3) \\ a(4) \end{pmatrix} = 2^k \begin{pmatrix} a(0) \\ a(1) \\ a(2) \\ a(3) \\ a(4) \end{pmatrix}.$$

Wir wissen allerdings bereits durch frühere Überlegungen einiges über die Koeffizienten. Zunächst ist klar, dass $a(0) = 1$, denn der Nullvektor ist immer das einzige Element vom Gewicht Null. Außerdem muss im Fall eines selbstdualen Kodes für jeden Vektor $\mathbf{c} \in C$ gelten $\langle \mathbf{c}, \mathbf{c} \rangle = 0$, und für $c \in \mathbb{F}_2^n$ hat das zur Konsequenz, dass $w(\mathbf{c})$ gerade sein muss. Damit ist also $a(1) = a(3) = 0$ und wegen der für selbstduale Kodes gültigen Gleichung $a(k) = a(n-k)$ (Übung!) gilt $a(4) = a(0) = 1$. Es sind also nur noch $a(2)$ und k zu bestimmen. Hierfür ergeben sich dann aus dem Obigen die Gleichungen

$$
\begin{aligned}
a(2) &= 2^k - 2 \\
(2^k + 2)a(2) &= 12,
\end{aligned}
$$

woraus $2^{2k} - 4 = 12$ und damit $k = 2$ und $a(2) = 2$ folgt. Wir haben eine Lösung der Mac-Williams-Gleichung gefunden, und als notwendiges Kriterium muss ein selbstdualer binärer Kode der Länge 4 das Gewichtsverteilungspolynom

$$
G_C(x) = 1 + 2x^2 + x^4
$$

besitzen. Der Kode

$$
C = \{\mathbf{0}, \begin{pmatrix} 1 \\ 1 \\ 1 \\ 1 \end{pmatrix}, \begin{pmatrix} 1 \\ 1 \\ 0 \\ 0 \end{pmatrix}, \begin{pmatrix} 0 \\ 0 \\ 1 \\ 1 \end{pmatrix}\}
$$

hat die gewünschte Eigenschaft.

17.12   Tensorprodukt, Produktkode

Wir betrachten hier nur binäre Kodes, auch wenn vieles von dem Folgenden für beliebige Körper $\mathbb{F}_q$ gilt. Seien also C und D zwei lineare Kodes $C \subset \mathbb{F}_2^n, D \subset \mathbb{F}_2^m$ mit $\dim C = k$, $\dim D = l$. Für zwei Vektoren $\mathbf{c} = (c_1, .., c_n) \in C, \mathbf{d} = (d_1, ..., d_m) \in D$ ist der **Tensor** $\mathbf{c} \otimes \mathbf{d}$ definiert als die $n \times m$-Matrix

$$
\begin{pmatrix}
c_1 d_1 & c_1 d_2 & \dots & c_1 d_m \\
c_2 d_1 & c_2 d_2 & \dots & c_2 d_m \\
\vdots & & & \vdots \\
c_n d_1 & c_n d_2 & \dots & c_n d_m
\end{pmatrix}.
$$

Die Kodes C bzw. D besitzen $2^k - 1$ bzw. $2^l - 1$ von $\mathbf{0}$ verschiedene Kodeworte.

Wir bezeichnen die Nullmatrix ebenfalls mit $\mathbf{0}$. Es gilt das folgende

Lemma 17.3.

$$
\mathbf{c} \otimes \mathbf{d} = \mathbf{0} \iff \mathbf{c} = \mathbf{0} \vee \mathbf{d} = \mathbf{0}.
$$

Beweis. Aus der Definition folgt direkt $\mathbf{0} \otimes \mathbf{v} = \mathbf{v} \otimes \mathbf{0} = \mathbf{0}$. Sei nun

$$\mathbf{c} \neq \mathbf{0} \wedge \mathbf{d} \neq \mathbf{0}.$$

Dann gibt es ein i mit $c_i = 1$ und ein j mit $d_j = 1$ und also $c_i d_j = 1$, und damit ist $\mathbf{c} \otimes \mathbf{d} \neq \mathbf{0}$. $\square$

Die Menge $T(C, D)$ aller Tensoren $\mathbf{c} \otimes \mathbf{d}$ enthält $(2^k - 1)(2^l - 1) + 1 = 2^{k+l} - 2^k - 2^l$ Worte und ist daher ein $(nm, 2^{k+l} - 2^k - 2^l, d(T(C, D)))$ Blockkode. Wir nennen ihn den aus C und D gebildeten **Prä-Tensorkode**. Dieser Kode ist i. Allg. kein linearer Unterraum, da $\mathbf{c_1} \otimes \mathbf{d_1} + \mathbf{c_2} \otimes \mathbf{d_2}$ nicht mehr notwendig von der Gestalt $\mathbf{c_3} \otimes \mathbf{d_3}$ mit $\mathbf{c_3} \in C$ und $\mathbf{d_3} \in D$ ist. (Daher auch die Bezeichnung *Prä-*.) Für die Koeffizienten des Gewichtsverteilungspolynoms von $T(C, D)$ ergibt sich:

$$a_{T(C,D)}(k) = \sum_{d|k} a_C(d) a_D(k/d),$$

was man unschwer daraus ableitet, dass offensichtlich

$$w(\mathbf{c} \otimes \mathbf{d}) = w(\mathbf{c}) w(\mathbf{D}).$$

Für zwei Folgen $a(n), b(n)$ ganzer Zahlen nennt man die Folge

$$a \star b(n) = \sum_{d|k} a(d) b(k/d)$$

das **Faltungsprodukt** der beiden Folgen $a(n)$ und $b(n)$. Die Anzahlfunktion des Prä-Tensorkodes ergibt sich also als Faltungsprodukt der Anzahlfunktionen von C und D.

Da es sich nicht um einen linearen Kode handelt, können wir vom Gewicht nicht notwendig auf den Abstand schließen.

Einen linearen Kode erhalten wir, indem wir die lineare Hülle $L(T(C, D))$ in $\mathbb{F}_2^{nm}$ betrachten. Diese lineare Hülle heißt das **Tensorprodukt** oder der **Produktkode** $C \otimes D$ von C und D.

Man kann sich leicht überlegen (Übungsaufgabe), dass, wenn $\mathbf{c_1}, ..., \mathbf{c_n}$ und $\mathbf{d_1}, ... \mathbf{d_m}$ Basen von C und D sind,

$$\{\mathbf{c_i} \otimes \mathbf{d_j} \mid 1 \leq i \leq n, 1 \leq j \leq m\}$$

eine Basis von $C \otimes D$ ist.

Das Tensorprodukt zweier Kodes C und D heißt **Tensorkode**. Nach dem eben Gesagten handelt es sich dabei um einen linearen $[nm, kl, d(C \otimes D)]$-Kode.

Nach Konstruktion hat jede Matrix des Tensorkodes die Eigenschaft, dass jede Zeile ein Kodewort aus D und jede Spalte ein Kodewort aus C ist. Dies folgt aus der

Tatsache, dass dies für die oben angegebenen Basisvektoren per Definition stimmt und das bei der Summation von Matrizen die entsprechenden Zeilen und Spalten addiert werden. Für die Matrix

$$M = \sum_{i,j} \lambda_{ij} \mathbf{c_i} \otimes \mathbf{d_j}, \quad \lambda_{ij} \in \mathbb{F}_2$$

sind die Zeilen und Spalten der einzelnen Summen Kodeworte aus C bzw. D, die resultierenden Zeilen und Spalten von M sind daher auch wieder Elemente aus C bzw. D, wie behauptet.

Wir zeigen:

Lemma 17.4.
$$d(C \otimes D) = d(C)d(D)$$

Beweis. Da in jeder Zeile einer Matrix M aus $C \otimes D$ ein Kodewort aus D steht, muss es in jeder Zeile, die keine Nullzeile ist, auch mindestens $d(D)$ Einsen geben. Falls M nicht die Nullmatrix ist, so muss es mindestens $d(C)$ Zeilen geben, die keine Nullzeilen sind. Im anderen Falle gäbe es nämlich eine Spalte, die nicht Nullspalte ist, aber weniger als $d(C)$ Einsen enthält. Das ist aber ein Widerspruch dazu, dass die Spalte ein Kodewort aus C ist. $\qquad\square$

Wie wir bereits eben bemerkt haben, gilt für eine Matrix des Tensorkodes, dass jede Zeile ein Kodewort aus D und jede Spalte ein Kodewort aus C ist. Wir zeigen, dass dies den Tensorkode auch charakterisiert, d.h. dass jede Matrix mit dieser Eigenschaft zum Tensorkode gehören muss.

Satz 17.10. *Sei M eine Matrix, so dass jede Zeile ein Kodewort aus D und jede Spalte ein Kodewort aus C ist, so gehört M zum Tensorkode von C und D. Der Tensorkode besteht also aus genau denjenigen Matrizen, deren Zeilen Kodewörter von D und deren Spalten Kodewörter von C sind.*

Beweis. Sei M eine Matrix, für die jede Spalte eine Kodewort aus C und jede Zeile ein Kodewort aus D darstellt

$$M = \begin{pmatrix} a_{11} & \cdots & a_{1m} \\ a_{21} & \cdots & a_{2m} \\ \vdots & & \vdots \\ a_{n1} & \cdots & a_{nm} \end{pmatrix}.$$

Wir werden diese Matrix durch sukzessive Addition (Subtraktion) geeigneter Tensoren $\mathbf{c} \otimes \mathbf{d}$ zur Nullmatrix machen. Da Spalten und Zeilen eines solchen Tensors wieder Kodeworte sind, und wir es hier mit linearen Kodes zu tun haben, haben auch die durch Addition von Tensoren $\mathbf{c} \otimes \mathbf{d}$ aus M hervorgehenden Matrizen die Eigenschaft, dass ihre Spalten und Zeilen wieder Kodeworte sind. (Die Addition zweier Matrizen kann man als Addition ihrer Spalten oder ihrer Zeilen realisieren.)

Es sei i_0 die erste Zeile von M, die keine Nullzeile ist und $a_{i_0 j_0}$ das erste Element in dieser Zeile, dass $\neq 0$ also $= 1$ ist.

Wir bezeichnen mit $\mathbf{s_{j_0}}$ bzw. $\mathbf{z_{i_0}}$ die zugehörige Spalte bzw. Zeile von M. Die ersten $i_0 - 1$ Zeilen der Matrix $\mathbf{s_{j_0}} \otimes \mathbf{z_{i_0}}$ sind Nullzeilen und die i_0-te Zeile stimmt mit der von M überein. Damit sind die ersten i_0 Zeilen von $M' = M - \mathbf{s_{j_0}} \otimes \mathbf{z_{i_0}}$ Nullzeilen.

i_1 sei jetzt die erste Zeile von M', die keine Nullzeile ist und $a'_{i_1 j_1}$ das erste Element in dieser Zeile, dass $= 1$ ist. $\mathbf{s'_{j_1}}$ und $\mathbf{z'_{i_1}}$ seien zugehörige Spalte und Zeile von M'. Damit sind nun die ersten i_1 Zeilen von $M'' = M' - \mathbf{s'_{j_1}} \otimes \mathbf{z'_{i_1}}$ Nullzeilen.

Wir fahren auf diese Weise fort, bis nach spätestens m Schritten die Nullmatrix erzeugt ist, und damit gilt

$$M = \sum_i \mathbf{c_i} \otimes \mathbf{d_i}$$

mit $c_i \in C$, $d_i \in D$. $\qquad\qquad\qquad\qquad\qquad\qquad\qquad\qquad\qquad\qquad\quad\square$

Die beiden Kodes können $e_C = (d(C) - 1)/2$ bzw. $e_D = (d(D) - 1)/2$ Fehler korrigieren und erkennen, wenn in einem Wort $d(C) - 1$ bzw. $d(D) - 1$ Fehler aufgetreten sind. O.B.d.A. sei $d(C) \geq d(D)$. Wir korrigieren dann zunächst die Zeilen. Sollten in einer Zeile mehr als e_D Fehler sein, so können wir diese nicht korrigieren, markieren die Zeile aber als fehlerhaft.

Wir betrachten nun die Spalten: Die Fehler, die hier auftreten, stammen von markierten Zeilen. Sind dies höchstens e_C in einer Spalte, so können diese nun korrigiert werden.

Auf diese Weise lassen sich oft mehr Fehler korrigieren, als aufgrund des Mindestabstandes $d(C \otimes C) = d(C)d(B)$ zu erwarten wäre. Im folgenden Beispiel sei M eine Matrix aus dem Tensorkode $C \otimes D$ von zwei Kodes der Länge 4 und Mindestabstand 3. 'F' steht für Fehler, 'w' für korrekt übertragen.

$$M = \begin{pmatrix} F & F & F & F \\ F & w & w & w \\ w & w & w & w \\ w & w & F & w \end{pmatrix}.$$

Obwohl der Mindestabstand 9 ist, können in diesem Fall alle 6 Fehler korrigiert werden.

Falls z.B. e_C Zeilen komplett fehlerhaft sind, wir sprechen hierbei von einem **burst**, ein Fehler, wie er bei CD-Spielern öfter vorkommt, können die insgesamt $m e_C$ Fehler korrigiert werden.

Dies sind dann mehr als die zu erwartenden $(d(C)d(D) - 1)/2$.

Tabelle 17.1: Boolesche Funktionen

x_1	x_2	x_3	$x_1 x_2$	$x_1 x_3$	$x_2 x_3$	$x_1 x_2 x_3$
0	0	0	0	0	0	0
0	0	1	0	0	0	0
0	1	0	0	0	0	0
0	1	1	0	0	1	0
1	0	0	0	0	0	0
1	0	1	0	1	0	0
1	1	0	1	0	0	0
1	1	1	1	1	1	1

17.13 Reed-Muller-Kodes

Eine wichtige Klasse linearer Kodes ergibt sich im Zusammenhang mit booleschen Funktionen. Eine **boolesche Funktion** B in m Variablen ist eine Abbildung $B : \mathbb{F}_2^m \to \mathbb{F}_2$.

Eine boolesche Funktion lässt sich als Vektor im $\mathbb{F}_2^{2^m}$ auffassen, wobei die Einträge des Vektors gerade die Funktionswerte der Funktion an den 2^m Stellen des Definitionsbereiches sind. Die Elemente des Definitionsbereiches seien hierbei lexikographisch geordnet. Die entspricht gerade der Ordnung der natürlichen Zahlen in ihrer Binärdarstellung. Für $m = 3$ entspricht beispielsweise die boolesche Funktion, die zur Konjunktion $x_1 x_2 x_3$ gehört, dem Vektor $(0, 0, 0, 0, 0, 0, 0, 1)^T$.

Definition 17.8. *Der binäre* **Reed-Muller-Kode** $\mathcal{R}(r, m)$ *der Länge* 2^m *und der Ordnung* r *ist der lineare Unterraum des Vektorraums der booleschen Funktionen in den Veränderlichen* $x_1, ..., x_m$, *der von den Produkten(Konjunktionen) mit höchstens* r *Faktoren erzeugt wird. Das Produkt mit* 0 *Faktoren ist hierbei wie üblich als die konstante Funktion* 1 *definiert.*

Man sieht sofort, dass die Vektoren $x_{i_1} x_{i_2} ... x_{i_s}$ mit $0 \leq s \leq r$ linear unabhängig sind. Die Dimension von $\mathcal{R}(r, m)$ ist damit

$$\dim \mathcal{R}(r, m) = \binom{m}{0} + \binom{m}{1} + ... + \binom{m}{r}.$$

Satz 17.11. *Es gilt:*

i) $\mathcal{R}(r + 1, m + 1) = \{(u, u + v)^T \mid u \in \mathcal{R}(r + 1, m), v \in \mathcal{R}(r, m)\}.$

ii) $\mathcal{R}(r, m)$ *hat das Gewicht* 2^{m-r}.

Beweis. i): Wir nehmen zu den m Variablen $x_1, ..., x_m$ die Variable x_{m+1} hinzu.

Eine logische Funktion $u(x_1, ..., x_m)$ wird erweitert zu einer Funktion $\hat{u}$ in $m + 1$ Variablen $x_1, ..., x_m, x_{m+1}$ vermöge

$$\hat{u}(x_1, ..., x_m, 0) = \hat{u}(x_1, ..., x_m, 1) = u(x_1, ..., x_m).$$

Der zugehörige Vektor $\hat{u}$ im $\mathbb{F}_2^{2^{m+1}}$ entsteht durch Verdopplung des ursprünglichen $\hat{u} = (u, u)^T$. Dabei entsprechen die ersten 2^m Koordinaten den Werten für $x_{m+1} = 0$ und die zweiten 2^m den Werten für $x_{m+1} = 1$. Sei $u \in \mathcal{R}(r+1, m)$, $v \in \mathcal{R}(r, m)$. $u(x_1, ..., x_m)$ ist dann Linearkombination aus Produkten der Länge höchstens $r+1$ und $v(x_1, ..., x_m)$ aus Produkten mit höchstens r Faktoren.

Daher ist zunächst klar, dass $(u, u+v)^T \in \mathcal{R}(r+1, m+1)$. Sei nun umgekehrt $u(x_1, ..., x_{m+1}) \in \mathcal{R}(r+1, m+1)$. Wir zerlegen

$$u(x_1, ..., x_{m+1}) = u_1(x_1, ..., x_m) + u_2(x_1, ..., x_{m+1})$$

derart, dass u_1 aus Summanden mit höchstens $r+1$ Faktoren besteht, unter denen x_{m+1} nicht vorkommt, während u_2 nur solche Summanden mit höchstens $r+1$ Faktoren enthält, in denen x_{m+1} als Faktor vorkommt. Für den zugehörigen Vektor gilt dann

$$u = u_1 + u_2 = (u_{11}, u_{12}) + (u_{21}, u_{22})$$

wobei die ersten 2^m Koordinaten den Werten für $x_{m+1} = 0$ und die zweiten 2^m den Werten für $x_{m+1} = 1$ entsprechen. Da x_{m+1} in u_1 nicht vorkommt, so ist $u_{11} = u_{12}$. Entsprechend ist $u_{21} = 0$. Daher folgt

$$u = (u_{11}, u_{11}) + (\mathbf{0}, u_{22}) = (u_{11}, u_{11} + u_{22}).$$

Nach dem oben Gesagten folgt, dass $u_{11} \in \mathcal{R}(r+1, m)$ und $u_{11} \in \mathcal{R}(r, m)$. Wir haben den ersten Teil des Satzes damit bewiesen.

ii): Dies ist eine einfache Folgerung aus dem ersten Teil. Nehmen wir nämlich an, wir haben die Behauptung bereits für ein m und alle $0 \leq r \leq m$ gezeigt, so gilt für $u \in \mathcal{R}(r+1, m+1)$ mit der Zerlegung $u = (u_1, u_1 + u_2)$: $w(u) = w((u_1, u_2)) = w(u_1) + w(u_2) \geq 2 \cdot 2^{m-(r+1)} = 2^{m-r}$. Diese Induktion von m auf $m+1$ lässt sich für alle $r \leq m-1$ durchführen. Wir erhalten also das Gewicht für alle $\mathcal{R}(1, m+1), ..., \mathcal{R}(m, m+1)$. Das Gewicht für $\mathcal{R}(m+1, m+1)$ und $\mathcal{R}(0, m+1)$ lässt sich aber zu Fuß bestimmen. Als Induktionsanfang überprüfen wir für $m = 2$ unsere Behauptung anhand einer Tabelle, und damit ist der zweite Teil induktiv bewiesen.   □

17.14   Aufgaben

17.14.1 Zeigen Sie, dass es für $q = 3$ keinen perfekten Kode der Länge 3 geben kann.

17.14.2 Zeigen Sie: Der duale Kode eines Hamming-Kodes ist nicht wieder notwendig ein Hamming-Kode.

17.14.3 Zeigen Sie: Der ternäre $(3, 3^2, 3)$ Hamming-Kode ist zu sich selbst dual.

17.14.4 Zeigen Sie: Sind C und D isometrische Kodes, so sind sie als Vektorräume isomorph.

17.14.5 Zeigen Sie: Wenn der duale Kode eines binären Kodes nur Worte mit ungeradem Gewicht enthält, so gilt für das Gewichtsverteilungspolynom $a(k) = a(n - k)$.

17.14.6 Seien $C \subset \mathbb{F}_2^n, D \subset \mathbb{F}_2^m$ mit dim $C = k$, dim$D = l$ und $\mathbf{c}_1, ..., \mathbf{c}_n$ und $\mathbf{d}_1, ...\mathbf{d}_m$ Basen von C und D. Zeigen Sie, dass dann $\{\mathbf{c}_i \otimes \mathbf{d}_j | 1 \leq i \leq k, 1 \leq j \leq l\}$ eine Basis von $C \otimes D$ ist.

18

Zyklische Kodes

Eine besonders interessante Klasse linearer Kodes sind Kodes mit der Eigenschaft, dass mit jedem Kodewort $(w_1, w_2, .., w_n)^T$ auch das zyklisch verschobene Wort $(w_n, w_1, w_2, ..., w_{n-1})^T$ wieder ein Kodewort ist. Diese linearen Kodes heißen **zyklische** Kodes.

18.1 Zyklische Kodes und Ideale

Sei zunächst wieder $\mathbb{F}_q$ ein Körper und $C \subset \mathbb{F}_q^n$ ein linearer Kode. Jedem Kodewort ordnen wir in eineindeutiger Weise ein Polynom über $\mathbb{F}_q$ zu:

$$(w_0, ..., w_{n-1})^T \to \mathbf{w}(x) := w_0 + w_1 x + ... + w_{n-1} x^{n-1}.$$

Diese Abbildung ist ohne Zweifel ein Vektorraumisomorphismus. Dies bleibt ein Vektorraumisomorphismus, wenn wir von $\mathbb{F}_q[x]$ zum Ring $\mathbb{F}_q[x]/(x^n - 1)$ übergehen, dessen additive Gruppe wieder ein Vektorraum über $\mathbb{F}_q$ der Dimension n ist.

Was bedeutet die Multiplikation in $\mathbb{F}_q[x]/(x^n - 1)$ unter diesem Isomorphismus für die Kodewörter? Wir beobachten, dass

$$x\mathbf{w}(x) = w_{n-1}x^n + w_0 x + ... + w_{n-2}x^{n-1} \equiv w_{n-1} + w_0 x + ... + w_{n-2}x^{n-1} \pmod{x^n - 1}$$

dem zyklisch verschobenen Kodewort $(w_{n-1}, w_0, ..., w_{n-1})^T$ entspricht.

Unser Kode C entspricht unter der obigen Abbildung damit einer Untergruppe bzw. einem Untervektorraum

$$\mathcal{C} \subset \mathbb{F}_q[x]/(x^n - 1),$$

und genau dann, wenn C zyklisch ist, hat $\mathcal{C}$ die Eigenschaft, dass mit $\mathbf{w}(x)$ auch $x\mathbf{w}(x)$ in $\mathcal{C}$ enthalten ist. Das wiederum ist gleichbedeutend damit, dass mit $\mathbf{w}(x)$ auch $p(x)\mathbf{w}(x)$ für $p(x) \in \mathbb{F}_q[x]/(x^n - 1)$ in $\mathcal{C}$ enthalten ist. Wir haben damit bewiesen:

Satz 18.1. *Ein linearer Kode C ist zyklisch genau dann, wenn die unter der obigen Identifikation gegebene Teilmenge C ein Ideal in $\mathbb{F}_q[x]/(x^n - 1)$ ist.*

Beispiel: $q = 3$, $n = 5$.

$$\mathbb{F}_3/(x^5 - 1) = \{a_4 x^4 + a_3 x^3 + \ldots + a_0 \mid a_i \in \mathbb{F}_3\},$$

$$C = \{0, x^4 + x^3 + x^2 + x + 1, 2x^4 + 2x^3 + 2x^2 + 2x + 2\}.$$

C ist der Wiederholungskode der Länge 5.

Es seien $p(x)$ und $q(x)$ zwei Polynome und $r(x)$ ein größter gemeinsamer Teiler dieser beiden. Wir haben gesehen, vergl. Lemma 4.3, dass dann mit Hilfe des euklidischen Algorithmus eine Gleichung der Gestalt $r(x) = \lambda(x)p(x) + \mu(x)q(x)$ gefunden werden kann. Falls also C ein Ideal in $\mathbb{F}_q[x]/(x^n - 1)$ ist, so muss mit $p(x) + (x^n - 1)$ und $q(x) + (x^n - 1)$ auch $r(x) + (x^n - 1)$ hierin enthalten sein. Mit $r(x) + (x^n - 1)$ sind dann wegen der Idealeigenschaft auch alle Vielfachen $\lambda(x)r(x) + (x^n - 1)$ hierin enthalten. Enthält das Ideal C also zwei relativ prime Polynome, so enthält es alle Elemente von $\mathbb{F}_q[x]/(x^n - 1)$. Dies gilt auch, wenn bereits $p(x)$ und $x^n - 1$ relativ prim sind. Da dann nämlich mit der gleichen Argumentation wie eben ein Polynom $s(x)$ existiert mit

$$s(x)p(x) \equiv 1 \,(\mathrm{mod}\, x^n - 1).$$

Also folgt auch in diesem Fall, dass $C = \mathbb{F}_q[x]/(x^n - 1)$. Damit wir ein echtes Unterideal enthalten, sollten alle Elemente einen gemeinsamen nichttrivialen Teiler besitzen, der auch Teiler von $x^n - 1$ ist.

18.2 Generatormatrix eines zyklischen Kodes

Mit den Überlegungen des letzten Abschnitts erhalten wir den folgenden Zusammenhang zwischen zyklischen Kodes und den Teilern von $x^n - 1$.

Satz 18.2. *Die Ideale in $\mathbb{F}_q[x]/(x^n - 1)$ sind von der Form $(g(x))$, wo $g(x)$ ein Teiler von $x^n - 1$ im Ring $\mathbb{F}_q[x]$ ist. Auf diese Weise entsprechen die zyklischen Kodes in $\mathbb{F}_q^n$ in eineindeutiger Weise den Teilern von $x^n - 1$. Wenn $g(x)$ den Grad k besitzt, so hat der Kode die Dimension $n - k$.*

Beweis. Zu beweisen ist noch die letzte Aussage. Dies ergibt sich aber sofort aus der Tatsache, dass $g(x), xg(x), \ldots, x^{n-k-1}g(x)$ eine Basis von $C = (g(x))$ bilden. Erstens sind sie nämlich offensichtlich linear unabhängig, und für $i \geq n - k$ lässt sich x^i nach Reduktion modulo $x^n - 1$ darstellen als $p(x)g(x)$ mit $\mathrm{grad}(p(x)) < n - k$. (Da $g(x)$ ein Teiler von $x^n - 1$ ist, so muss dies auch für $x^i g(x) \,(\mathrm{mod}\, x^n - 1)$ gelten.) $\square$

Das Polynom $g(x) = g_k x^k + \ldots + g_0$ heißt **Generatorpolynom** des Kodes C, wenn es das zugehörige Ideal C erzeugt. Eine Generatormatrix ist dann gegeben durch

$$C = \begin{pmatrix} g_0 & 0 & \cdots & & 0 \\ g_1 & g_0 & \ddots & & \vdots \\ & g_1 & \ddots & & 0 \\ \vdots & & \ddots & & g_0 \\ & & & & g_1 \\ g_k & & & & \\ 0 & g_k & \ddots & & \vdots \\ \vdots & & \ddots & & \\ 0 & \cdots & 0 & & g_k \end{pmatrix}.$$

Zwei Begriffsbildungen haben sich eingebürgert. Ein zyklischer Kode heißt **maximal**, wenn sein Generatorpolynom irreduzibel ist. Dies entspricht der allgemeinen Begriffsbildung in der Idealtheorie, nach der ein Ideal maximal genannt wird, wenn der zugehörige Quotientenring ein Körper ist. Ein zyklischer Kode heißt **minimal**, wenn sein Generatorpolynom von der Form $(x^n - 1)/g(x)$ mit irreduziblem $g(x)$ ist.

Beispiel 1: $q = 3$, $n = 5$. Das Polynom $x^5 - 1$ besitzt über $\mathbb{F}_3$ die Zerlegung

$$x^5 - 1 = (x - 1)(x^4 + x^3 + x^2 + x + 1)$$

Das Polynom $r(x) = (x^4 + x^3 + x^2 + x + 1)$ erzeugt das Ideal $\mathcal{C}$ aus dem letzten Beispiel. Das Polynom $s(x) = x - 1$ erzeugt das Ideal

$$\mathcal{D} = \{(x - 1)(a_3 x^3 + a_2 x^2 + a_1 x + a_0) \quad | \quad a_i \in \mathbb{F}_3\}.$$

Eine Generatormatrix ist

$$C = \begin{pmatrix} -1 & 0 & 0 & 0 \\ 1 & -1 & 0 & 0 \\ 0 & 1 & -1 & 0 \\ 0 & 0 & 1 & -1 \\ 0 & 0 & 0 & 1 \end{pmatrix}.$$

Wegen

$$(x - 1)(a_3 x^3 + a_2 x^2 + a_1 x + a_0) = a_3 x^4 + (a_2 - a_3)x^3 + (a_1 - a_2)x^2 + (a_0 - a_1)x - a_0$$

sehen wir, dass für die zugehörigen Kodeworte $(d_5, d_4, ..., d_1)$ gelten muss

$$d_0 + d_1 + d_2 + d_3 + d_4 + d_5 \equiv 0 \,(\text{mod}\, 3).$$

Wir haben in diesem Fall den linearen Kode mit Prüfmatrix

$$C^{\perp T} = (\begin{array}{ccccc} 1 & 1 & 1 & 1 & 1 \end{array}).$$

Der duale Kode $C^\perp$ ist also der Wiederholungskode W_5 und da dieser ein MDS-Kode ist, so muss auch C ein MDS-Kode sein.

Beispiel 2: $q = 11$, $n = 5$. Über $\mathbb{F}_{11}$ haben wir die Zerlegung

$$x^5 - 1 = (x + 10)(x + 2)(x + 6)(x + 7)(x + 8).$$

Man beachte, dass in $\mathbb{F}_{11}$ gilt $-1 = 10$.

Es gibt daher $2^5 = 32$ mögliche Ideale. Hierbei zählen wir allerdings das Nullideal und den gesamten Ring mit. Wir wählen für unser Beispiel

$$g(x) = (x + 2)(x + 6)(x + 7)$$

als erzeugendes Polynom von $\mathcal{C}$. $g(x), xg(x)$ bilden eine Basis von $\mathcal{C}$. Wir suchen eine Prüfmatrix, d.h. eine Matrix für den dualen Kode. Dazu setzen wir

$$h(x) := (x^5 - 1)/g(x) = (x + 10)(x + 8) = x^2 + 7x + 3.$$

Sei nun $b(x) = b_4 x^4 + b_3 x^3 + \ldots + b_0$ ein Basiselement, also entweder $g(x)$ oder $xg(x)$. In beiden Fällen verschwinden die Koeffizienten von x^4, x^3 und x^2 des Polynoms $h(x)b(x)$, d.h.

$$
\begin{aligned}
b_0 + 7b_1 + 3b_2 &= 0 \\
b_1 + 7b_2 + 3b_3 &= 0 \\
b_2 + 7b_3 + 3b_4 &= 0.
\end{aligned}
$$

Wir erhalten als Prüfmatrix

$$
C^\perp = \begin{pmatrix}
1 & 0 & 0 \\
7 & 1 & 0 \\
3 & 7 & 1 \\
0 & 3 & 7 \\
0 & 0 & 3
\end{pmatrix}.
$$

18.3 Kontrollmatrix und Kontrollpolynom

Von dem Beispiel lässt sich sofort auf den allgemeinen Fall schließen.

Satz 18.3. *Sei $g(x) \in \mathbb{F}_q[x]$ vom Grad k und ein Teiler von $x^n - 1$ in $\mathbb{F}_q[x]$. $h(x) = h_{n-k} x^{n-k} + \ldots + h_0$ der Komplementärteiler, also $g(x)h(x) = x^n - 1$. Dann ist $p(x)$ Element des von $g(x)$ erzeugten Ideals $\mathcal{C}$ genau dann, wenn*

$$p(x)h(x) = 0$$

in $\mathbb{F}_q[x]/(x^n - 1)$. Die Kontrollmatrix ist gegeben durch

$$C^{\perp} = \begin{pmatrix} h_{n-k} & 0 & \cdots & & 0 \\ h_{n-k-1} & h_{n-k} & \ddots & & \vdots \\ & h_{n-k-1} & \ddots & & 0 \\ \vdots & & \ddots & & h_{n-k} \\ & & & & h_{n-k-1} \\ h_g & & & & \\ 0 & h_0 & \ddots & & \vdots \\ \vdots & & \ddots & & \\ 0 & \cdots & & 0 & h_0 \end{pmatrix}.$$

Beweis. Analog zum Beispiel. $\square$

Wir haben also bei zyklischen Kodes neben einer Prüfmatrix zu Dekodierungs-zwecken auch ein weitere Möglichkeit in Form des Kontrollpolynoms.

Wie der Satz zeigt, wird der duale Kode nicht von $h(x)$ selbst, sondern von $h_{inv}(x) = h_0 x^{n-k} + h_1 x^{n-k-1} + ... + h_{n-k}$ erzeugt. Offensichtlich ist dieser aber zu dem von $h(x)$ erzeugten äquivalent.

18.4 Nullstellen des Generatorpolynoms

Das Generatorpolynom $g(x)$ des zyklischen Kodes C besitze in einer geeigne-ten Körpererweiterung $\mathbb{F}_{q^m}/\mathbb{F}_q$ die paarweise verschiedenen Nullstellen $\nu_1, ..., \nu_k$. (Wenn die Blocklänge n teilerfremd zu q gewählt wird, so folgt automatisch, dass die Nullstellen von $x^n - 1$ paarweise verschieden sind. Wir werden hiervon im Folgenden aber keinen Gebrauch machen und die Verschiedenheit der Nullstellen immer explizit fordern.)

$p(x)$ ist aus C genau dann, wenn $p(\nu_i) = 0$.

Die Matrix

$$H_C = \begin{pmatrix} 1 & \nu_1 & \nu_1^2 & . & . & \nu_1^{n-1} \\ 1 & \nu_2 & \nu_2^2 & . & . & \nu_2^{n-1} \\ . & . & . & . & . & . \\ 1 & \nu_k & \nu_k^2 & . & . & \nu_k^{n-1} \end{pmatrix}.$$

kann daher auch als Prüfmatrix dienen, in dem Sinne, dass

$$H_C \mathbf{w} = \mathbf{0},$$

genau dann, wenn $\mathbf{w} = (w_0, w_1, ..., w_{n-1})^T \in C$, d.h. wenn $w_{n-1} x^{n-1} + ... + w_0 \in C$. Allerdings beachte man, dass H_C i.Allg. keine Matrix mehr über $\mathbb{F}_q$ ist, also keine Prüfmatrix im früheren Sinne darstellt. Wählen wir jedoch $n = q - 1$, so zerfällt

$x^n - 1$ über $\mathbb{F}_q$ in Linearfaktoren, da ja alle Elemente aus $\mathbb{F}_q$ Nullstellen dieses Polynoms sind und dann ist die Matrix Prüfmatrix im früheren Sinne.

18.5 BCH-Kodes

Eine besondere Situation ist gegeben, wenn die Nullstellen des erzeugenden Polynoms aufeinander folgende Potenzen eines primitiven Elementes in einem Körper $\mathbb{F}_{q^m}$ sind.

Dazu sei β ein Element der Ordung n in einem geeigneten Erweiterungskörper $\mathbb{F}_{q^m}$ von $\mathbb{F}_q$. Die Potenzen $\beta, \beta^2, ..., \beta^h$ sind für $0 \le h \le n-1$ paarweise verschieden und die Matrix

$$H = \begin{pmatrix} 1 & \beta & \beta^2 & . & . & \beta^{n-1} \\ 1 & \beta^2 & \beta^4 & . & . & \beta^{(n-1)2} \\ . & . & & . & . & . \\ 1 & \beta^h & \beta^{2h} & . & . & \beta^{(n-1)h} \end{pmatrix}$$

dient als Prüfmatrix des zyklischen Kodes, dessen Generatorpolynom das kleinste gemeinsame Vielfache der Minimalpolynome von $\beta, \beta^2, ..., \beta^h$ ist.

Wählen wir h beliebige Spalten $l_1, ... l_h$ aus, so ist die Teilmatrix von H, die aus diesen Spalten besteht, regulär. Die Determinante von

$$\begin{pmatrix} \beta^{l_1} & \beta^{l_2} & . & . & \beta^{l_h} \\ \beta^{l_1 2} & \beta^{l_2 2} & . & . & \beta^{l_h 2} \\ . & . & & . & . \\ \beta^{l_1 h} & \beta^{l_2 h} & . & . & \beta^{(l_h)h} \end{pmatrix}$$

ist gerade eine Vandermondesche Determinante $\beta^{l_1}\beta^{l_2} \cdots \beta^{l_h} \prod_{i<j}(\beta^{l_i} - \beta^{l_j})$ und damit von Null verschieden. Die Spalten sind demnach linear unabhängig über $\mathbb{F}_q^m$, also erst recht über $\mathbb{F}_q$.

Beachten wir wieder, dass für ein Kodewort $\mathbf{w} = (w_0, w_1, ..., w_{n-1})^T$ gilt

$$w_0 \mathbf{h_1} + ... + w_{n-1} \mathbf{h_n} = \mathbf{0},$$

wobei $\mathbf{h_i}$ die Spalten von H sind. Da je mindestens h Spalten über $\mathbb{F}_q$ linear unabhängig sind, muss das Gewicht von w mindestens $h + 1$ sein.

Der minimale Abstand dieses Kodes ist daher mindestens $h + 1$.

Wir betrachten eine leichte Verallgemeinerung der soeben betrachteten Situation.

Definition 18.1. *Sei β ein Element der Ordung n in einem geeigneten Erweiterungskörper $\mathbb{F}_{q^m}$ von $\mathbb{F}_q$. Ein zyklischer Kode der Länge n heißt* **BCH-Kode** *mit* **Distanzschranke** *D, wenn sein Generatorpolynom das kleinste gemeinsame Vielfache der Minimalpolynome von $D - 1$ aufeinander folgender Potenzen $\beta^k, \beta^{k+1}, ..., \beta^{k+D-2}$ ist. Ein BCH-Kode der Länge $q^m - 1$, bei dem β dann erzeugendes Element von $\mathbb{F}_{q^m}^{\times}$ ist, heißt* **primitiv**.

Der Name für den Kode leitet sich ab von den Nachnamen seiner Entdeckern, nämlich R. C. Bose und D. K. Ray-Chaudhuri (1960) sowie A. Hocquenghem (1959).

Allgemein gilt:

Satz 18.4. *Der minimale Abstand eines BCH-Kodes mit Distanzschranke D ist mindestens D.*

Beweis. Wie oben.   □

Dieser Satz gibt nur eine untere Schranke für den minimalen Abstand. Für viele BCH-Kodes ist der minimale Abstand größer als diese Schranke.

Beispiel 1: $n = 7$, $q = 2$, $h = 2$, a ist ein erzeugendes Element von $\mathbb{F}_8^\times$. Das Minimalpolynom von a und a^2 über $\mathbb{F}_2$ ist

$$p(x) = (x - a)(x - a^2)(x - a^4)$$

das von a^3 ist

$$q(x) = (x - a^3)(x - a^6)(x - a^5).$$

Das kleinste gemeinsame Vielfache von $p(x)$ und $q(x)$ ist das Polynom

$$\begin{aligned} g(x) &= (x - a)(x - a^2)(x - a^3)(x - a^4)(x - a^5)(x - a^6) \\ &= (x^7 - 1) : (x - 1) = x^6 + x^5 + \ldots + 1. \end{aligned}$$

Der von $g(x)$ erzeugte Kode ist ein $[7,1]$-Kode und zwar der Wiederholungskode W_7. Er besitzt minimalen Abstand $d = 7$. Als untere Schranke aus dem obigen Satz hätten wir $d \geq 3$ erhalten.

Beispiel 2 (binärer Golay-Kode): $n = 23$. $q = 2$. Wir fragen uns zunächst, wie groß m sein muss, damit in $\mathbb{F}_{2^m}$ eine primitive 23. Einheitswurzel β liegt. Wegen Satz 5.11 ist m die Ordnung von 2 in $\mathbb{Z}_{23}^\times$. Man rechnet schnell nach, dass

$$2^{11} \equiv 1 \,(\mathrm{mod}\,23).$$

Also $m = 11$. Die Konjugierten von β sind die Elemente β^{2^i}, also

$$\beta, \quad \beta^2, \quad \beta^4, \quad \beta^8, \quad \beta^{16}$$

sowie

$$\beta^{32} = \beta^9, \quad \beta^{64} = \beta^{18} \quad \beta^{128} = \beta^{13}$$

und

$$\beta^{256} = \beta^3, \quad \beta^{512} = \beta^6 \quad \beta^{1024} = \beta^{12}.$$

Das kleinste gemeinsame Vielfache der Minimalpolynome von β, β^2, β^3, β^4 ist daher das Minimalpolynom $g(x)$ von β. $g(x)$ hat den Grad 11.

Der zugehörige BCH-Kode der Länge 23 besitzt die Dimension $23 - 11 = 12$ und die Distanzschranke $d = 5$. Er heißt **binärer Golay-Kode**. Es lässt sich zeigen, dass der Mindestabstand gleich 7 ist. Eine Kugel vom Radius 3 enthält

$$\sum_{i=0}^{3} \binom{23}{i} = 2^{11}$$

Wörter aus $\mathbb{F}_2^{23}$, da es 2^{12} Kodewörter gibt, und wegen des Mindestabstands von 7 alle Kugeln vom Radius 3 um die Kodewörter disjunkt sind, so enthalten alle diese zusammen $2^{12} \cdot 2^{11} = 2^{23}$ Elemente, bilden also eine Überdeckung von $\mathbb{F}_2^{23}$. Der Golay-Kode ist damit ein perfekter Kode. Zusammen mit den binären Wiederholungskodes ist dies der einzige perfekte binäre Kode für Kodes mit ungeradem Mindestabstand $d > 4$, vergl. [30].

18.6   Reed-Solomon-Kodes

Ein wichtiger Spezialfall eines BCH-Kodes ergibt sich, wenn a ein erzeugendes Element von $\mathbb{F}_q$ ist und

$$g(x) = \prod_{i=1}^{d-1}(x - a^i).$$

Der resultierende Kode ist der **Reed-Solomon-Kode** der Länge $n = q-1$ und zur Distanzschranke d. Er besitzt also einen Mindestabstand $\geq d$. Für seine Dimension k gilt aber $k = n - d + 1$ und daher $d = n - k + 1$. Wegen der Singleton-Schranke muss der Mindestabstand gleich d sein. Reed-Solomon-Kodes sind daher MDS-Kodes. Für diese Kodes gibt es mit dem **Berlekamp-Algorithmus** einen schnellen Dekodieralgorithmus, vergl. [10] und sie haben eine große Bedeutung für die Praxis. Bei CD-Spielern eingesetzt wird als Kode ein Produkt(=Tensorkode) von Reed-Solomon-Kodes eingesetzt.

Beispiel: $q = 5$, $a = 2$, $g(x) = (x-2)(x-4)$. Der zugehörige Kode in $\mathbb{F}_5[x]/(x^4-1)$ ist ein Reed-Solomon-Kode.

Als Prüfmatrix ergibt sich:

$$H = C^{\perp T} = \begin{pmatrix} 1 & 2 & 4 & 3 \\ 1 & 4 & 1 & 4 \end{pmatrix}.$$

Dies liefert die beiden Prüfgleichungen:

$$w_1 + 2w_2 + 4w_3 + 3w_4 \equiv 0 \,(\text{mod}\,5)$$
$$w_1 + 4w_2 + 1w_3 + 4w_4 \equiv 0 \,(\text{mod}\,5).$$

18.7   Aufgaben

18.7.1 Zeigen Sie, dass der $[7, 4, 3]$-Hamming-Kode zyklisch ist.

18.7.2 Bestimmen Sie alle binären zyklischen Kodes der Länge 31.

18.7.3 Konstruieren Sie einen BCH-Kode über $\mathbb{F}_3$ der Länge 7 zur Distanzschranke 3. Bestimmen Sie Generatormatrix und Prüfgleichungen.

Literaturverzeichnis

[1] Adleman, L.M., Huang, M.-D.:Primalty testing and two dimensional Abelian varieties over finite fields. LNM **1512**, Springer-Verlag, 1992

[2] Adleman, L.M., Pomerance, C., Rumely, R.S.: On distinguishing prime numbers from composite numbers, Annals of Math. **117** 173 - 206(1983)

[3] Advanced Encryption Standard (AES). http://csrs.nist.gov/encryption/aes

[4] Alford, W.R., Granville, A., Pomerance, C.: There are infinitely many Carmichael numbers, Annals of Math. **140**, 703-722(1994)

[5] Agrawal, M., Kayal, N., Saxena, N.: Primes is in P. http://www.cse.iitk.ac.in/primalty.pdf, 2002

[6] Apostol, T.M.: Introduction to Analytic Number Theory. Springer-Verlag, 1997

[7] Baker, R.C., Harman, G.: The Brun-Titchmarsh Theorem on average. Proc. of a conf. in Honor of Henri Halberstam **1**, 39-103(1996)

[8] Bauer, F.L.: Entzifferte Geheimnissse. Springer-Verlag, 1997

[9] Beutelspacher, A.: Kryptologie. Vieweg, 2002

[10] Berlekamp, E.R.: Algebraic Coding Theory, McGraw-Hill, 1968

[11] Biham, E., Shamir, A.: Differential Cryptanalysis of DES-like Cryptsystems. J. of Cryptology **4**, No.1, 3-72(1991)

[12] Biham, E., Shamir, A.: Differential Cryptanalysis of the DES. Springer-Verlag, 1993

[13] Buchman, A. J.: Introduction to Cryptography. Springer-Verlag, 2001

[14] Chandrasekharan, K.; Introduction to Analytic Number Theory. Springer-Verlag, 1968

[15] Coppersmith, D.: The Data Encryption Standard(DES) and Its Strength against Attacks. Tech. Rep. RC 18613, IBM, 1992

[16] Coppersmith, D.: The Data Encryption Standard(DES) and Its Strength against Attacks. IBM J. Res. Dev. **38**, No. 3, 243-250(1994)

[17] Daemen, J., Rijmen, V.: The Design of Rijndael. Springer-Verlag, 2002

[18] Diffie, W., Hellman, M.E.: New directions in cryptography. IEEE Trans. Inf. Th. **22**, No. 6, 644-654(1976)

[19] Digital Signature Standard. NIST FIPS PUB 186, National Institute of Standards and Technology, 1994

[20] ElGamal, T.: A public key cryptosystem and a signature scheme based on discrete logarithms. IEEE Trans. Inf. Th. **31**, 469-472(1985)

[21] Ertel, W.: Angewandte Kryptographie. Fachbuchverlag Leipzig, 2001

[22] Fiat, A., Shamir, A.: How to proove yourself. Crypto'86, LNCS **263**, 186-194(1987)

[23] Fouvry, E.: Theoreme de Brun-Titchmarsh; application au theorème du Fermat. Inventiones Math. **79**, 383-407(1985)

[24] Imai, H., Matsumoto, T.: Algebraic methods for constructing asymmetric cryptosystems. Proc. Third Int. Conf., Grenoble, France 108-119(1985)

[25] Jakobsen, T., Knudsen, L.R.: The interpolation attack on block ciphers. Fast Softw. Enrcyption'97, LCNS **1267**, 212-222(1997)

[26] Kasiski, F.W.: Die Geheimschriften und die Dechifrir-kunst. Miller u. Sohn, 1863

[27] Koblitz, N.: Algebraic Aspects of Cryptography. Springer-Verlag, 1998

[28] Koblitz, N.: A Course in Number Theory and Cryptography. Springer-Verlag, 1987

[29] Körner, O.: Algebra. Aula-Verlag, 1990

[30] van Lint, J.H.: Nonexistence theorems for perfect error-correcting-codes. Computers in Algebra and Theory, Vol.IV(SIAM-AMS Proceedings) 1971

[31] van Lint, J.H.: Introduction to Coding Theory (3rd. edition). Springer-Verlag, 1999

[32] MacWilliams, J., Sloane, N.: The Theory of Error-Correcting Codes. North Holland, 1977

[33] McEliece, R.J.: The Theory of Information and Coding. Addison-Wesley, 1977

[34] Matthes, R.: Shimura lift of real analytic Poincaré series and Hilbert modular Eisenstein series. Math. Zeitschrift **229**, 547-574(1998)

[35] Matsui, M.: Linear Cryptanalysis method for DES ciphers. Adv. Crypt.-Eurocrypt'93, LNCS **765**, 386-397 (1994)

[36] Menezes, A.: Elliptic Curve Public Key Cryptosystems. Kluwer Academic Publishers, 1993

[37] Miller, G.L.: Riemann's hypothesis and tests for primalty. Journal Comp. Syst. Sci. **13**, 300-317(1976)

[38] Moh, T.: A fast public key system with signature and master key functions. Lect. Notes at EE Dep. of Stanford Univ., 1999

[39] Menezes, A., van Oorschot, P.C., Vanstone, S.A.: Handbook of Applied Cryptography. CRC Press, Boca Raton, Florida, 1997

[40] Nyberg, K.: Differentially uniform mappings for cryptography. Adv. in Cryptology, Proc. Eurocrypt '93, LNCS **765**, Springer-Verlag, 55-64(1994)

[41] Patarin, J.: Hidden field equations and isomorphisms of polynomials. Advances in Crypt., Eurocrypt 96, 33-48(1996)

[42] Pollard, J.: Factoring with cubic primes. In: The Development of the Number Field Sieve. LN in Math. **1554**, Springer-Verlag, 1993

[43] Rabin, M.O.: Probabilistic algorithm for testing primalty. J. Number Theory **12**, 128-138(1980)

[44] Rivest, R.L., Shamir, A., Adleman, L.M.: A method for obtaining digital signatures and public-key cryptosystems. Comm. ACM **21**,120-126(1978)

[45] Schneier, B.: Angewandte Kryptographie. Addison-Wesley, 1996

[46] Schulz, R.-H.: Codierungstheorie. Vieweg, 1991

[47] Shannon, C.E.: A mathematical Theory of communication. Bell. Syst. Tech. J. **27**, 379-423, 623-656(1948)

[48] Singh, S.: Geheime Botschaften, Hanser Verlag, 2000

[49] Smith, R.E.: Internet-Kryptographie. Addison-Wesley, 1998

[50] Stinson, D.: Cryptography. CRC Press, Boca Raton, Florida, 1995

[51] Soloway, R., Strassen, V.: A fast Monte-Carlo test for primalty. SIAM Journal on Comp. **6**, 84-86(1977)

[52] Tsfasman, M.A.,Vladut, S.G.,Zink, Th.: On Goppa codes which are better than the Varshamov-Gilbert bound. Math. Nachr. **109**, 21-28(1982)

[53] Witt, K.-U.:Algebraische Grundlagen der Informatik. Vieweg, 2001

[54] Wobst, R.: Abenteuer Kryptologie. Addison-Wesley, 1997

Abkürzungsverzeichnis

$\mathbb{N}$	natürliche Zahlen $\{1, 2, 3, \ldots\}$
$\mathbb{P}$	Primzahlen
$\mathbb{Z}$	ganze Zahlen $\{\ldots, -1, 0, 1, \ldots\}$
$\mathbb{Q}$	rationale Zahlen
$\mathbb{R}$	reelle Zahlen
$\mathbb{C}$	komplexe Zahlen
$\mathbb{Z}_m$	Restklassenring modulo m
$\mathbb{F}_q$	Körper mit q Elementen
$R^\times$	Einheitengruppe von R
$K[x]$	Polynomring über K
$\mathrm{grad}(p(x))$	Grad des Polynoms $p(x)$
ggT, kgV	größter gemeinsamer Teiler, kleinstes gemeinsames Vielfache
$\mathrm{SL}(2, \mathbb{R})$	spezielle lineare Gruppe
$\mathrm{PSL}(2, \mathbb{R})$	projektive spezielle lineare Gruppe
$\mathrm{SO}(2, \mathbb{R})$	spezielle orthogonale Gruppe
$\mathrm{GL}(2, \mathbb{R})$	allgemeine lineare Gruppe
$\ker(\phi)$	Kern des Homomorphismus φ
$\dim(V)$	Dimension des Vektorraums V
(n, M, d)-Kode	Block-Kode mit M Wörtern
$[n, k, d]$-Kode	linearer Kode der Dimension k
G/H	Quotientenraum
$\mathrm{O}(f), \Omega(f)$	Landau-Symbole
$\pi(x)$	Anzahl der Primzahlen $\leq x$
$|M|, \sharp M$	Anzahl der Elemente von M
$\binom{n}{k}$	Binomialkoeffizient
$\mathbf{v}^T, C^T$	transponierter Vektor, transponierte Matrix
$C \otimes D$	Tensorprodukt
$d(C)$	Mindestabstand des Kodes C
$C^\perp$	Lotraum, dualer Code
W_n	Wiederholungskode der Länge n

Sachwortverzeichnis